电路基础与电子技术

主　编　刘　静　樊新军
副主编　高　健　尹选春　邹　静　张荆沙

天津大学出版社
TIANJIN UNIVERSITY PRESS

图书在版编目（CIP）数据

电路基础与电子技术／刘静，樊新军主编. —天津：
天津大学出版社，2019.6（2022.9重印）
ISBN 978－7－5618－6406－7

Ⅰ.① 电…　Ⅱ.① 刘…　② 樊…　Ⅲ.① 电路理论—高
等学校—教材 ② 电子技术—高等学校—教材　Ⅳ.①TM13
②TN01

中国版本图书馆 CIP 数据核字（2019）第 099248 号

出版发行	天津大学出版社
地　　址	天津市卫津路 92 号天津大学内（邮编：300072）
电　　话	发行部：022-27403647
网　　址	publish. tju. edu. cn
印　　刷	廊坊市海涛印刷有限公司
经　　销	全国各地新华书店
开　　本	185mm×260mm
印　　张	16
字　　数	400 千
版　　次	2019 年 6 月第 1 版
印　　次	2022 年 9 月第 2 次
定　　价	38.00 元

前　言

　　"电路基础与电子技术"是非电专业必修的基础课程，它主要是为学生学习专业知识和从事工程技术工作打好电工技术的理论基础，并让学生接受必要的基本技术训练，同时了解电路基础与电子技术和生产之间的密切关系。

　　随着应用型转型的发展，各应用型高校针对电类专科及非电类本科的理论学时都在不断减少。本教材自 2012 年以来经过多次改版，紧跟时代发展，基础材料翔实。本次重新编写，在确保教学体系完整的基础上，根据教学与实践经验，对计算推演复杂、实际应用不多的理论内容进行精简，同时配备相应的实践教材——《电类专业基础实践教程》，力争做到体系完整、结构清晰、理论知识讲解循序渐进，尽可能使学生或自学者对于电类课程的基础知识有一个全面的了解和掌握，具有很强的实用性。

　　本书涵盖了电路基础、模拟电子技术基础、数字电子技术基础等三个方面的内容，适合 64 学时内的教学任务使用。本书主编及参编人员均为学校的一线教学骨干。在编写过程中，我们查阅和参考了众多文献资料，在此向作者们表示由衷的感谢。

　　虽然主观上力求谨慎，但书中错误和不足之处仍在所难免，在此真诚地希望广大读者给予批评指正。

编者

2019 年 3 月

目　录

第 1 篇

电路基础

第1章 电路及其基本定律

● ● ●
本章重点

1. 电压、电流的参考方向与关联参考方向。
2. 电阻元件和电源元件的特性。
3. 基尔霍夫定律。

1.1 电路的基本概念

1.1.1 电路的概念

电路即电流流过的通路，按照输入电流种类可以分为直流电路和交流电路，其中常见的交流电流按正弦规律变化的电路，就称为正弦交流电路。电路的基本功能是实现电能的传输和分配或者电信号的产生、传输、处理及利用。

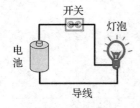

图 1-1 电路的组成

1.1.2 电路的组成

将一些电气设备或元器件按一定方式连接，形成电流流过的通路，可以满足不同功能的需要，但是无论完成什么功能，电路都是由电源、负载、中间环节等三个最基本的部分组成，如图 1-1 所示。

1. 电源

电源(信号源)是将其他形式的能量转换成电能，为电路提供电能的部件。例如，把化学能转换成电能的电池，把机械能转换成电能的发电机，把声音转换成电信号的话筒等。

2. 负载

负载是电路中的用电设备，它把电能转换成其他形式的能量。例如，台灯将电能转换成光能和热能，扬声器将电能转换成声能等。

3. 中间环节

中间环节是连接电源(信号源)和负载的元器件或部件，起输送电能、分配电能、保护电路或传递信息的作用。例如，导线、开关、熔断器等。

1.1.3 电路模型

实际电路都是由一些按需要起不同作用的电路元件或器件组成的，如发电机、变压器、电动机、电池、晶体管以及各种电阻和电容等。

而电路模型指的是可以反映实际电路部件的主要电磁性质的理想电路元件及其组合，其作用是便于对实际电路进行分析和用数学方法描述，如图1-2所示。

所谓理想电路元件，是将种类繁多、形式多样的实际元件理想化(或称模型化)，即在一定条件下突出其主要的电磁性质，忽略其次要因素。

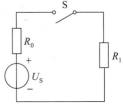

图 1-2 电路模型

例如，最为人熟悉的负载元件白炽灯，它除了具有消耗电能的性质(电阻性)外，当通有电流时还会产生磁场，也就是说它还具有电感性，但它的电感微小，可忽略不计，于是可以把它近似看作理想电路元件，即可以认为白炽灯是电阻元件。

1.2 电路的基本物理量与额定值

电路中的主要物理量有电压、电流、电荷、磁链、能量、电功率等，在线性电路分析中人们主要关心的物理量是电流、电压和功率。

1.2.1 电流

1. 电流的相关基础概念

电路中用 I 表示不随时间变化的电流，用 i 表示随时间变化的电流，其国际单位是安培(A)。电流的大小用电流强度来衡量，即单位时间内通过导体横截面的电荷量，计算公式为

$$i = \frac{\mathrm{d}q}{\mathrm{d}t} \tag{1-1}$$

2. 电流的方向

电流是带电粒子有规则的定向运动而形成的，元件(导线)中电流流动的实际方向(又称为真实方向)只有两种可能，但是在分析电路之前，往往并不知道电流的真实方向，因此为了便于分析、计算，需要假定一个方向，称为电流的参考方向。电流的参考方向是人为定义的，而电流的实际方向则是受电路约束客观存在并确定的。为了区分以上两种情况，分析电路时往往使用箭头或双下标来指示电流的参考方向，如图1-3所示。

图 1-3 电流方向的表示方法

当以参考方向求取的电流值为正时，则表明电流的大小为绝对值，真实方向即参考方向；为负时，则表明电流的大小为绝对值，真实方向是参考方向的反方向，如图1-4所示。

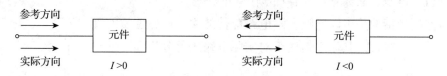

图1-4　电流实际方向与参考方向

1.2.2　电压

1. 电压的相关基础概念

电压是电路中两点间的电位差，在数值上等于电场力把单位正电荷从起点移到终点所做的功，即

$$U_{ab} = V_a - V_b \tag{1-2}$$

式中：a点的电位记为V_a，是指外力将单位正电荷从该点移动到参考点（零电位点）所做的功。

2. 电压的方向

电压的方向从高电位指向低电位，是电位降低的方向。与电流一样，在分析、计算时需要假定电压的参考方向。在电路中，电压的参考方向可用"+""-"分别表示其高低电位，由高电位指向低电位，其原理与电流参考方向一样，如图1-5所示。

图1-5　电压实际方向与参考方向

例1-1　白炽灯与电源构成的简单回路如图1-6所示，试标出灯泡两端的电压与电流的参考方向。

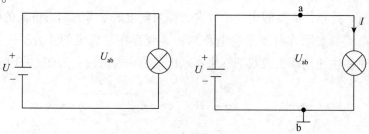

图1-6　例1-1图

例 1-2 如图 1-7 所示，已知电压源 $U_1 = 2\text{ V}$，$U_2 = 4\text{ V}$，分别求以 a 为参考点和 b 为参考点时，各点电位及 U_{ab} 和 U_{bc}。

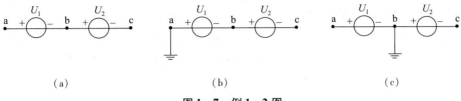

图 1-7 例 1-2 图

（a）原图　（b）以 a 为参考点　（c）以 b 为参考点

解 （1）取 a 为参考点，如图 1-7(b) 所示，

$$V_a = 0, \quad V_b = -U_1 = -2\text{ V}, \quad V_c = -(U_1 + U_2) = -(2+4) = -6\text{ V}$$

$$U_{ab} = V_a - V_b = 0 - (-2) = 2\text{ V}, \quad U_{bc} = V_b - V_c = -2 - (-6) = 4\text{ V}$$

（2）取 b 为参考点，如图 1-7(c) 所示，

$$V_a = U_1 = 2\text{ V}, \quad V_b = 0, \quad V_c = -U_2 = -4\text{ V}$$

$$U_{ab} = V_a - V_b = 2 - 0 = 2\text{ V}, \quad U_{bc} = V_b - V_c = 0 - (-4) = 4\text{ V}$$

由此可见，电位与参考点的选取有关，参考点不同，各点电位不同；而电压与参考点的选取无关，参考点不同，两点之间的电压不变。但电压的参考极性不同，则符号不同。

3. 关联参考方向

实际电路中，电压与电流是有实际联系的，例如，直流电路中，电流都是从高电位流向低电位，而参考方向由于是人为规定的，因此会出现同一电路元件上既有电流参考方向，也有电压参考方向的情况，且两者之间没有实际联系，这不符合客观规律。

因此对同一电路元件或电路部分，电压和电流的参考方向应保持一致，即电流从假设的高电位点"+"流向低电位点"-"，此时称为关联参考方向，如图 1-8(a) 所示，若无特别需要，一般采用关联的参考方向，这样在电路中只需要标出一个参考方向即可。

相反，如果电压和电流的参考方向不一致，则称为非关联参考方向，如图 1-8(b) 所示，在分析时需要加入负号进行计算。

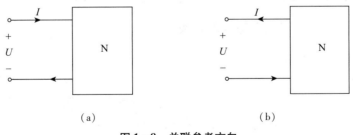

图 1-8 关联参考方向

（a）关联参考方向　（b）非关联参考方向

1.2.3 能量与功率

功率是指单位时间内电场力所做的功，其单位为瓦特（W），如果某个元件的电流和电压分别为 I 和 U，功率计算公式为

$$P = UI \tag{1-3}$$

当电流与电压是关联参考方向时，$P > 0$ 则表明该元件吸收功率（即负载性质元件），$P < 0$ 则表明该元件发出功率（即电源性质元件）。

当电流与电压是非关联参考方向时，$P > 0$ 则表明该元件发出功率（即电源性质元件），$P < 0$ 则表明该元件吸收功率（即负载性质元件），分析时可以先转化为关联参考方向再进行计算。

习惯上对电源的端电压和流过电源的电流采用非关联参考方向。

例 1 - 3 在图 1 - 9 所示的电路中，求各元件的功率，并说明哪些是负载，哪些是电源。

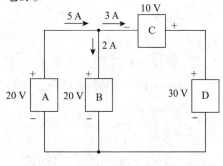

图 1 - 9 例 1 - 3 图

解 A、C 元件采用非关联参考方向，因此可以先把 A、C 换为关联参考方向再进行计算，即 $U_A = -20$ V，$I_A = 5$ A，$U_C = -10$ V，$I_C = 3$ A。

$$P_A = U_A I_A = -20 \times 5 = -100 \text{ W} < 0$$

（是电源）

$$P_C = U_C I_C = -10 \times 3 = -30 \text{ W} < 0$$

（是电源）

B、D 元件采用关联参考方向。

$$P_B = U_B I_B = 20 \times 2 = 40 \text{ W} > 0 \qquad \text{（是负载）}$$

$$P_D = U_D I_D = 30 \times 3 = 90 \text{ W} > 0 \qquad \text{（是负载）}$$

$$P_A + P_C + P_B + P_D = 0$$

因此，电路中所有电源产生的功率等于所有负载吸收的功率，达到能量守恒。

1.3 电路基本元件与工作状态

1.3.1 耗能元件——电阻及电阻等效变换

1. 电阻的相关基础概念

电阻是表征电路中阻碍电流流动特性的参数，电阻元件是表征电路中消耗电能的理想元件，本课程中若无特别声明，电阻元件均指线性电阻。在采用关联参考方向时，任意瞬间（线性）电阻两端的电压和流过它的电流遵循欧姆定律，即

$$U = RI \tag{1-4}$$

$$P = UI = (RI)I = I^2 R = U^2 / R \tag{1-5}$$

若电流和电压的参考方向非关联，则

$$U = -RI \tag{1-6}$$

$$P = UI = (-RI)I = -I^2R = -U^2/R \tag{1-7}$$

2. 电阻的等效变换

1）串联

电阻顺序连接，流过同一电流，如图 1-10 所示，等效电阻为各电阻之和，总电压等于各串联电阻的电压之和。

$$R = R_1 + \cdots + R_k + \cdots + R_n \tag{1-8}$$

$$U = U_1 + \cdots + U_k + \cdots + U_n \tag{1-9}$$

2）并联

电阻并排连接，电阻两端为同一电压，如图 1-11 所示，等效电导等于并联的各电导之和，总电流等于各并联电阻的电流之和。

$$G = G_1 + \cdots + G_k + \cdots + G_n \tag{1-10}$$

$$I = I_1 + \cdots + I_k + \cdots + I_n \tag{1-11}$$

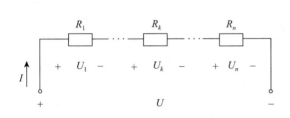

图 1-10　串联示意图　　　　　　　图 1-11　并联示意图

例 1-4　计算图 1-12 电路中的总电阻。

解
$$
\begin{aligned}
R &= 5 + \{18 /\!/ [6 + (4/\!/12)]\} \\
&= 5 + [18 /\!/ (6 + 3)] \\
&= 5 + 6 = 11 \ \Omega
\end{aligned}
$$

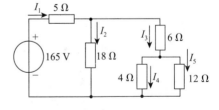

图 1-12　例 1-4 图

3）△与 Y 型等效

电路中往往出现一些串并关系不能直接用简单的串、并联等效来完成，需要利用△与 Y 型等效计算。

△等效也叫 π 型等效，Y 型等效也叫 T 型等效，如图 1-13 和图 1-14 所示。在一些电路分析时为了便于计算，当电阻满足一定的关系时能够相互等效。

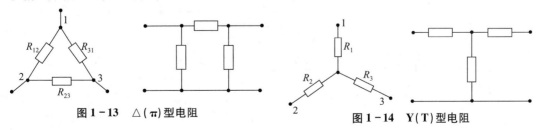

图 1-13　△(π)型电阻　　　　　　　图 1-14　Y(T)型电阻

△→Y 的变换条件:

$$G_{12} = \frac{G_1 G_2}{G_1 + G_2 + G_3} \quad R_1 = \frac{R_{12} R_{31}}{R_{12} + R_{23} + R_{31}}$$

$$G_{23} = \frac{G_2 G_3}{G_1 + G_2 + G_3} \quad R_2 = \frac{R_{23} R_{12}}{R_{12} + R_{23} + R_{31}} \qquad (1-12)$$

$$G_{31} = \frac{G_3 G_1}{G_1 + G_2 + G_3} \quad R_3 = \frac{R_{31} R_{23}}{R_{12} + R_{23} + R_{31}}$$

Y→△ 的变换条件:

$$G_1 = G_{12} + G_{31} + \frac{G_{12} G_{31}}{G_{23}} \quad R_{12} = R_1 + R_2 + \frac{R_1 R_2}{R_3}$$

$$G_2 = G_{23} + G_{12} + \frac{G_{23} G_{12}}{G_{31}} \quad R_{23} = R_2 + R_3 + \frac{R_2 R_3}{R_1} \qquad (1-13)$$

$$G_3 = G_{31} + G_{23} + \frac{G_{31} G_{23}}{G_{12}} \quad R_{31} = R_3 + R_1 + \frac{R_3 R_1}{R_2}$$

例 1-5 计算图 1-15 电路中的总电阻。

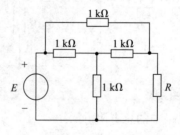

图 1-15 例 1-5 图

解 方法一如图 1-16 所示。

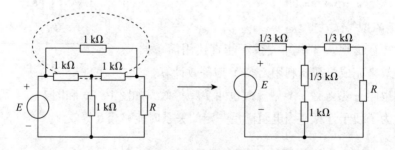

图 1-16 方法一

方法二如图 1-17 所示。

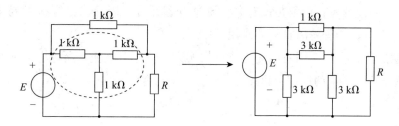

图 1 - 17　方法二

1.3.2　储能元件——电容、电感

1. 电容元件

电容元件的原始模型为由两块金属极板构成、中间用绝缘介质隔开的平板电容器，在外电源作用下，正负电极上分别带上等量异号电荷，撤去电源，电极上的电荷仍可长久地聚集下去，因此电容元件是一种储存电能的元件。

如图 1 - 18(a)所示，极板积聚的电荷越多，所形成的电场就越强，电容元件所储存的电场能也就越大。电容的单位为 F（法拉），该单位很大，故常用 mF，pF 等表示电容。

电容元件的参数为特性曲线的斜率，记作 C。存储在极板上的电荷量 q 与两极板之间的电压 u 满足代数关系，即库伏定则，用 $q - u$ 平面上的一条曲线 $f_c(q, u) = 0$ 描述，如图 1 - 18(b)所示。当这条曲线是一条过原点的直线时，相应的电容元件称为线性电容，满足 $q = Cu$。本课程中若无特别声明，电容元件均指线性电容。

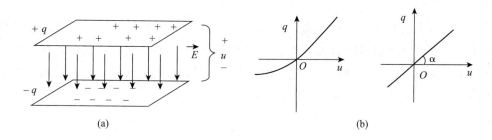

(a) (b)

图 1 - 18　电容元件及其库伏特性

(a)电容元件的原始模型　(b)电容元件的库伏特性

电容元件的符号如图 1 - 19 所示。

当电路中有电流流入电容时，极板上的电荷量 q 将发生变化，电容的端电压 u 也将随之发生变化，根据电流的定义有

$$i(t) = \frac{dq(t)}{dt} = C\frac{du(t)}{dt} \tag{1 - 14}$$

根据上式可知，在关联参考方向下，电容元件的电流与其电压的导数（变化率）成正比，而与电容元件端电压的绝对值无关。这说明电容元件是一种动态元件，当电容两端电压不随时间变化（即直

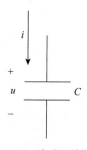

图 1 - 19　电容元件符号

流)时，电压的导数为零，也就是没有电流流过电容元件。因此，电容在直流情况下相当于开路，或者说电容具有隔离直流的作用。

需要注意的是，实际应用时电路不能提供无穷大的充电电流，所以电容两端电压是不能突变的，将式(1-14)两边积分可得

$$u(t) = \frac{1}{C}\int_{-\infty}^{t} i(t)\,\mathrm{d}t = \frac{1}{C}\int_{-\infty}^{0} i(t)\,\mathrm{d}t + \frac{1}{C}\int_{0}^{t} i(t)\,\mathrm{d}t \qquad (1-15)$$

$$= u(0) + \frac{1}{C}\int_{0}^{t} i(t)\,\mathrm{d}t$$

式中：$u(0)$为初始值，即 $t=0$ 时电容两端的电压。这表明，当前状态下电容元件的电压与电路对电容充电的过去状况有关，电容元件具有记忆能力，因此将其称为记忆元件。

在关联参考方向下，电容的瞬时功率为

$$p_C(t) = u(t) \cdot i(t) = C \cdot u(t)\frac{\mathrm{d}u(t)}{\mathrm{d}t} \qquad (1-16)$$

电容的瞬时功率在数值上有三种情况。

(1)电压绝对值增大，$p>0$，电容吸收电功率，并将电能转化为电场能储存起来。

(2)电压绝对值减小，$p<0$，电容发出功率，将储存的电场能转化为电能输出。

(3)电压绝对值保持不变，$p=0$，此时电容功率为零。

电容是一种储能元件，可以与电路其他部分之间实现能量的相互转换。理想电容元件在这种转换过程中本身并不消耗能量。

2. 电感元件

电感元件的原始模型是空心线圈，如图 1-20(a)所示。其基本特性是线圈中的磁通量 Φ 与流过线圈的电流 i 满足代数关系，即韦安定则，用 Φ-i 平面上的一条曲线 $f_L(\Phi, i)=0$ 描述，如图 1-20(b)所示。当这条曲线是一条过原点的直线时，这种电感元件称为线性电感。本课程中若无特别声明，电感元件均指线性电感。

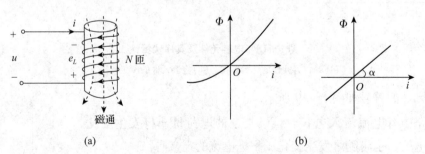

图 1-20　电感元件及其韦安特性
(a)电感元件的原始模型　(b)电感元件的韦安特性

电感元件的符号如图 1-21 所示。

电感元件的参数为特性曲线的斜率，记作 L，称为电感元件的电感(量)，单位 H(亨

利）。亨利的单位很大，故常采用 mH（10^{-3} H，毫亨）和μH（10^{-6}H，微亨）表示电感。

电感的电压、电流关系为

$$u(t) = \frac{\mathrm{d}\Phi(t)}{\mathrm{d}t} = L\frac{\mathrm{d}i(t)}{\mathrm{d}t} \qquad (1-17)$$

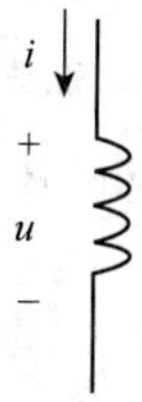

图1-21　电感元件符号

上式表明，电感两端的电压与流过电感的电流变化率成正比，而与电流的大小无关，说明电感也是一种动态元件。当电感电流不变化即为直流电流时，电感两端的电压为零，也就是说，对直流而言，电感相当于短路。电感也是不能突变的。

对式（1-17）两边积分，得到电感元件的电流与其端电压的关系为

$$i(t) = \frac{1}{L}\int_{-\infty}^{t} u(t)\mathrm{d}t = \frac{1}{L}\int_{-\infty}^{0} u(t)\mathrm{d}t + \frac{1}{L}\int_{0}^{t} u(t)\mathrm{d}t$$
$$= i(0) + \frac{1}{L}\int_{0}^{t} u(t)\mathrm{d}t \qquad (1-18)$$

式中：$i(0)$是$t=0$时电感中通过的电流，叫初始值。这表明当前状态下电感元件的电流与电路加载到电感的过去状况有关，因此电感元件也是记忆元件。

在关联参考方向下，电感的瞬时功率为

$$p_L(t) = u(t)\cdot i(t) = L\cdot i(t)\frac{\mathrm{d}i(t)}{\mathrm{d}t} \qquad (1-19)$$

电感的瞬时功率在数值上有三种情况。

（1）电流绝对值增大，$p>0$，电感吸收电功率，并将电能转化为磁场能储存起来。

（2）电流绝对值减小，$p<0$，电感发出功率，将储存的磁场能转化为电能输出。

（3）电流绝对值保持不变，$p=0$，此时电感功率为零。

理想电感元件与外部电路之间实现能量转换，转换过程中电感元件本身不消耗能量，即电感是一个无损耗储能元件。

1.3.3　供能元件——独立电源

三种基本电路元件（电阻、电容、电感）都不能主动向电路提供能量，因此称为无源元件。电路中能向外提供能量的电路元件称为有源电路元件，理想的有源电路元件包括电压源和电流源。

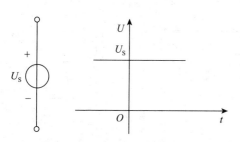

图1-22　理想电压源的一般符号及直流伏安特性

1. 理想电压源

理想电压源是一种理想二端元件，不管外部电路状态如何，其端电压总保持定值 U_s 或者是一定的时间函数，而与流过它的电流无关。理想电压源的一般符号及直流伏安特性如图 1-22 所示。

2. 实际电压源

实际电压源等效电路及伏安特性如图 1-23 所示。

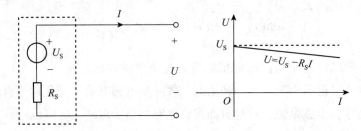

图 1-23　实际电压源等效电路及伏安特性

其端电压受电压源内阻影响而减小，即

$$U = U_S - U_{R_S} = U_S - R_S I \tag{1-20}$$

例 1-6　某电压源的开路电压为 30 V，当外接电阻 R 后，其端电压为 25 V，此时电路中的电流为 5 A，求外接电阻 R 及电压源内阻 R_S。

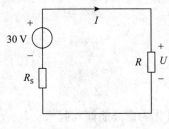

图 1-24　例 1-6 图

解　根据题意，设电流、电压的参考方向如图 1-24 所示。

由欧姆定律可得

$$R = \frac{U}{I} = \frac{25}{5} = 5 \ \Omega$$

根据 $U = U_S - I R_S$ 可得

$$R_S = \frac{U_S - U}{I} = \frac{30 - 25}{5} = 1 \ \Omega$$

3. 理想电流源

理想电流源是另一种理想二端元件，不管外部电路状态如何，其输出电流总保持定值 I_S 或一定的时间函数，而与其端电压无关。理想电流源的一般符号及直流伏安特性如图 1-25 所示。

4. 实际电流源

实际电流源等效电路及伏安特性如图 1-26 所示。

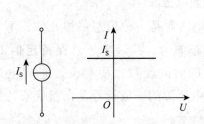

图 1-25　理想电流源的一般符号及直流伏安特性

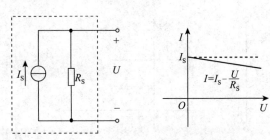

图 1-26　实际电流源等效电路及伏安特性

其输出电流受电流源内阻影响而减小，即

$$I = I_S - \frac{U}{R_S} \tag{1-21}$$

例 1-7 在图 1-27 电路中，试求：(1)电阻两端的电压；(2)1 A 电流源两端的电压及功率。

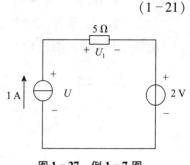

解 (1)由于 5 Ω 电阻与 1 A 电流源相串联，因此流过 5 Ω 电阻的电流就是 1 A，而与 2 V 电压源无关，即

$$U_1 = 5 \times 1 = 5 \text{ V}$$

(2)1 A 电流源两端的电压包括 5 Ω 电阻上的电压和 2 V 电压源的电压，因此

$$U = U_1 + 2 = 5 + 2 = 7 \text{ V}$$

$$P = 1 \times 7 = 7 \text{ W}$$

图 1-27　例 1-7 图

1.3.4　控能元件——受控电源

受控电源(简称"受控源")的电压源的电压或电流源的电流是受电路中其他部分的电压或电流控制的。当控制源的电压或电流消失或等于零时，受控源的电压或电流为零。

受控源的被控制量可以是电压也可以是电流，根据被控制量的不同，受控源分为电压源与电流源，如图 1-28 所示。

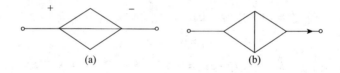

图 1-28　受控源电路符号

(a)受控电压源　(b)受控电流源

受控电压源根据被控制量的不同又分为电压控制的电压源(VCVS)、电流控制的电压源(CCVS)，分别如图 1-29 和图 1-30 所示。

电压控制的电压源(VCVS)：$u_2 = \mu u_1$，其中 μ 是电压放大倍数，u_2 的大小受 u_1 的控制。

电流控制的电压源(CCVS)：$u_2 = r i_1$，其中 r 是转移电阻，u_2 的大小受 i_1 的控制。

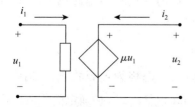

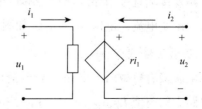

图 1-29　电压控制的电压源(VCVS)　　　　**图 1-30　电流控制的电压源(CCVS)**

同理，受控电流源又分为电流控制的电流源（CCCS）和电压控制的电流源（VCCS），分别如图 1-31 和图 1-32 所示。

电流控制的电流源（CCCS）：$i_2 = \beta i_1$，其中 β 是电流放大倍数，i_2 的大小受 i_1 的控制。

电压控制的电流源（VCCS）：$i_2 = g u_1$，其中 g 是转移电导，i_2 的大小受 u_1 的控制。

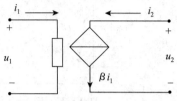
图 1-31　电流控制的电流源（CCCS）

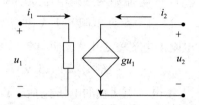
图 1-32　电压控制的电流源（VCCS）

例 1-8　试求图 1-33 中的电压 u_2。

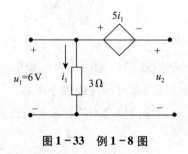
图 1-33　例 1-8 图

解　此题是一个电流受控电压源，因此首先求出输入电流为
$$i_1 = 6/3 = 2 \ \text{A}$$
$$u_2 = -5i_1 + 3i_1 = -5 \times 2 + 3 \times 2 = -4 \ \text{V}$$

1.3.5　电路的基本工作状态

工作时，根据所接负载不同，电路的工作状态分为三种：开路、短路、负载状态。

1. 开路工作状态

开路工作状态也称断路状态，端电流 $i = 0$，此时端口电压由电路内部的电源与结构决定，称为开路电压，记作 u_{OC} 或 U_{OC}，如图 1-34 所示。

2. 短路工作状态

电路外接端直接用导线连接，端口电压 $u = 0$，此时端电流由电路内部电源与结构决定，称为短路电流，记作 i_{SC} 或 I_{SC}，如图 1-35 所示。

3. 负载工作状态

当电源接有负载时，电路中有电流流过，此时的状态称为负载状态，如图 1-36 所示。电路中的电流 $I = U_S / (R + R_L)$，实际工作中电源（包括内阻）是确定的，所以电流 I 的值取决于负载电阻 R_L 的大小。

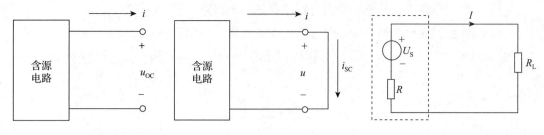

| 图 1－34　开路工作状态 | 图 1－35　短路工作状态 | 图 1－36　负载工作状态 |

负载工作状态时，当电路中的电流等于电源或供电线的设计容量（额定电流）时，称为满载（或称额定状态）；当电路中的电流大于额定电流时，称为过载；当电路中的电流小于额定电流时，称为欠载或轻载。

例 1－9　有一盏白炽灯，标有 220 V/60 W 的字样，问：

（1）能否将其接到 380 V 的电源上使用？

（2）若将它接到 125 V 电源上使用，其实际功率为多少？

解　（1）根据白炽灯所标字样，可知白炽灯的额定电压是 220 V，额定功率是 60 W，所以不能将其接到 380 V 的电源上使用，否则会因电压过高而烧毁。

（2）在额定电压下，白炽灯的灯丝电阻为

$$R = \frac{U_\mathrm{n}^2}{P_\mathrm{n}} = \frac{220^2}{60} = 807 \ \Omega$$

将它接到 125 V 的电源上时，假设白炽灯的电阻不变，则功率

$$P = \frac{U^2}{R} = \frac{125^2}{807} = 19.4 \ \mathrm{W}$$

从以上计算可知，将白炽灯接到 125 V 电源上时，虽然能安全工作，但亮度不够，实际功率只有 19.4 W，属于轻载工作状态。

1.4　基尔霍夫定律

基尔霍夫定律包括基尔霍夫电流定律（KCL）和基尔霍夫电压定律（ KVL ）。它反映了电路中所有支路电压和电流所遵循的基本规律，是分析集中参数电路的基本定律，基尔霍夫定律与元件特性构成了电路分析的基础。

1.4.1　电路中的几个专有名词

基尔霍夫定律使用的时候会出现如下一些专用的名词。

（1）支路：电路中的每一分支称之为一条支路，一条支路流过同一个电流，称之为支路电流。

（2）节点：电路中三条或三条以上支路的连接点。

（3）回路：电路中的任意一个闭合路径都是一个回路。

（4）网孔：网孔是指回路中不包含其他支路的最简单的回路。

例1-10 指出图1-37所示电路中的支路、节点、回路、网孔及它们的个数。

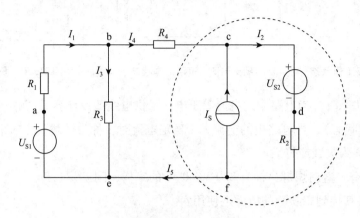

图1-37 例1-10图

解 共有五条支路，分别是 ab, bc, cd, cf, be。

共有三个节点，即 b 点、c 点、e 点（f 点与 e 点同电位）。

共有六个回路，分别是 abe, bcfe, cdf, abcfe, abcdfe, bcdfe。

共有三个网孔，即 abe, bcfe, cdf。

1.4.2 基尔霍夫电流定律及其推广

1. 基尔霍夫电流定律（KCL）

在任一瞬时，流入电路中任一节点的电流之和等于流出该节点的电流之和，也可描述为在任一瞬时，电路任一节点的电流代数和等于零。

例1-11 如图1-37所示，根据基尔霍夫电流定律写出 b 点的两种电流公式。

解
$$I_1 = I_3 + I_4$$

若规定参考方向为流入节点的电流取" + "，流出节点的电流取" – "，将上式变形为 $I_1 - I_3 - I_4 = 0$。

因此，基尔霍夫电流定律即在任一瞬时，任一节点的电流代数和为零，记作 $\sum i = 0$。

2. 基尔霍夫电流定律的推广

基尔霍夫电流定律不仅适用于一个节点，还可以推广应用于任一闭合面，即在任一瞬间，流入电路中某一闭合面的电流之和等于流出该闭合面的电流之和，如图1-38所示。

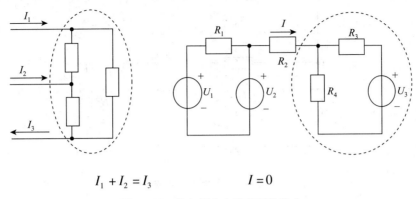

$$I_1 + I_2 = I_3 \qquad\qquad I = 0$$

图 1-38   基尔霍夫电流定律的推广

例 1-12   在图 1-39 中，已知 $I_1 = 3$ A，$I_4 = 5$ A，$I_5 = 4$ A，求 I_2，I_3 和 I_6。

解   由基尔霍夫电流定律，节点 a 可列方程 $I_2 + I_4 = I_1$，得 $I_2 = I_1 - I_4 = -2$ A；

由 b 点列方程 $I_3 + I_5 = I_2$，得 $I_3 = I_2 - I_5 = -6$ A；

由虚线所示的广义节点列方程 $I_4 + I_5 = I_6$，得 $I_6 = 9$ A。

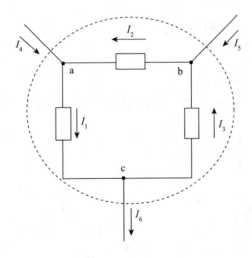

图 1-39   例 1-12 图

1.4.3   基尔霍夫电压定律及其推广

1. 基尔霍夫电压定律（KVL）

在任一瞬时，电路任一回路中各段支路电压的代数和恒等于零，其数学表达式为 $\sum u = 0$，还可以描述为在任一瞬时，沿任一回路循行方向（顺时针方向或逆时针方向），回路中各段电压的代数和等于零。

例 1-13   根据基尔霍夫电压定律写出图 1-40 所示回路的两种电压公式。

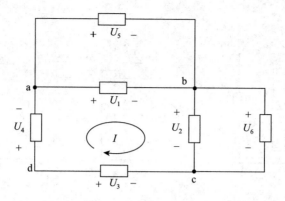

图 1-40 例 1-13 图

解 如果指定顺时针为规定方向，则沿着规定方向电位降取" + "，反之电位升则取" - "。

上回路沿顺时针方向列 KVL 方程：

$$-U_1 + U_5 = 0$$

中回路沿顺时针方向列 KVL 方程：

$$U_1 + U_2 - U_3 + U_4 = 0$$

右回路沿顺时针方向列 KVL 方程：

$$-U_2 + U_6 = 0$$

2. 基尔霍夫电压定律的推广

基尔霍夫电压定律不只适用于实在的闭合回路，也适用于假想的闭合回路，如图 1-41 所示。

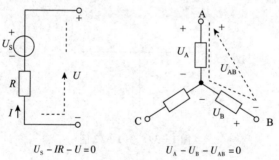

$$U_S - IR - U = 0 \qquad U_A - U_B - U_{AB} = 0$$

图 1-41 基尔霍夫电压定律的推广

例 1-14 在图 1-42 中，已知 $U_1 = U_3 = 1$ V，$U_2 = 4$ V，$U_4 = U_5 = 2$ V，求电压 U_x。

解 对回路 I 与 II 分别列出 KVL 方程：

$$-U_1 + U_2 + U_6 - U_3 = 0$$
$$-U_6 + U_4 + U_5 - U_x = 0$$

将以上方程相加消去得

$$U_x = -U_1 + U_2 - U_3 + U_4 + U_5 = 6 \text{ V}$$

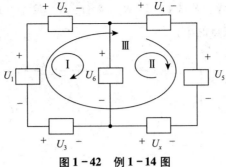

图1-42 例1-14图

应当指出，基尔霍夫定律对于集中参数电路具有普遍适用性，既适用于线性电路，也适用于非线性电路。同时，在电路工作的任一瞬时，随时间变化的电压和电流都满足基尔霍夫定律。

习 题 1

1. 求下面两个图中 R_{ab} 的等效阻值。

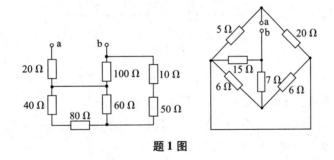

题1图

2. 分别求下图中开关 S 断开和闭合时 a 点的电位 V_a。

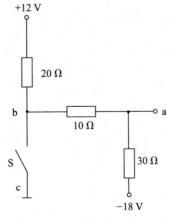

题2图

3. 已知下图中 $E_1 = 6$ V，$E_2 = 10$ V，$R_1 = 4$ Ω，$R_2 = 2$ Ω，$R_3 = 4$ Ω，$R_4 = 1$ Ω，$R_5 = 10$ Ω。求电路中 a，b，c 三点的电位。

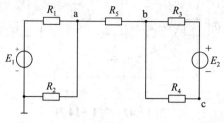

题 3 图

4. 试求下图中的 U_{ab}。

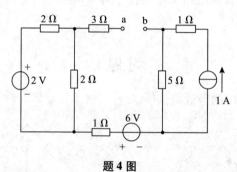

题 4 图

5. 已知下图中 $U_{S1} = 3$ V，$U_{S2} = 2$ V，$U_{S3} = 5$ V，$R_2 = 1$ Ω，$R_3 = 4$ Ω，计算 a，b，d 点的电位(以 c 点为参考点)和电流 I_1，I_2，I_3。

6. 已知 ab 段产生的电功率为 500 W，其他三段 cd，ef，gh 消耗的电功率分别为 50 W，400 W，50 W，电流方向如下图所示。

(1)试标出各段电路两端电压的极性。

(2)试计算各段电压的数值。

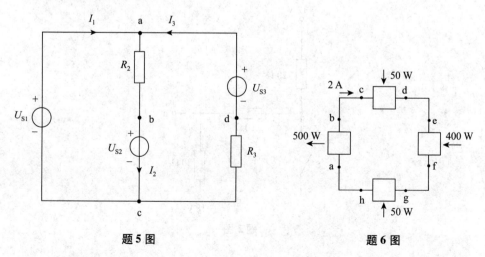

题 5 图　　　　　　　**题 6 图**

7. 试求下图各电路中的 U 和 I。

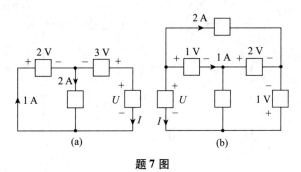

题 7 图

8. 在下图中，已知 $U_1 = 1$ V，试求电阻 R。

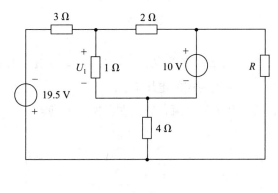

题 8 图

9. 求下图中的 I、U_1 和 U_2。

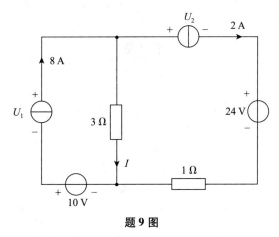

题 9 图

10. 已知下图中各点电位为 $V_1 = 20$ V，$V_2 = 12$ V，$V_3 = 18$ V，试求各支路电流。

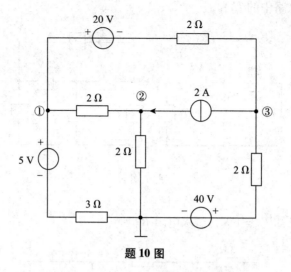

题 10 图

11. 已知下图中 $E_1 = 7$ V，$E_2 = 16$ V，$E_3 = 14$ V，$R_1 = 16$ Ω，$R_2 = 3$ Ω，$R_3 = 9$ Ω。

求：（1）开关 S 打开时，开关两端的电压 $U_{aa'}$；

（2）开关 S 闭合时，流过开关的电流，并说明其实际方向。

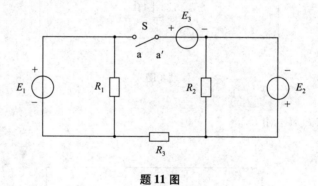

题 11 图

第2章 电路分析基础

本章重点

1. 等效电路分析法。
2. 网孔电流分析法。
3. 戴维南定理。

2.1 等效电路分析法

2.1.1 等效电路的概念

1. 二端网络(电路)

任何一个复杂的电路,向外引出两个端钮,且从一个端子流入的电流等于从另一个端子流出的电流,则称这一电路为二端网络(或一端口网络)。若二端网络中含有电源,则称为有源二端网络;若二端网络中不含电源,则称为无源二端网络。图 2-1 中,N_1 是有源二端网络,N_2 是无源二端网络。

2. 二端网络等效

两个二端网络,若端口具有相同的电压、电流关系(伏安关系),则称它们二端网络等效。图 2-2 中,N_3 和 N_2 二端网络等效,它们对图 2-1 中 N_1 的作用完全相同,可以互相替换。

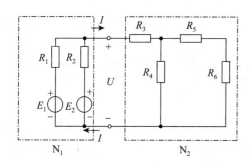

图 2-1 二端网络

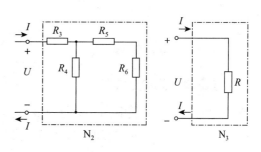

图 2-2 二端网络等效

2.1.2 理想电流源、电压源的串联和并联

1. 理想电流源的等效

理想电流源之间可以并联，若多个理想电流源等效为一个理想电流源，则其数值等于所有电流源数值的代数和，如图2-3所示。

注意：

（1）电流不相等的理想电流源之间不可以串联；

（2）可以与非电流源支路串联，对外连接端口的电流源特性没有发生改变，所以还是等效为一个理想电流源，如图2-4所示。

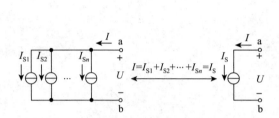

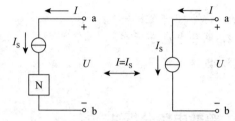

图2-3 理想电流源并联等效   图2-4 理想电流源与非电流源支路串联等效

2. 理想电压源的等效

理想电压源之间可以串联，若多个理想电压源等效为一个理想电压源，则其数值等于所有电压源数值的代数和，如图2-5所示。

注意：

（1）电压不相等的理想电压源之间不可以并联；

（2）可以与非电压源支路并联，对外连接端口的电压源特性没有发生改变，所以还是等效为一个理想电压源，如图2-6所示。

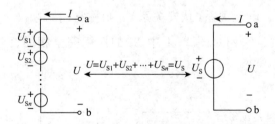

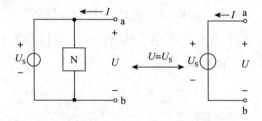

图2-5 理想电压源等效   图2-6 理想电压源与非电压源支路并联等效

2.1.3 电源模型的等效变换

在一些电路分析过程中，只要等效变换前后对外电路提供的电压 U 和电流 I 是相同的，那么电压源模型与电流源模型之间就可以进行等效变换，可以达到简化电路的作用，如图2-7所示。

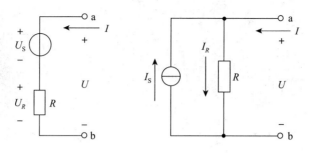

图 2-7 电源模型

(a)电压源模型　(b)电流源模型

电压源模型的外特性：

$$U = U_S + U_R = U_S + IR \tag{2-1}$$

电流源模型的外特性：

$$U = I_R R = (I_S + I)R \tag{2-2}$$

要使电压源模型与电流源模型互相等效，它们的外特性必须相等，即

$$U_S + IR = (I_S + I)R$$

化简得

$$U_S = I_S R \tag{2-3}$$

由此可知，电压源与电阻串联的模型可以等效为电流源与电阻并联的模型，且两个电源模型等效前后的内电阻是相等的。

例 2-1　电路组成及参数如图 2-8 所示。

(1)试求电流 I_5。

(2)若 C 点接地，求 A，B，D 三点的电位。

解　对图 2-8 中标识的三个部分进行电源模型等效变换，根据式(2-3)可知：

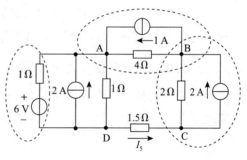

图 2-8　例 2-1 图

左侧标识，$I_S = U_S / R = 6/1 = 6$ A，电阻阻值不变由串联变为并联；

中间标识，$U_S = I_S R = 4 \times 1 = 4$ V，电阻阻值不变由并联变为串联；

右侧标识，$U_S = I_S R = 2 \times 2 = 4$ V，电阻阻值不变由并联变为串联。

因此，第一次等效图如图 2-9 所示，再进一步针对一次等效变换左侧标识等效得图 2-10。

左侧标识，首先进行理想电流源等效变换 $I_S = 6 + 2 = 8$ A，$R = 0.5$ Ω；然后进行电源模型等效变换 $U_S = I_S R = 8 \times 0.5 = 4$ V，电阻阻值不变由并联变为串联。

等效变换后的图形更加直观，则得

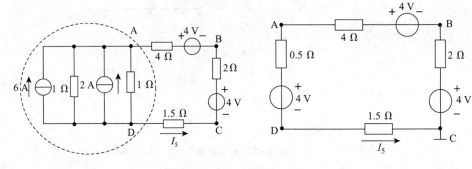

图 2-9　一次等效变换　　　　　　　　图 2-10　二次等效变换

$$I_5 = \frac{4+4-4}{4+2+1.5+0.5} = 0.5 \text{ A}$$

$$U_B = 4 - 2I_5 = 3 \text{ V}$$

$$U_D = 1.5I_5 = 0.75 \text{ V}$$

$$U_A = 4 + 0.5I_5 + U_D = 5 \text{ V}$$

2.2　支路电流分析法

2.2.1　支路电流法

支流电流分析法(简称支路电流法)是指以支路电流为电路未知量,然后应用基尔霍夫电流定律和电压定律分别对节点和回路列出所需要的方程组,而后解出各未知支路电流的方法。

2.2.2　支路电流法分析电路的步骤

值得注意的是,支路电流分析法必须先在电路图上选定好未知支路电流以及电压或电动势的参考方向,下面以图 2-11 为例来讲解利用支路电流分析法求解支路电流及功率的具体步骤。

1. 标定各支路电流、电压的参考方向并列出方程

标定各支路电流、电压的参考方向如图 2-12 所示,列出的方程如下。

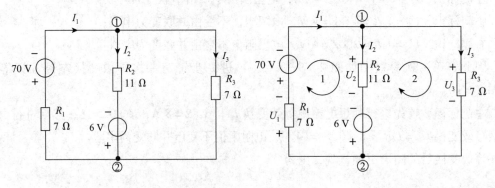

图 2-11　支路电流分析法　　　　　　图 2-12　标定参考方向

$$U_1 = R_1 I_1 \quad U_2 = R_2 I_2 \quad U_3 = R_3 I_3 \tag{2-4}$$

2. 根据 KCL 对节点列写电流方程

由于节点数 $n=2$，可列出 $n-1$ 个独立的节点方程，因此只需列出节点①的方程即可，规定流出节点为正，流入节点为负，则电流方程是

$$-I_1 + I_2 + I_3 = 0 \tag{2-5}$$

3. 根据 KVL 对回路列写电压方程

规定顺时针为正方向，沿着规定方向电势降为正，电势升为负，则电压方程是

$$\left.\begin{array}{r} U_1 + 70 + U_2 - 6 = 0 \\ -U_2 + U_3 + 6 = 0 \end{array}\right\} \tag{2-6}$$

4. 将 KVL 方程组中以电流为未知量代入

将方程组 $(2-6)$ 中的电压用式 $(2-4)$ 中的电流关系替代，有

$$\left.\begin{array}{r} 7I_1 + 70 + 11I_2 - 6 = 0 \\ -11I_2 + 7I_3 + 6 = 0 \end{array}\right\} \tag{2-7}$$

联立求解，得到

$$I_1 = -6 \text{ A} \quad I_2 = -2 \text{ A} \quad I_3 = -4 \text{ A}$$

电阻 R_1 的功率为

$$P_1 = (-6)^2 \times 7 = 252 \text{ W}$$

电阻 R_2 的功率为

$$P_2 = 2^2 \times 11 = 44 \text{ W}$$

电阻 R_3 的功率为

$$P_3 = (-4)^2 \times 7 = 112 \text{ W}$$

由于是关联参考方向，因此均为吸收功率。

例 2-2 用支路电流法列取求解图 2-13 中电路各支路电流的方程组。

解 首先，标记参考方向，如图 2-14 所示。

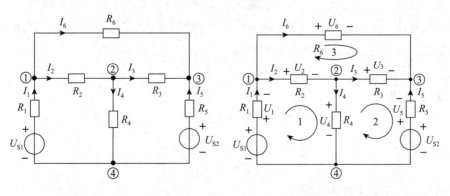

图 2-13　例 2-2 图　　　　　图 2-14　标定参考方向

其次，列节点① ② ③的电流方程：

$$-I_1 + I_2 + I_6 = 0$$
$$-I_2 + I_3 + I_4 = 0$$
$$-I_3 - I_5 - I_6 = 0$$

最后，根据 KVL 列出以电流为未知量的回路方程：

$$I_1 R_1 + I_2 R_2 + I_4 R_4 = U_{S1}$$
$$I_3 R_3 - I_4 R_4 - I_5 R_5 = -U_{S2}$$
$$-I_2 R_2 - I_3 R_3 + I_6 R_6 = 0$$

2.3 网孔电流分析法

支路电流法是最基本的方法，但由于支路电流法要同时列写 KCL 和 KVL 方程，所以方程数较多，在方程数目不多的情况下可以使用。如果电路较为复杂，支路电流法求解比较烦琐，也不便于计算机编程求解，因此需要更为简捷的分析方法，下面介绍网孔电流分析法(简称网孔电流法)。

2.3.1 网孔电流的概念

如图2-14所示，I_1，I_2，I_3，I_4，I_5，I_6 叫支路电流。网孔电流是指假想的沿网孔边沿流动的电流，如图2-14中回路1，2，3中可以设定网孔电流 I_a, I_b, I_c，其参考方向可以任意选取，如图2-15所示。

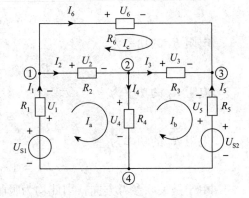

图2-15 假设网孔电流

2.3.2 网孔方程的列举

求解网孔电流时，不必再列写支路 KCL 方程，只需列出三个网孔的 KVL 方程。因而，可以用较少的方程求出网孔电流，再由网孔电流与支路电流的关系求出各支路电流，这种方法称为网孔分析法。下面以图2-15为例对网孔方程列举，以佐证网孔电流与支路电流的关联性。根据网孔和支路电流的参考方向可知：

$$I_1 = I_a \quad I_2 = I_a - I_c \quad I_3 = I_b - I_c \quad I_4 = I_a - I_b \quad I_5 = -I_b \quad I_6 = I_c$$

根据 KVL 列出网孔方程：

$$\left.\begin{aligned} I_1 R_1 + I_2 R_2 + I_4 R_4 &= U_{S1} \\ I_3 R_3 - I_4 R_4 - I_5 R_5 &= -U_{S2} \\ -I_2 R_2 - I_3 R_3 + I_6 R_6 &= 0 \end{aligned}\right\} \qquad (2-8)$$

将网孔电流作为未知量代入得

$$I_a R_1 + (I_a - I_c)R_2 + (I_a - I_b)R_4 = U_{S1}$$

$$(I_b - I_c)R_3 - (I_a - I_b)R_4 + I_b R_5 = -U_{S2}$$

$$-(I_a - I_c)R_2 - (I_b - I_c)R_3 + I_c R_6 = 0 \qquad (2-9)$$

整理得

$$(R_1 + R_2 + R_4)I_a - R_4 I_b - R_2 I_c = U_{S1} \qquad (2-10)$$

$$(R_3 + R_4 + R_5)I_b - R_4 I_a - R_3 I_c = -U_{S2} \qquad (2-11)$$

$$(R_2 + R_3 + R_6)I_c - R_3 I_b - R_2 I_a = 0 \qquad (2-12)$$

根据式(2-10)至式(2-12)得到以下规律：

（1）$(R_1 + R_2 + R_4)$ 是网孔 a 周边的电阻，$(R_3 + R_4 + R_5)$ 是网孔 b 周边的电阻，$(R_2 + R_3 + R_6)$ 是网孔 c 周边的电阻，这些电阻称为网孔的自电阻；

（2）式(2-10)中 R_4 与 R_2 分别是 I_a 和 I_b、I_a 和 I_c 之间所有共用的电阻，式(2-11)与式(2-12)同理，这些电阻称为互电阻，值得注意的是这些电阻在公式中以负值形式出现；

（3）U_{S1}，U_{S2} 为网孔中电压源的代数和，当电压源的电动势方向与网孔绕行方向相同时取正号，反之取负号。

网孔电流具有以下特点：

（1）完备性——网孔电流一旦求出，各支路电流就被唯一确定；

（2）独立性——网孔电流自动满足 KCL。

因此，以上规律可以直接作为结论使用。注意网孔电流法只适用于分析平面电路。

例2-3 在图2-16中，用网孔电流法列取方程组。

解 题目中有三个网孔，网孔电流如图2-16所示，网孔1的自电阻有 $R_1 + R_2 + R_5$；网孔2的自电阻有 $R_2 + R_3 + R_6$；网孔3的自电阻有 $R_4 + R_5 + R_6$；互电阻分别是 R_2，R_5，R_6，列取方程如下：

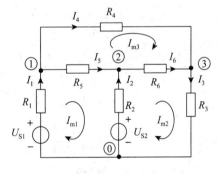

图2-16 例2-3图

$$(R_1 + R_5 + R_2)I_{m1} - R_2 I_{m2} - R_5 I_{m3} = U_{S1} - U_{S2}$$

$$-R_2 I_{m1} + (R_2 + R_6 + R_3)I_{m2} - R_6 I_{m3} = U_{S2}$$

$$-R_5 I_{m1} - R_6 I_{m2} + (R_4 + R_5 + R_6)I_{m3} = 0$$

2.3.3 网孔电流法分析电路的步骤

（1）由于网孔电流分析法列取的是 KVL 方程，因此若电路中有电流源模型，应先将其等效变换为电压源模型。

（2）如果有理想电流源则直接作为已知量无须求解。

（3）选定网孔绕行方向，编好序号。

（4）列写网孔电压方程并求解各网孔电流。

（5）标定各支路电流方向，由网孔电流求解支路电流。

例 2 - 4   在图 2 - 17 中，用网孔电流法求各支路电流。

解   (1)标定网孔绕行方向如图 2 - 17 所示。

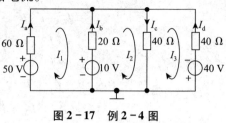

图 2 - 17   例 2 - 4 图

(2)列网孔方程如下：

$$(60 + 20)I_1 - 20I_2 = 50 - 10$$
$$- 20I_1 + (20 + 40)I_2 - 40I_3 = 10$$
$$- 40I_2 + (40 + 40)I_3 = 40$$

(3)联立上述方程求解，得

$$I_1 = 0.786 \text{ A}$$
$$I_2 = 1.143 \text{ A}$$
$$I_3 = 1.071 \text{ A}$$

(4)各支路电流为

$$I_a = I_1 = 0.786 \text{ A}$$
$$I_b = -I_1 + I_2 = 0.357 \text{ A}$$
$$I_c = I_2 - I_3 = 0.072 \text{ A}$$
$$I_d = -I_3 = -1.071 \text{ A}$$

例 2 - 5   图 2 - 18 为带理想电流源的电路，用网孔电流法求各支路电流。

解   (1)标定网孔序号及网孔电流参考方向，如图 2 - 18 所示。

(2)列方程如下：

$$I_{m1} = 6 \text{ A}$$
$$-2I_{m1} + 5I_{m3} = -U_x$$
$$-I_{m1} + 3I_{m2} = U_x$$
$$I_{m2} - I_{m3} = 2 \text{ A}$$

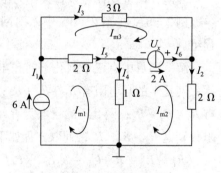

图 2 - 18   例 2 - 5 图

(3)联立上述方程求解，得

$$I_{m2} = 3.5 \text{ A}$$
$$I_{m3} = 1.5 \text{ A}$$

(4)各支路电流分别为

$$I_1 = 6 \text{ A}   I_2 = 3.5 \text{ A}   I_3 = 1.5 \text{ A}$$
$$I_4 = I_{m1} - I_{m2} = 2.5 \text{ A}   I_5 = I_{m1} - I_{m3} = 4.5 \text{ A}$$
$$I_6 = I_{m2} - I_{m3} = 2 \text{ A}$$

2.4   节点电压分析法

2.4.1   节点电压的概念

在电路中任意选择一个节点作为参考点，其他独立节点与参考点之间的电压，称为该节点的节点电压。

如图 2-19 所示，0 节点为参考节点，其电位视为 0，那么节点①②③的电压分别为 U_{10}，U_{20}，U_{30}。

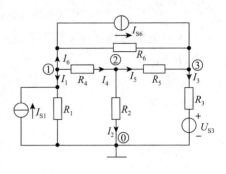

图 2-19 节点电压

2.4.2 节点电压方程的列举

如果说网孔分析法是在网孔中以网孔电流为未知量，列取 KVL 方程作为分析基础，那么节点电压分析法（简称节点电压法）则是在节点中以节点电压为未知量，列取 KCL 方程作为基础。节点电压法适用于结构复杂、独立回路选择麻烦以及节点少、回路多的非平面电路的分析求解。

在图 2-19 中，选定各支路电流参考方向，对每个独立节点列 KCL 方程：

$$\left.\begin{array}{l} I_1 + I_4 + I_6 = 0 \\ I_2 - I_4 + I_5 = 0 \\ I_3 - I_5 - I_6 = 0 \end{array}\right\} \qquad (2-13)$$

各支路电流用相关的节点电压表示为

$$I_1 = \frac{U_{10}}{R_1} - I_{S1} \quad I_4 = \frac{U_{10} - U_{20}}{R_4}$$

$$I_2 = \frac{U_{20}}{R_2} \quad I_5 = \frac{U_{20} - U_{30}}{R_5}$$

$$I_3 = \frac{U_{30} - U_{S3}}{R_3} \quad I_6 = \frac{U_{10} - U_{30}}{R_6} + I_{S6}$$

代入每个独立节点的 KCL 方程整理得

$$\left.\begin{array}{l} \left(\dfrac{1}{R_1} + \dfrac{1}{R_4} + \dfrac{1}{R_6}\right) U_{10} - \dfrac{1}{R_4} U_{20} - \dfrac{1}{R_6} U_{30} = I_{S1} - I_{S6} \\[2mm] -\dfrac{1}{R_4} U_{10} + \left(\dfrac{1}{R_2} + \dfrac{1}{R_4} + \dfrac{1}{R_5}\right) U_{20} - \dfrac{1}{R_5} U_{30} = 0 \\[2mm] -\dfrac{1}{R_6} U_{10} - \dfrac{1}{R_5} U_{20} + \left(\dfrac{1}{R_3} + \dfrac{1}{R_5} + \dfrac{1}{R_6}\right) U_{30} = I_{S6} + \dfrac{U_{S3}}{R_3} \end{array}\right\} \qquad (2-14)$$

上式可写成：

$$\left.\begin{array}{l} (G_1 + G_4 + G_6) U_{10} - G_4 U_{20} - G_6 U_{30} = I_{S1} - I_{S6} \\ -G_4 U_{10} + (G_2 + G_4 + G_5) U_{20} - G_5 U_{30} = 0 \\ -G_6 U_{10} - G_5 U_{20} + (G_3 + G_5 + G_6) U_{30} = I_{S6} + G_3 U_{S3} \end{array}\right\} \qquad (2-15)$$

式中：$G_1 \sim G_6$ 为各支路的电导。

令：

$$G_{11} = G_1 + G_4 + G_6 \quad G_{12} = G_{21} = -G_4$$

$$G_{22} = G_2 + G_4 + G_5 \quad G_{13} = G_{31} = -G_6$$

$$G_{33} = G_3 + G_5 + G_6 \quad G_{23} = G_{32} = -G_5$$

节点电压方程可写为如下形式。

节点①:

$$G_{11}U_{10} + G_{12}U_{20} + G_{13}U_{30} = I_{S11}$$

节点②:

$$G_{21}U_{10} + G_{22}U_{20} + G_{23}U_{30} = I_{S22}$$

节点③:

$$G_{31}U_{10} + G_{32}U_{20} + G_{33}U_{30} = I_{S33}$$

根据式(2-15)得到以下规律:

(1) G_{11}, G_{22}, G_{33} 为各节点的自电导(自电导总为正),是所有连接到各节点的电阻支路的电导之和;

(2) G_{12}, G_{21}, G_{13}, G_{31}, G_{23}, G_{32} 为各节点的互电导(互电导总为负),是连接在两个节点之间的电阻支路的电导之和;

(3) I_{S11}, I_{S22}, I_{S33} 为各节点的电流代数和,流入为正,流出为负。

2.4.3 节点电压法分析电路的步骤

(1) 由于节点电压法列取的是 KCL 方程,因此若电路中有电压源模型,应先将其等效变换为电流源模型。

(2) 如果有理想电压源则直接作为已知量无须求解。

(3) 选定参考节点并标出节点序号,将独立节点设为未知量,其参考方向由独立节点指向参考节点。

(4) 列写节点电压方程并求解各节点电压。

(5) 标定各支路方向,由节点电压求解支路电压。

例 2-6 在图 2-20 所示电路中,用节点电压法分析求解电源功率。

解 参考点的选择如图 2-20 所示。

根据观察,利用快速建立节点电压方程法分别列出节点①②③④的方程为

$$(1 + 0.1 + 0.1)U_1 - U_2 - 0.1U_4 = 1$$
$$-U_1 + (1 + 1 + 0.5)U_2 - 0.5U_3 = -0.5$$
$$-0.5U_2 + (0.5 + 0.5 + 0.25)U_3 - 0.25U_4 = 0.5$$
$$-0.1U_1 - 0.25U_3 + (0.1 + 0.25 + 0.25)U_4 = 0$$

联立上述方程求解,得各节点电压为

$$U_1 = 1.2 \text{ V}$$
$$U_2 = 0.4 \text{ V}$$
$$U_3 = 0.7 \text{ V}$$

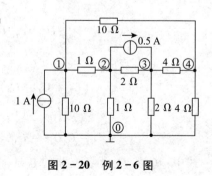

图 2-20 例 2-6 图

$$U_4 = 0.5 \text{ V}$$

电源功率为

$$P_{1A} = -1 \times U_1 = -1.2 \text{ W}$$
$$P_{0.5A} = 0.5 \times (U_2 - U_3) = -0.15 \text{ W}$$

2.5 电路定理

2.5.1 叠加定理

定理内容：在由线性电阻、线性受控源及独立电源组成的电路中，每一个元件的电流或电压都可以看成是每一个独立电源单独作用于电路时，在该元件上产生的电流或电压的代数和。

单独作用，相当于只一个电源作用，其余电源不作用。不作用时，电压源 $U_S = 0$，相当于短路；电流源 $I_S = 0$，相当于开路。

叠加性是线性电路的根本属性，叠加方法是分析电路的一大基本方法。通过它，可将电路复杂激励的问题转换为简单的单一激励问题，简化响应与激励的关系。

例 2-7 在图 2-21 中，已知 $E_1 = 5 \text{ V}$，$I_S = 1 \text{ A}$，$R_1 = 4 \ \Omega$，$R_2 = 20 \ \Omega$，$R_3 = 3 \ \Omega$，$R_4 = 3 \ \Omega$。用叠加定理求电阻 R_4 中的电流。

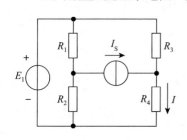

图 2-21 例 2-7 图

解 利用叠加定理可知，电压源单独作用时：

$$I' = \frac{E_1}{R_3 + R_4} = \frac{5}{6} \text{ A}$$

电流源单独作用时：

$$I'' = \frac{R_3}{R_3 + R_4} I_S = \frac{1}{2} \text{ A}$$

$$I = I' + I'' = \frac{5}{6} + \frac{1}{2} = \frac{8}{6} = 1.33 \text{ A}$$

应用叠加定理时要注意以下问题：

(1)叠加定理只适用于求解线性电路的电压和电流；

(2)叠加时只将独立电源分别考虑，电路其他部分的结构和参数不变；

(3)各独立电源单独分析时，应保留各支路电流、电压的参考方向，以确保最后叠加的各分量具有统一的参考方向；

(4)叠加定理是电路线性关系的应用，由于电路中功率与激励电源的关系为二次函数关系，不具有线性关系，因此叠加定理只能用于电压或电流的计算，不能直接用来计算功率；

(5)运用叠加定理求解时也可以把电源分组求解，每个分电路的电源个数可能不止一个，应将独立电源分成电压源与电流源两组。

例 2-8 用叠加定理计算图 2-22 中 A 点的电位 V_A。

解 +50 V 电源单独作用时，可将 −50 V 电源看作短路，I_3' 是流过 R_1 电阻的电流在 R_3 上的分流，即

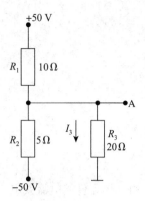

图 2-22 例 2-8 图

$$I'_3 = \frac{50}{R_1 + \dfrac{R_2 R_3}{R_2 + R_3}} \times \frac{R_2}{R_2 + R_3} = \frac{50}{10 + \dfrac{5 \times 20}{5 + 20}} \times \frac{5}{5 + 20} = 0.71 \text{ A}$$

-50 V 电源单独作用时，可将 $+50$ V 电源看作短路，I''_3 是流过 R_2 电阻的电流在 R_3 上的分流，即

$$I''_3 = \frac{-50}{R_2 + \dfrac{R_1 R_3}{R_1 + R_3}} \times \frac{R_1}{R_1 + R_3} = \frac{-50}{5 + \dfrac{10 \times 20}{10 + 20}} \times \frac{10}{10 + 20} = -1.43 \text{ A}$$

$$I_3 = I'_3 + I''_3 = 0.71 - 1.43 = -0.72 \text{ A}$$

$$V_A = R_3 I_3 = -20 \times 0.72 = -14.4 \text{ V}$$

2.5.2 戴维南定理

定理内容：任一线性含独立电源的二端网络，对外而言，都可以等效为一个理想电压源与电阻串联构成的实际电压源模型。

如图 2-23 所示，电压源的电压 U_{OC} 等于该网络的端口开路电压，称为开路电压；串联电阻 R_0 等于去掉内部独立电源（独立电源置零，即电压源短路、电流源开路），从端口看进去的等效电阻，为网络内部理想电源全部置零后的等效电阻，称为内阻。

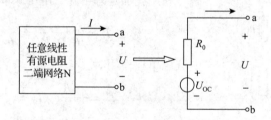

图 2-23 戴维南定理

例 2-9 在图 2-24(a) 中，已知 $R_1 = 5$ Ω,$R_2 = 5$ Ω,$R_3 = 10$ Ω,$R_4 = 5$ Ω,$U_S = 12$V,$R_G = 10$ Ω。试用戴维南定理求检流计中的电流 I_G。

解 将图 2-24(a) 改成图 2-24(b)。

(1) 求开路电压，如图 2-24(c) 所示。

$$I_1 = \frac{U_S}{R_1 + R_2} = \frac{12}{5 + 5} = 1.2 \text{ A}$$

$$I_2 = \frac{U_S}{R_3 + R_4} = \frac{12}{10 + 5} = 0.8 \text{ A}$$

$$U_{OC} = I_1 R_2 - I_2 R_4 = 1.2 \times 5 - 0.8 \times 5 = 2 \text{ V}$$

(2) 求等效电源的内阻，如图 2-24(d) 所示。

$$R_0 = \frac{R_1 R_2}{R_1 + R_2} + \frac{R_3 R_4}{R_3 + R_4} = 5.8 \text{ Ω}$$

（3）求电流计中的电流，如图 2-24(e) 所示。

$$I_G = \frac{U_{OC}}{R_0 + R_G} = \frac{2}{5.8 + 10} = 0.13 \text{ A}$$

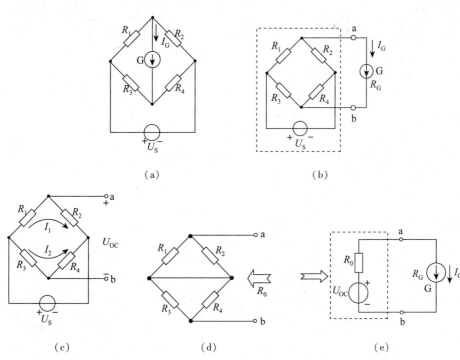

图 2-24 例 2-9 图

(a) 图 1 　(b) 图 2 　(c) 图 3 　(d) 图 4 　(e) 图 5

2.5.3 诺顿定理

定理内容：任一线性含源二端网络，对外而言，总可以等效为一个理想电流源与电阻并联的实际电流源模型。

如图 2-25 所示，电流源的电流 I_{SC} 等于该网络的端口短路电流，并联等效电阻 R_0 为该网络去掉内部独立电源后，从端口处得到的等效电阻。可以利用两种电源模型的等效变换得出诺顿电流源模型。

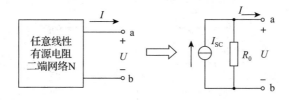

图 2-25 诺顿定理

例 2-10 　在图 2-26 中，设 $E_1 = 140$ V，$E_2 = 90$ V，$R_1 = 20$ Ω，$R_2 = 5$ Ω，$R_3 = 6$ Ω，用诺顿定理计算出支路电流 I_3。

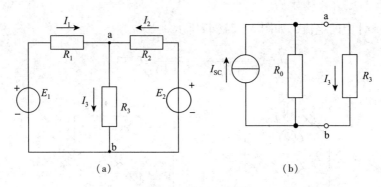

图 2-26　例 2-10 图

(a)电路图　(b)等效图

解　图 2-26(a)可以等效为图 2-26(b)，等效电流源的电流为

$$I_{SC} = \frac{E_1}{R_1} + \frac{E_2}{R_2} = \frac{140}{20} + \frac{90}{5} = 25 \text{ A}$$

等效电阻为 $R_1 // R_2$，即

$$R_0 = \frac{R_1 R_2}{R_1 + R_2} = \frac{20 \times 5}{20 + 5} = 4 \ \Omega$$

则

$$I_3 = \frac{R_0}{R_0 + R_3} I_{SC} = \frac{4}{4 + 6} \times 25 = 10 \text{ A}$$

习题 2

1. 利用两种电源模型等效的方式求下图中的 U。

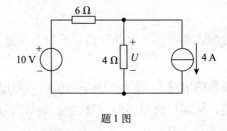

题 1 图

2. 利用两种电源模型等效的方式计算下图中的电流 I。

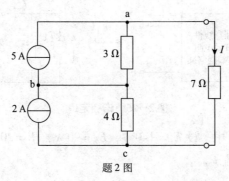

题 2 图

3. 用两种方法求取下图中的 I_1，I_4，U_4。

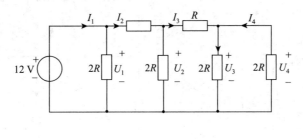

题 3 图

4. 求下图中的电流 I。

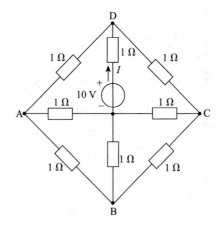

题 4 图

5. 求下图中的 U_3。

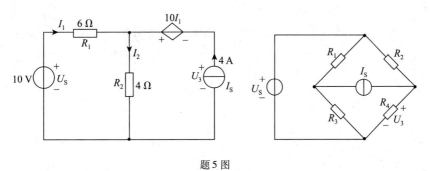

题 5 图

6. 用网孔电流法求下面两个图中各支路电流。

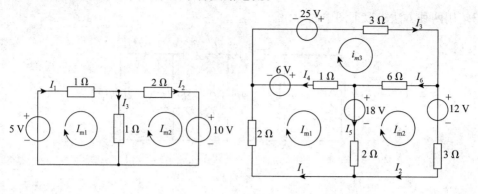

题6图

7. 试用节点电压法求下图中的电流 I_x。

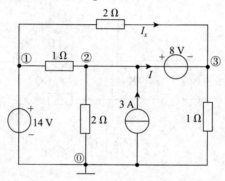

题7图

8. 列写下图中的节点电压方程。

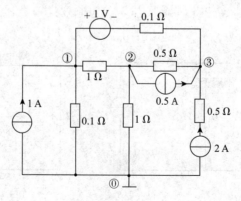

题8图

9. 下图中 $R_1 = 1\ \Omega$，$R_2 = 2\ \Omega$，$R_3 = 3\ \Omega$，$R_4 = 4\ \Omega$，$I_{S5} = 5\ A$，$U_{S6} = 6\ V$，用叠加定理计算电源与 R_1 上的功率。

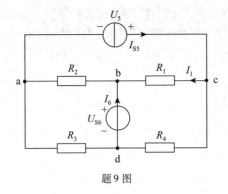

题 9 图

10. 下图中 $R_1 = 1\ \Omega$，$R_3 = 3\ \Omega$，$R_4 = 4\ \Omega$，$R_5 = 5\ \Omega$，$U_{S1} = 1\ V$，$U_{S3} = 3\ V$，$U_{S4} = 4\ V$，$U_{S5} = 5\ V$，$I_{S2} = 2\ A$，用戴维南定理求 I_3。

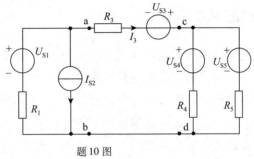

题 10 图

11. 求下图中二端网络的戴维南等效电路。

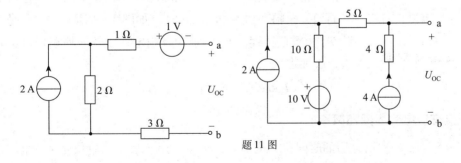

题 11 图

12. 在下图中，已知 $I_C = 0.75\ I_1$，用戴维南定理及诺顿定理求其等效电路。

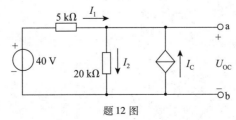

题 12 图

第3章 正弦交流电路

本章重点

1. 三要素的计算。
2. 稳态电路分析。
3. △－Y连接特性。

3.1 正弦交流电的基本概念

电路可以分为直流电路与交流电路两种，前两章主要讲解了直流电路的结构与分析，本章讲解交流电路中应用最为广泛的正弦交流电路。正弦交流电具有易于产生且便于远距离传输的优点，且电路的负载很大一部分是电机，而交流电机和直流电机相比，也具有结构简单、易于控制、成本低、效率高等优势，所以在工业生产和日常生活中正弦交流电得到了广泛应用，对正弦电路的分析和研究具有重要的理论和实际意义。

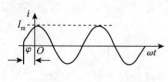

图3-1 正弦交流电流

正弦稳态电路中的电压或电流的值随时间按正弦规律周期性变化，为了能够完整且准确地描述正弦电的特性，需要对周期、振幅和初相位进行确认，如图3-1所示，这就是正弦交流电的三要素，三要素一旦确定，正弦波便确定了，其表达式如下：

$$i = I_m \sin(\omega t + \varphi) \tag{3-1}$$

3.1.1 正弦交流电的周期和频率

正弦交流电交变一次所经历的时间称为交流电的周期，用T表示，单位是s(秒)。正弦交流电1 s所完成的交变次数称为交流电的频率，用f表示，单位是Hz(赫兹)，简称赫。周期和频率互为倒数，即

$$T = \frac{1}{f} \tag{3-2}$$

或

$$f = \frac{1}{T} \tag{3-3}$$

我国和大多数国家都采用 50 Hz 作为电力标准频率,有些国家(如美国、日本等)采用 60 Hz作为电力标准频率。电力标准频率也称工频,通常交流电机和照明负载都用这个频率。

式(3-1)中并没有出现周期和频率,而是通过角频率 ω 反映正弦波的变化周期与频率即变换快慢的。

正弦交流电变化一个周期,对应的正弦函数就变化 2π 弧度,所以正弦量变化的快慢除了用周期和频率表示外,还可以用角频率 ω 来表示,角频率的单位为 rad/s(弧度每秒)。ω、T 和 f 三者之间的关系是

$$\omega = \frac{2\pi}{T} = 2\pi f \tag{3-4}$$

显然,周期 T、频率 f 和角频率 ω 三者之间有固定的换算关系,知道其中任意一个就可以求出另外两个。因此,以下三种正弦量的写法是等效的:

$$i = I_m\sin(\omega t + \varphi) = I_m\sin(\frac{2\pi}{T}t + \varphi) = I_m\sin(2\pi f t + \varphi) \tag{3-5}$$

例 3-1 已知 $f = 50$ Hz,试求 T 和 ω。

解

$$T = \frac{1}{f} = \frac{1}{50} = 0.02 \text{ s}$$

$$\omega = 2\pi f = 2 \times 3.14 \times 50 = 314 \text{ rad/s}$$

3.1.2 正弦交流电的幅值和有效值

式(3-1)中除了需要反映正弦交流电变化的快慢,还需要反映正弦交流电流交变的幅度,即幅值,瞬时值中最大的值称为幅值或最大值,如果正弦量的瞬时值用小写字母 i、u 来表示,那么一般用带下标 m 的大写字母 I_m、U_m 表示电流、电压的幅值。

由于正弦波每时每刻的电流值都在变化,因此为了便于描述,工程应用中正弦电压和电流的大小通常采用有效值 I 来衡量,有效值是从电流的热效应角度来规定的,即不论是周期变化的电流还是直流电流,只要它们在相等的时间内通过同一电阻发出的热量相等,就把它们的大小看成是相等的。通过积分原理可知其等效公式为

$$\int_0^T i^2 R dt = I^2 RT \tag{3-6}$$

当电流为正弦量时,即 $i = I_m\sin\omega t$ 时,则有

$$I = \sqrt{\frac{1}{T}\int_0^T i^2 dt} = \sqrt{\frac{1}{T}\int_0^T I_m^2 \sin^2\omega t dt} = \frac{I_m}{\sqrt{2}} \tag{3-7}$$

可见,正弦量幅值是有效值的 $\sqrt{2}$ 倍。因此,正弦交流电的有效值表达式为

$$i = I_m\sin(\omega t + \varphi) = \sqrt{2}I\sin(\omega t + \varphi) \tag{3-8}$$

按规定,有效值都用大写字母表示,一般所讲的正弦电压或电流的大小,如交流电压 380 V 或 220 V,都是指有效值,万用表测量得到的交流电压和电流也是有效值。

例 3-2 $u = U_m\sin\omega t, U_m = 311$ V,$f = 50$ Hz,试求有效值 U 和 $t = 0.1$ s 时的瞬时值。

解

$$U = \frac{U_\mathrm{m}}{\sqrt{2}} = \frac{311}{\sqrt{2}} = 220 \ \mathrm{V}$$

当 t = 0.1 s 时，有

$$u = U_\mathrm{m}\sin \omega t = U_\mathrm{m}\sin 2\pi ft = 311\sin(2 \times \pi \times 50 \times 0.1) = 311\sin 10\pi = 0 \ \mathrm{V}$$

3.1.3 正弦交流电的相位和相位差

三要素中除了周期与幅值之外，还需要通过初相位 φ 表示正弦交流电交变的起点位置。

1. 初相位

当时间 $t = 0$（称为计时起点）时，所对应的相位角就称为初相位，用 φ 表示，由于正弦函数为周期函数，为了便于进行前后比较，规定 φ 的取值范围为 $|\varphi| \leqslant \pi$，若其不在此范围内，则可加减 2π 使其满足 $|\varphi| \leqslant \pi$。

其取值有三种情况：$\varphi < 0$，$\varphi = 0$ 和 $\varphi > 0$。在正弦量的表达式 $i = I_\mathrm{m}\sin(\omega t + \varphi)$ 中，若 $\varphi < 0$，则波形起点在原点右侧；若 $\varphi = 0$，则波形起点在原点；若 $\varphi > 0$，则波形起点在原点左侧。因此，相位表示了正弦量在某时刻的状态。不同的相位对应正弦量的不同状态，还表示了正弦量的变化进程。

2. 相位差

在线性电路中，如果所有电源都是同频率的正弦量，则电路中的响应电压和电流也是该频率的正弦量。对于同频率的正弦量，可以比较它们的相位差，相位差反映的是多个正弦量的前后关系。

设如下两个同频率的正弦量：

$$\left. \begin{aligned} u &= U_\mathrm{m}\sin(\omega t + \varphi_1) \\ i &= I_\mathrm{m}\sin(\omega t + \varphi_2) \end{aligned} \right\} \tag{3-9}$$

两者的相位差为

$$(\omega t + \varphi_1) - (\omega t + \varphi_2) = \varphi_1 - \varphi_2 = \Delta\varphi$$

可见，两个同频率的正弦量的相位差是与时间无关的常量，即等于它们初相位之差。

若 $\Delta\varphi > 0$，则 u 超前 i，或 i 滞后 u，超前或滞后的角度为 $\Delta\varphi$。

若 $\Delta\varphi < 0$，则 u 滞后 i，或 i 超前 u，超前或滞后的角度为 $\Delta\varphi$。

其中，有以下特殊情况，若 $\Delta\varphi = 0$，则 u 与 i 同相位，简称同相，如图 3-2(b) 所示；若 $\varphi = \pm\pi/2$，则称 u 与 i 正交，如图 3-2(c) 所示；若 $\varphi = \pm\pi$，称 u 与 i 反相，如图 3-2(d) 所示。

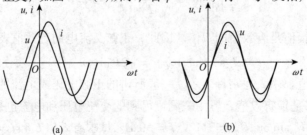

图 3-2 正弦交流电的相位差

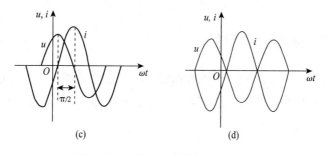

图 3 – 2　正弦交流电的相位差（续）

(a) $\varphi > 0$　(b) $\varphi = 0$　(c) $\varphi = \pi/2$　(d) $\varphi = \pi$

必须强调，比较正弦量的相位差时要注意"三同"。

（1）同频率。只有同频率的正弦量才有确定的相位关系，它们的相位差才为常数。不同频率正弦量的相位差会随时间而发生变化。

（2）同函数。正弦函数和余弦函数都可以用来表示正弦交流电，当进行相位比较时，必须化成同一函数来表达，然后才能进行相位运算。

（3）两正弦函数表达式前面的符号应该相同。

例 3 – 3　已知两电流 $i_1 = 10\sin(314t + 30°)\,\text{A}$，$i_2 = 5\cos(314t - 20°)\,\text{A}$，求它们的相位差。

解　先将 i_2 化为正弦表达式，即

$$i_2 = 5\sin(314t - 20° + 90°) = 5\sin(314t + 70°)$$

故 i_1 与 i_2 相位差为

$$\varphi_{12} = \varphi_1 - \varphi_2 = 30° - 70° = -40°$$

由此可知，i_1 比 i_2 滞后 $40°$。

例 3 – 4　已知两电流 $i_1 = 10\sin(314t + 80°)\,\text{A}$，$i_2 = -8\sin(314t + 60°)\,\text{A}$，求它们的相位差。

解　先将 i_2 前面的负号化为正号，即

$$i_2 = -8\sin(314t + 60°) = 8\sin(314t + 60° - 180°) = 8\sin(314t - 120°)$$

故 i_1 与 i_2 相位差为

$$\varphi_{12} = \varphi_1 - \varphi_2 = 80° - (-120°) = 200°$$

由于 φ 的取值范围为 $-180° \sim 180°$，故

$$\varphi_{12} = 200° - 360° = -160°$$

由此可知，i_1 比 i_2 滞后 $160°$。

在分析或计算交流电路时，往往先选定某一个正弦量为参考量，令其初相位为零，然后再确定其他正弦量与参考量之间的相位关系。注意，电路中各正弦量之间的相位差并不会因为选择的参考正弦量不同而发生变化。

3.2 正弦交流电的相量表示法

正弦交流电可以使用波形表示，也可以使用函数表达式表示，此外还可以用复数来表示，用复数表示的正弦量叫相量。前两者便于展示正弦信号的特点，而相量表示的优点是可以简化正弦电流电路的计算。

3.2.1 相量表示法(复数形式)

(1)代数式：$A = a + \mathrm{j}b = r(\cos\varphi + \mathrm{j}\sin\varphi)$。

代数式具有实部和虚部；适用于复数的加减运算。

(2)指数式：$A = r\mathrm{e}^{\mathrm{j}\varphi}$。

(3)极坐标式：$A = r\underline{/\varphi}$。

指数式或极坐标式适用于复数的乘除运算。

相量用字符表示时，是在大写字母上加"·"，指数式和极坐标式中的 r 代表相量长度，对应于正弦信号的大小，可以用幅值或者有效值代表，因此正弦电压 $u = U_\mathrm{m}\sin(\omega t + \varphi)$ 的极坐标相量式就有两种表示方法。

幅值相量：

$$\dot{U}_\mathrm{m} = U_\mathrm{m}\mathrm{e}^{\mathrm{j}\varphi} = U_\mathrm{m}\underline{/\varphi} \tag{3-10}$$

有效值相量：

$$\dot{U} = U\mathrm{e}^{\mathrm{j}\varphi} = U\underline{/\varphi} \tag{3-11}$$

幅值相量与有效值相量的关系为

$$\dot{U}_\mathrm{m} = U_\mathrm{m}\underline{/\varphi} = \sqrt{2}U\underline{/\varphi} = \sqrt{2}\dot{U} \tag{3-12}$$

例 3-5 试写出代表电流 $i_1 = 10\sqrt{2}\cos\omega t$ A，$i_2 = 4\sin(\omega t + 45°)$ A 的相量。

解 将 i_1 化为正弦表达式为

$$i_1 = 10\sqrt{2}\cos\omega t = 10\sqrt{2}\sin(\omega t + 90°)\ \mathrm{A}$$

所以幅值相量分别为

$$\dot{I}_{1\mathrm{m}} = 10\sqrt{2}\ \underline{/90°}\ \mathrm{A} \qquad \dot{I}_{2\mathrm{m}} = 4\ \underline{/45°}\ \mathrm{A}$$

有效值相量分别为

$$\dot{I}_1 = \frac{\dot{I}_{1\mathrm{m}}}{\sqrt{2}} = 10\underline{/90°}\ \mathrm{A} \qquad \dot{I}_2 = \frac{\dot{I}_{2\mathrm{m}}}{\sqrt{2}} = 2\sqrt{2}\ \underline{/45°}\ \mathrm{A}$$

由于有效值在电路计算中更为实用，所以习惯上常用有效值相量表示正弦交流电。必须注意，相量与正弦交流电之间只是对应关系，而不是相等关系，且相量法只适用于正弦稳态电路的分析。

3.2.2 相量图表示

相量是复数，所以相量也可以用复平面上的矢量表示，这种表示相量的矢量图称为相量图，如图 3-3(a)所示。在相量图上能直观地看出各个相量所代表的正弦量的大小和相互之间的相位关系，适当运用相量图，可以给解题带来方便。

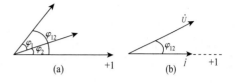

图 3-3 相量图

参考正弦量的相量为参考相量，其幅角为零，在相量图中，它与实轴平行，如图 3-3(b)中是选定 $\dot{I}$ 为参考相量，电压相量 $\dot{U}$ 比电流相量 $\dot{I}$ 超前 φ_{12} 角的关系不变。

必须注意，只有同频率的正弦量才能画在同一个相量图上。任意一个相量乘以 $+j$ 后，即向前（逆时针方向）旋转 $90°$，相位角 $+90°$；乘以 $-j$ 后，即向后（顺时针方向）旋转 $90°$，相位角 $-90°$。

例 3-6 试写出表示电压 $u_A = 220\sqrt{2}\sin 314t$ V，$u_B = 220\sqrt{2}\sin(314t - 120°)$ V，$u_C = 220\sqrt{2}\sin(314t + 120°)$ V 的相量，并画出相量图。

解 相量图如图 3-4 所示。

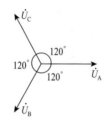

图 3-4 例 3-6 图

$$\dot{U}_A = 220\underline{/0°} = 220 \text{ V}$$

$$\dot{U}_B = 220\underline{/-120°} = -220\left(\frac{1}{2} + j\frac{\sqrt{3}}{2}\right)\text{V}$$

$$\dot{U}_C = 220\underline{/120°} = 220\left(-\frac{1}{2} + j\frac{\sqrt{3}}{2}\right)\text{V}$$

例 3-7 图 3-5 为正弦交流电路，已知 $u_1 = 60\sqrt{2}\sin \omega t$ V，$u_2 = 120\sqrt{2}\sin(\omega t + 90°)$ V，$u_3 = 40\sqrt{2}\sin(\omega t - 90°)$ V。试用复数式和相量图求 u。

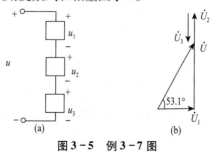

图 3-5 例 3-7 图

(a)电路图 (b)相量图

解 方法一：用相量表示各正弦电压为

$$\dot{U}_1 = 60 \text{ V}$$

$$\dot{U}_2 = 120\underline{/90°} = \text{j}120\text{V}$$

$$\dot{U}_3 = 40\underline{/-90°} = -\text{j}40\text{V}$$

$$\dot{U} = \dot{U}_1 + \dot{U}_2 + \dot{U}_3 = 60 + \text{j}120 - \text{j}40 = 60 + \text{j}80 = 100\underline{/53.1°} \text{ V}$$

根据以上相量式可以写出 u 的三角函数表达式为

$$u = 100\sqrt{2}\sin(\omega t + 53.1°)\text{V}$$

方法二：作出相量图如图 3-5(b) 所示，根据相量图的几何关系得

$$U = \sqrt{U_1^2 + (U_2 - U_3)^2} = \sqrt{60^2 + (120 - 40)^2} = 100 \text{ V}$$

$$\varphi = \arctan\left(\frac{U_2 - U_3}{U_1}\right) = \arctan\left(\frac{120 - 40}{60}\right) = 53.1°$$

$$u = 100\sqrt{2}\sin(\omega t + 53.1°)\text{V}$$

3.2.3 元件的相量模型

1. 电阻元件

(1)电阻元件的时域特性如图 3-6(a) 所示，可以表示为

$$u(t) = Ri(t)$$

(2)正弦稳态下的电压和电流特性假设为

$$i(t) = \sqrt{2}I\sin(\omega t + \varphi_2)$$

则

$$u(t) = Ri(t) = \sqrt{2}RI\sin(\omega t + \varphi_2) = \sqrt{2}U\sin(\omega t + \varphi_1)$$

其中

$$\varphi_1 = \varphi_2$$

(3)相量模型及特性如图 3-6(b) 和 (c) 所示，可以表示为

$$\dot{U} = R\dot{I} \qquad\qquad\qquad (3-13)$$

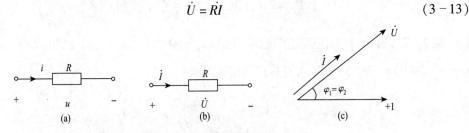

图 3-6 电阻元件的相量图

(a)电阻元件的时域模型　(b)电阻元件的相量模型　(c)电阻元件的相量图

根据时域特性，正弦稳态电阻元件的电压与电流满足三个条件：

(1)频率相同；

（2）相位相同，电阻元件上的电压和电流的相位相同，即 $\varphi_1 = \varphi_2$；

（3）电阻元件电压和电流有效值的关系为 $U = RI$。

2. 电容元件

（1）电容元件的时域特性如图 3-7（a）所示，可以表示为

$$i(t) = \frac{dq}{dt} = C\frac{du(t)}{dt}$$

（2）正弦稳态下的电压和电流特性假设为

$$u(t) = \sqrt{2}U\sin(\omega t + \varphi_1)$$

则 $\quad i(t) = C\frac{du(t)}{dt} = \sqrt{2}\omega CU\cos(\omega t + \varphi_1) = \sqrt{2}\omega CU\sin(\omega t + \varphi_1 + 90^\circ) = \sqrt{2}I\sin(\omega t + \varphi_2)$

（3）相量模型及特性如图 3-7（b）和（c）所示，可以表示为

$$\left.\begin{array}{r}\dot{I} = j\omega C\dot{U} \\[2mm] \dot{U} = \dfrac{\dot{I}}{j\omega C}\end{array}\right\} \qquad\qquad (3-14)$$

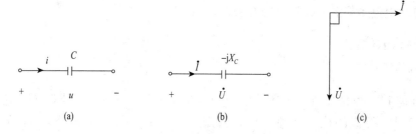

图 3-7　电容元件的相量图

（a）电容元件的时域模型　（b）电容元件的相量模型　（c）电容元件的相量图

根据时域特性，正弦稳态电容元件的电压与电流满足三个条件：

（1）频率相同；

（2）电容上电压相位滞后电流相位，$\varphi_u = \varphi_i - 90^\circ$；

（3）电容上电压和电流有效值的关系为 $I = \omega CU$。

3. 电感元件

（1）电感元件的时域特性如图 3-8（a）所示，可以表示为

$$u(t) = \frac{d\varphi}{dt} = L\frac{di(t)}{dt}$$

（2）正弦稳态下的电压和电流特性假设为

$$i(t) = \sqrt{2}I\sin(\omega t + \varphi_2)$$

则 $\quad u(t) = L\frac{di(t)}{dt} = \sqrt{2}\omega LI\cos(\omega t + \varphi_2) = \sqrt{2}\omega LI\sin(\omega t + \varphi_2 + 90^\circ) = \sqrt{2}U\sin(\omega t + \varphi_1)$

（3）相量模型及特性如图 3－8(b)和(c)所示，可以表示为

$$\left.\begin{matrix}\dot{U} = j\omega L\dot{I} \\ \dot{I} = \dfrac{\dot{U}}{j\omega L}\end{matrix}\right\}\qquad (3-15)$$

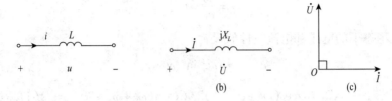

图 3－8　电感元件的相量图
(a)电感元件的时域模型　(b)电感元件的相量模型　(c)电感元件的相量图

根据时域特性，正弦稳态电感元件的电压与电流满足三个条件：

（1）频率相同；

（2）电感上电压相位超前电流相位 $\varphi_u = \varphi_i + 90°$；

（3）电感上电压与电流有效值的关系为 $U = \omega LI$。

3.2.4　阻抗和导纳

1. 阻抗

以元件的相量模型为例，如图 3－6(b)、图 3－7(b)、图 3－8(b)所示，在复频域内也有与时域类似的抗，这种在正弦稳态电路中，无源二端网络(元件)的电压相量与电流相量之比称为该二端网络的阻抗，记作 Z。阻抗具有电阻的量纲，单位为 Ω（欧姆）。

$$Z = \frac{\dot{U}}{\dot{I}}\qquad (3-16)$$

2. 导纳

同样在正弦稳态电路中，无源二端网络(元件)的电流相量与电压相量之比称为该二端网络的导纳，记作 Y。导纳具有电导的量纲，单位为 S(西门子)。

$$Y = \frac{\dot{I}}{\dot{U}}\qquad (3-17)$$

3. 阻抗与导纳的关系

阻抗与导纳互为倒数，一般都是复数。

$$Z(j\omega) = R(j\omega) + jX(j\omega)$$

其中，$R(j\omega)$ 为电阻部分，$X(j\omega)$ 为电抗部分。

电阻元件的阻抗为实数，是纯电阻元件，阻抗角为 0°。电容元件的阻抗为负虚数，是

纯电抗元件(容抗 $X_C = \dfrac{1}{\omega C}$),阻抗角为 $-90°$。电感元件的阻抗为正虚数,是纯电抗元件(感抗 $X_L = \omega L$),阻抗角为 $90°$。

4. 广义欧姆定律

广义欧姆定律为

$$\dot{U} = Z\dot{I}$$

其中, $Z_R = R$, $Z_L = j\omega L$, $Z_C = \dfrac{1}{j\omega C}$。

例 3 – 8　求相量串联分压图 3 – 9 中的等效电压相量表达式。

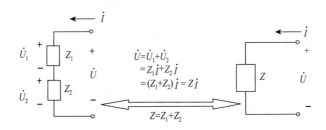

图 3 – 9　例 3 – 8 图

解　串联阻抗在电路中起分压的作用,用公式表示为

$$\left.\begin{array}{l} \dot{U}_1 = Z_1\dot{I} = \dfrac{Z_1}{Z}\dot{U} = \dfrac{Z_1}{Z_1 + Z_2}\dot{U} \\[3mm] \dot{U}_2 = Z_2\dot{I} = \dfrac{Z_2}{Z}\dot{U} = \dfrac{Z_2}{Z_1 + Z_2}\dot{U} \end{array}\right\} \qquad (3 - 18)$$

例 3 – 9　求相量并联分流图 3 – 10 中的等效电流相量表达式。

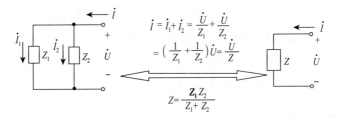

图 3 – 10　例 3 – 9 图

解　并联阻抗在电路中起分流的作用,用公式表示为

$$\left.\begin{array}{l} \dot{I}_1 = \dfrac{U}{Z_1} = \dfrac{Z}{Z_1}\dot{I} = \dfrac{Z_2}{Z_1 + Z_2}\dot{I} \\[3mm] \dot{I}_2 = \dfrac{U}{Z_2} = \dfrac{Z}{Z_2}\dot{I} = \dfrac{Z_1}{Z_1 + Z_2}\dot{I} \end{array}\right\} \qquad (3 - 19)$$

用导纳表示为

$$\left.\begin{array}{l} Y = Y_1 + Y_2 \\ \dot{I}_1 = Y_1 \dot{U} = \dfrac{Y_1}{Y}\dot{I} = \dfrac{Y_1}{Y_1 + Y_2}\dot{I} \\ \dot{I}_1 = Y_2 \dot{U} = \dfrac{Y_2}{Y}\dot{I} = \dfrac{Y_2}{Y_1 + Y_2}\dot{I} \end{array}\right\} \qquad (3-20)$$

根据以上两个例题分析可知，串联时用阻抗表示方便，并联时用导纳表示方便。

例 3 - 10 在图 3 - 11 中，$R_1 = 5\ \Omega$，$R_2 = 2\ \Omega$，$X_L = 35\ \Omega$，$X_C = 38\ \Omega$，$\dot{I}_S = 5\underline{/-15°}$ A，求等效阻抗 Z 及 $\dot{I}_1$、$\dot{I}_2$ 的值。

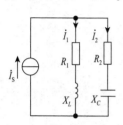

图 3 - 11　例 3 - 10 图

解　$Z_1 = R_1 + jX_L = (5 + j35)\ \Omega$

$Z_2 = R_2 - jX_C = (2 - j38)\ \Omega$

$$Z = \frac{Z_1 Z_2}{Z_1 + Z_2} = \frac{(5 + j35)(2 - j38)}{5 + j35 + 2 - j38} = 176.7\underline{/18.08°}\ \Omega$$

根据分流公式得

$$\dot{I}_1 = \frac{Z_2}{Z_1 + Z_2}\dot{I}_S = \frac{2 - j38}{5 + j35 + 2 - j38}5\underline{/-15°} = 24.98\underline{/-78.79°}\ \text{A}$$

则　　　　$$\dot{I}_2 = \dot{I}_S - \dot{I}_1 = 5\underline{/-15°} - 24.98\underline{/-78.79°} = 23.20\underline{/90.26°}\ \text{A}$$

例 3 - 10 中，I_1、I_2 都大于 I_S，即分支电流都大于总电流。在正弦交流电路中，类似的现象很多，其实这并不奇怪，因为各正弦量之间存在相位差，所以同频率正弦量之和的幅度并不一定增加。由此可知，与电阻电路类似，阻抗可以进行串联、并联和混联，计算公式也相同。但需要注意，阻抗的串联、并联、混联是复数运算，较电阻的运算要复杂。

3.3　正弦稳态电路的分析

本章主要讨论正弦交流电路的基本知识，阐述正弦交流电路稳态分析的基本理论和基本方法，这里所说的稳态是指线性电路在同频率正弦电源作用相当长时间后，所达到的稳定工作状态。由于正弦时域计算非常复杂，因此主要的分析思路是将时域电路模型转化为相应的电路相量模型进行计算后，再还原到时域模型中。

3.3.1　电路的相量模型

（1）将正弦稳态电路中的所有电源电压和电流、支路电压和电流变量转换为相应的相量。

（2）无源元件 R、L 和 C 分别用其相量模型表示。

（3）根据基尔霍夫定律对应的相量形式列方程求解相量值。

①时间域 KCL：

$$\sum_{\text{任意结点}} i_k(t) = \sum_{\text{任意结点}} I_{mk}\sin(\omega t + \theta_{ik}) = 0$$

时间域 KVL：

$$\sum_{\text{任意回路}} u_k(t) = \sum_{\text{任意回路}} U_{mk}\sin(\omega t + \theta_{uk}) = 0$$

②相量域 KCL：

$$\sum_{\text{任意结点}} \dot{I}_k = 0 \quad \text{或} \quad \sum_{\text{任意结点}} \dot{I}_{mk} = 0$$

相量域 KVL：

$$\sum_{\text{任意回路}} \dot{U}_k = 0 \quad \text{或} \quad \sum_{\text{任意回路}} \dot{U}_{mk} = 0$$

例 3 - 11 已知 $u(t) = 120\sqrt{2}\cos(5t)$，将所给时域电路（图 3 - 12）转化为相量模型。

解
$$U = 120\underline{/0°}$$
$$jX_L = j4 \times 5 = j20\ \Omega$$
$$jX_C = -j\frac{1}{5 \times 0.02} = -j10\ \Omega$$

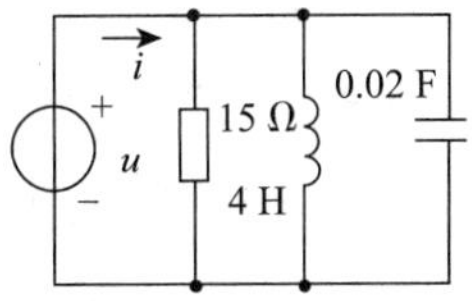

图 3 - 12　例 3 - 11 图

3.3.2　正弦稳态电路的一般分析

当将电路从时间域模型转换成对应的相量域模型后，电路的元件特性和基本定律都可在相量域中得到相同形式的表达。因此，当正弦电路较复杂时，同样可以运用直流电路分析的各类方法（如等效变换法、支路电流法、节点电压法、叠加原理和戴维南定理等）进行求解。综上所述，用相量法分析正弦稳态电路的步骤如下。

（1）画出电路的相量模型，即将全部的正弦电压和电流用相应的相量表示，将电阻、电感和电容用阻抗表示。

（2）根据相量形式的 VCR、KCL 和 KVL，利用分析电阻电路的思路和方法求解电压和电流相量。

（3）由电压和电流的相量式得到电压和电流瞬时表达式。

例 3 - 12 根据图 3 - 13，求解 $i(t)$。

解
$$I = \dot{I}_R + \dot{I}_L + \dot{I}_C = \frac{\dot{U}}{R} + \frac{\dot{U}}{jX_L} + \frac{\dot{U}}{jX_C}$$

$$= 120\left(\frac{1}{15} + \frac{1}{j20} - \frac{1}{j10}\right)$$

$$= 8 - j6 + j12 = 8 + j6 = 10\underline{/-36.9°}\ A$$

$$i(t) = 10\sqrt{2}\cos(5t + 36.9°)\ A$$

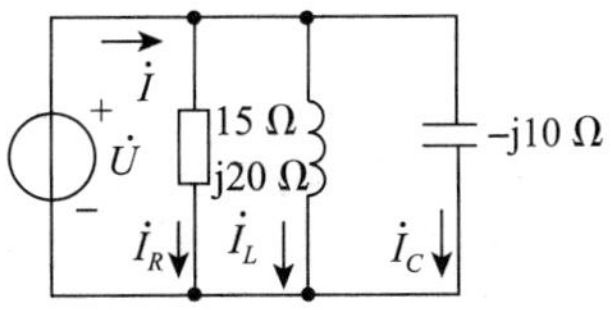

图 3 - 13　例 3 - 12 图

例 3 - 13 在图 3 - 14 所示的 *RLC* 串联交流电路中，$R = 15\ \Omega$，$L = 12\ \text{mH}$，$C = 5\ \mu\text{F}$，接在电压为 $u = 100\sqrt{2}\sin 5\,000t\ \text{V}$ 的电源上，求电路的电流 i 以及电阻、电感、电容上的电压的瞬时值。

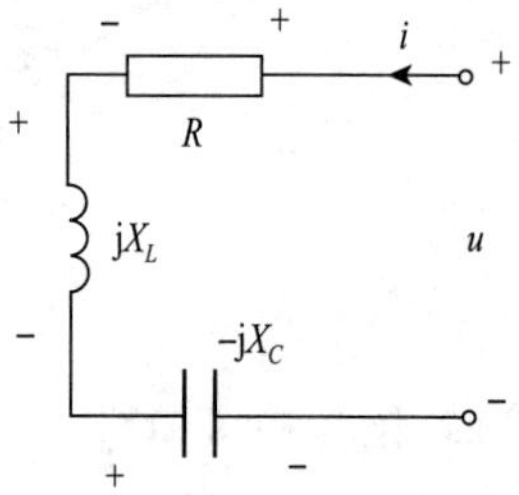

图 3 - 14 例 3 - 13 图

解

$$\dot{U} = 100\underline{/0^\circ}\ \text{V}$$

$$R = 15\ \Omega$$

$$X_L = \omega L = 5\,000 \times 12 \times 10^{-3} = 60\ \Omega$$

$$X_C = \frac{1}{\omega C} = \frac{1}{5\,000 \times 5 \times 10^{-6}} = 40\ \Omega$$

总阻抗

$$Z = R + \text{j}(X_L - X_C) = 15 + \text{j}20 = 25\underline{/53.1^\circ}\ \Omega$$

电流有效值相量

$$\dot{I} = \frac{\dot{U}}{Z} = \frac{100\underline{/0^\circ}}{25\underline{/53.1^\circ}} = 4\underline{/-53.1^\circ}\ \text{A}$$

各元件电压相量分别为

$$\dot{U}_R = R\dot{I} = 15 \times 4\underline{/-53.1^\circ} = 60\underline{/-53.1^\circ}\ \text{V}$$

$$\dot{U}_L = \text{j}X_L\dot{I} = \text{j}60 \times 4\underline{/-53.1^\circ} = 60\underline{/90^\circ} \times 4\underline{/-53.1^\circ} = 240\underline{/36.9^\circ}\ \text{V}$$

$$\dot{U}_C = -\text{j}X_C\dot{I} = -\text{j}40 \times 4\underline{/-53.1^\circ} = 40\underline{/-90^\circ} \times 4\underline{/-53.1^\circ} = 160\underline{/-143.1}\ \text{V}$$

各瞬时值表达式为

$$i = 4\sqrt{2}\sin(5\,000t - 53.1^\circ)\ \text{A}$$

$$u_R = 60\sqrt{2}\sin(5\,000t - 53.1^\circ)\ \text{V}$$

$$u_L = 240\sqrt{2}\sin(5\,000t + 36.9^\circ)\ \text{V}$$

$$u_C = 160\sqrt{2}\sin(5\,000t - 143.1^\circ)\ \text{V}$$

例 3 - 14 在图 3 - 15(a) 中，$R = 5\ \Omega$、$X_L = 5\ \Omega$、$X_C = 3\ \Omega$，$u_S = 50\sqrt{2}\cos \omega t\text{V}$，$i_S = 10\sqrt{2}\cos(\omega t + 30^\circ)\text{A}$，求 u_C。

解 先画出等效的相量模型，如图 3 - 15(b) 所示。

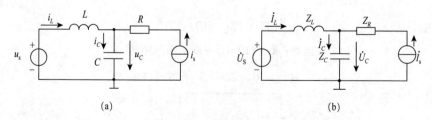

(a)   (b)

图 3 - 15 例 3 - 14 图

(a) 时间域电路模型   (b) 等效相量模型

$$Z_R = R = 5\ \Omega \quad Z_L = \text{j}X_L = \text{j}5\ \Omega \quad Z_C = \text{j}X_C = -\text{j}3\ \Omega$$

$$\dot{U}_S = 50\underline{/0°} \text{ V}$$

$$(Z_L + Z_C)\dot{I}_L + Z_C\dot{I}_S = \dot{U}_S$$

$$\dot{I}_S = 10\underline{/30°} = (8.66 + \text{j}5)\text{ A}$$

方法一：网孔法（KCL 和 KVL）。

代入数据解得

$$\dot{I}_L = (12.99 - \text{j}17.5)\text{ A}$$

$$\dot{U}_C = Z_C(\dot{I}_L + \dot{I}_S) = -37.5 - \text{j}64.95 = 75\underline{/-120°}\text{ V}$$

$$u_C = 75\sqrt{2}\cos(\omega t - 120°)\text{ V}$$

方法二：节点法。

$$\left(\frac{1}{Z_L} + \frac{1}{Z_C} + \frac{1}{Z_R}\right)\dot{U}_C = \frac{\dot{U}_S}{Z_L} + \dot{I}_S$$

$$\dot{U}_C = \frac{\dfrac{\dot{U}_S}{Z_L} + \dot{I}_S}{\left(\dfrac{1}{Z_L} + \dfrac{1}{Z_C} + \dfrac{1}{Z_R}\right)} = -37.5 - \text{j}64.95 = 75\underline{/-120°}\text{ V}$$

$$u_C = 75\sqrt{2}\cos(\omega t - 120°)\text{ V}$$

3.4 交流电路的功率及功率因数

3.4.1 正弦稳态电路的功率

1. 瞬时功率

交流电压和电流随时间作周期性变化，所以电路的功率也随时间波动。每一瞬时的功率称为瞬时功率，它是该时刻瞬时电压与电流的乘积。图 3-16（a）是一个无源二端网络，设其端口电流和电压分别为

$$i = \sqrt{2}I\sin\omega t$$

$$u = \sqrt{2}U\sin(\omega t + \varphi)$$

式中：φ 为无源二端网络的等效阻抗的阻抗角，即电压和电流的相位差。

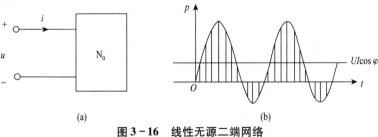

(a) (b)

图 3-16 线性无源二端网络

（a）二端网络 （b）功率的波形图

无源二端网络的瞬时功率为

$$p = ui = \sqrt{2}U\sin(\omega t + \varphi) \times \sqrt{2}I\sin \omega t = 2UI\sin(\omega t + \varphi)\sin \omega t$$
$$= UI\cos \varphi - UI\cos(2\omega t + \varphi)$$

波形如图 3-16(b)所示，瞬时功率的特点如下：

（1）瞬时功率包含两个分量，一个是恒定不变的分量 $UI\cos \varphi$，另一个是以 2ω 角频率交变的分量 $UI\cos(2\omega t + \varphi)$；

（2）瞬时功率有正有负，功率为正时表示电路吸收功率，功率为负表示电路放出功率，这说明电路和电源之间存在着能量的往复交换，其原因是电路中含有储能元件。

2．有功功率

有功功率是指平均功率，即瞬时功率在一个周期内的平均值。已经知道，二端网络的瞬时功率为 $p = UI\cos \varphi - UI\cos(2\omega t + \varphi)$，将它在一个周期内求平均，即

$$P = \frac{1}{T}\int_0^T p \, dt = \frac{1}{T}\int_0^T UI\cos \varphi \, dt - \frac{1}{T}\int_0^T UI\cos(2\omega t + \varphi)\, dt = UI\cos \varphi \qquad (3-21)$$

上式就是无源二端网络有功功率的计算公式。

把有功功率与直流电路中的功率相比，多了一个因数 $\cos \varphi$，称为功率因数。功率因数角 φ 即电压与电流的相位差角，也等于无源二端网络等效阻抗的阻抗角。

由式(3-21)可知，单一元件的有功功率表示如下。

电阻：$\varphi = 0°$，$\cos \varphi = 1$，则 $P_R = U_R I_R = I_R^2 R = U_R^2/R$。

电感：$\varphi = 90°$，$\cos \varphi = 0$，则 $P_L = 0$。

电容：$\varphi = -90°$，$\cos \varphi = 0$，则 $P_C = 0$。

可见，在正弦电路中，有功功率都是被电阻消耗的，电感和电容的有功功率都为零。根据能量守恒，整个电路的有功功率即为各电阻消耗的有功功率之和。

3．无功功率

在正弦电路中，电抗元件(电感、电容)与电源有能量交换，由于功率交换的平均值为零(电抗元件的有功功率为零)，因此用电抗元件与电源功率交换时的最大交换速率来衡量功率交换的大小，称为无功功率，记作 Q。其量纲与有功功率相同，为示区别，规定其单位为 Var(乏)。无功功率不是网络消耗的功率，是网络与外电路能量交换的最大速率(即功率交换的极值)。

计算无源二端网络无功功率的公式为

$$Q = UI\sin \varphi \qquad (3-22)$$

由上式可知，单一元件的无功功率表示如下。

电阻：$\varphi = 0$，$\sin \varphi = 0$，则 $Q_R = 0$。

电感：$\varphi = 90°$，$\sin \varphi = 1$，则 $Q_L = U_L I_L = I_L^2 X_L = U_L^2/X_L$。

电容：$\varphi = -90°$，$\sin \varphi = -1$，则 $Q_C = -U_C I_C = -I_C^2 X_C = -U_C^2/X_C$。

显然，电阻没有与电源交换能量的电磁特性，其无功功率为零，即电阻全部是有功功率；而电感和电容分别具有正的和负的无功功率，这里的正、负主要是为了区别感性负载与容性负载。整个电路的无功功率守恒，即总的无功功率等于各电抗无功功率之和。

通过以上有功功率和无功功率的讨论，可以总结出如下结论：正弦电路中，电阻只有有功功率，电抗只有无功功率；电路总的有功功率等于电路中各电阻的有功功率之和；电路总的无功功率等于电路中各电抗的无功功率之和。

4．视在功率

电源(如发电机)的作用是向负载提供电能，使负载两端形成一定的电压并向负载输送一定的电流。电源向负载提供功率的能力的大小用额定电压与额定电流的乘积来表示，称为视在功率，记作 S。它等于电压有效值与电流有效值的乘积，即

$$S = UI \tag{3-23}$$

视在功率具有功率的量纲，但为了与有功功率和无功功率区别，其单位用 V·A（伏·安）或 kV·A（千伏·安）表示。

电源的额定视在功率与负载无关，但视在功率中有多少是有功功率，多少是无功功率，就与负载的功率因数有关。

由于 $S = UI$，$P = UI\cos\varphi$，$Q = UI\sin\varphi$，因此

$$P = S\cos\varphi \tag{3-24}$$

$$Q = S\sin\varphi \tag{3-25}$$

$$S^2 = P^2 + Q^2 \tag{3-26}$$

电源视在功率一定的情况下，负载的功率因数越低，有功功率就越少。

需要注意的是，电路中总视在功率并不等于各视在功率之和，即 $S \neq S_1 + S_2 + \cdots + S_n$。

3.4.2　功率因数的提高

前面已经知道，电路的视在功率为 $S = UI$，而有功功率为

$$P = UI\cos\varphi = S\cos\varphi$$

其中，$\cos\varphi$ 为功率因数。单一电阻的阻抗角为零，因此其功率因数为 1；而电感和电容的阻抗角分别为 90°和 -90°，因此它们的功率因数为 0。一般地，当二端网络的阻抗角不等于零即电压、电流不同相时，电路中就会出现与网络外部的能量交换即无功功率，无功功率的大小为 $UI\sin\varphi$。无功功率的出现会引起下面两个问题。

（1）发电设备的容量不能充分利用。发电设备的容量是由其额定电压 U_n 和额定电流 I_n 决定的，如果向功率因数不等于 1 的负载供电，实际有功功率仅为 $U_nI_n\cos\varphi$。显然，负载功率因数越小，发电设备的容量就越不能被充分利用。

（2）功率因数越低，则输电线路的损耗越大。$I = P/(U\cos\varphi)$，可见功率因数越低，为了达到相同的有功功率，线路上的电流就越大，线路损耗也就越大。

按供用电规则，高压供电的工业企业的平均功率因数不得低于 0.95，其他单位不得低

于0.9。

功率因数不等于1，也就是负载的阻抗角不等于零，即负载呈感性或容性。要提高功率因数，只要在负载上加入与其电抗性质相反的电抗元件即可。加入的方法一般是与负载并联，这样不会影响负载的工作电压。实际使用中，负载大多呈感性（如电动机等），因此在负载上并联电容以增大功率因数的方法具有很大的实际意义，一般在用户端（如电动机内）或变电所并联电容。

由 $P = UI\cos\varphi$，$Q = UI\sin\varphi$，可知 $Q = P\tan\varphi$。若感性负载原功率因数角为 φ_1，要把功率因数角减小至 φ_2，由图3-17可知需并联的电容的无功功率应为

$$Q_C = P(\tan\varphi_2 - \tan\varphi_1) \tag{3-27}$$

设电压为 U，频率为 f，则并联的电容容量应满足

$$Q_C = -UI_C = -\frac{U^2}{X_C} = -2\pi f C U^2$$

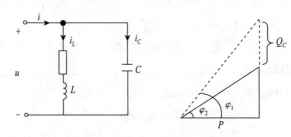

图3-17　感性负载功率因数的提高方法

电容大小应为

$$C = \frac{P}{2\pi f U^2}(\tan\varphi_1 - \tan\varphi_2) \tag{3-28}$$

例3-15　在图3-17中，感性负载的功率 $P = 10$ kW，功率因数 $\cos\varphi_1 = 0.6$，接在电压 $U = 220$ V 的电源上，电源频率 $f = 50$ Hz。若要将功率因数提高到 $\cos\varphi = 0.95$，试求与负载并联的电容的大小和并联前后的线路电流。

解　功率因数 $\cos\varphi_1 = 0.6$，感性负载，$\varphi > 0$，则 $\varphi_1 = 53°$。

功率因数 $\cos\varphi = 0.95$，则 $\varphi = 18°$。

因此，所需并联电容为

$$C = \frac{P}{2\pi f U^2}(\tan\varphi_1 - \tan\varphi) = \frac{10 \times 10^3}{2 \times 3.14 \times 50 \times 220^2}(\tan 53° - \tan 18°) = 656 \ \mu F$$

并联电容前线路电流为

$$I_L = \frac{P}{U\cos\varphi_1} = \frac{10 \times 10^3}{220 \times 0.6} = 75.6 \ A$$

并联电容后线路电流为

$$I = \frac{P}{U\cos\varphi} = \frac{10 \times 10^3}{220 \times 0.95} = 47.8 \ A$$

可以看到，功率因数提高后，线路电流明显减小，可降低线路上的损耗。

例 3 - 16　12 W 的日光灯接于 220 V，$f=50$ Hz 的交流电源上，正常工作时其两端电压为 100 V，则镇流器需要多大的电感量？功率因数为多少？当 $\cos \varphi=0.9$ 时，需并联多大的电容？

解　正常工作的日光灯可等效为纯电阻元件，整流器可等效为电感元件，日光灯与整流器串联接于 220 V 交流电源上，如图 3 - 18 所示。

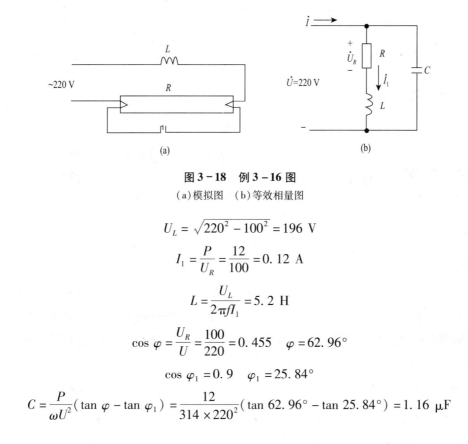

图 3 - 18　例 3 - 16 图

（a）模拟图　（b）等效相量图

$$U_L = \sqrt{220^2 - 100^2} = 196 \text{ V}$$

$$I_1 = \frac{P}{U_R} = \frac{12}{100} = 0.12 \text{ A}$$

$$L = \frac{U_L}{2\pi f I_1} = 5.2 \text{ H}$$

$$\cos \varphi = \frac{U_R}{U} = \frac{100}{220} = 0.455 \quad \varphi = 62.96°$$

$$\cos \varphi_1 = 0.9 \quad \varphi_1 = 25.84°$$

$$C = \frac{P}{\omega U^2}(\tan \varphi - \tan \varphi_1) = \frac{12}{314 \times 220^2}(\tan 62.96° - \tan 25.84°) = 1.16 \text{ μF}$$

3.5　电路的谐振

在交流电路中，电容元件的容抗和电感元件的感抗都与频率有关，若电源（激励）的频率改变（幅值不变），电路各处的电压、电流（响应）的大小和相位就会发生变化。响应与频率的关系称为频率特性或频率响应。在电力系统中，频率一般是固定的，但在电子技术和控制系统中，经常要研究在不同频率下电路的工作情况。特别是当电源的频率是某些特定值时，电路可能出现谐振现象。

在具有电感元件和电容元件的电路中，电路两端的电压与其中的电流一般是不同相的。如果调节电路的参数或电源的频率而使它们同相，这时就会发生谐振现象。研究谐振的目的是要认识这种客观现象，在实践中既要适时利用谐振特性，同时又要预防它所产生的危害。按发生谐振的电路的不同，谐振现象可分为串联谐振和并联谐振。

3.5.1 串联谐振

1. 串联谐振的条件

图 3-19 是一个线圈和电容串联的电路模型，其串联等效阻抗为

$$Z = R + j(X_L - X_C) = R + jX$$

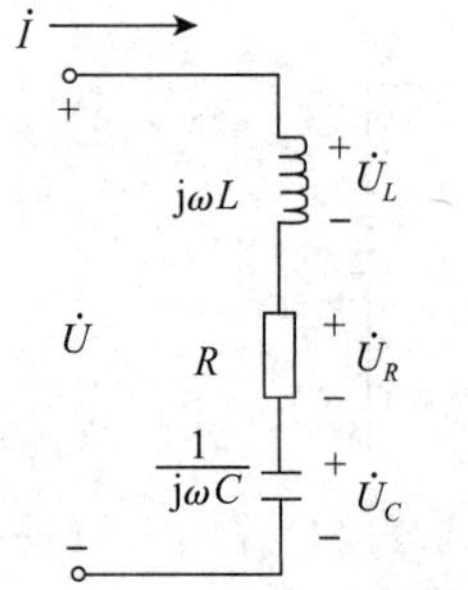

阻抗角为

$$\varphi = \arctan \frac{X}{R} = \arctan \frac{X_L - X_C}{R}$$

电路谐振时电压与电流同相，即阻抗角为零，由此可得串联谐振条件是

$$X_L = \omega L = \frac{1}{\omega C} = X_C$$

满足上式的角频率 ω_0 或 f_0 称为电路的固有频率，也称谐振频率。其数值为

图 3-19 串联谐振

$$\omega_0 = \frac{1}{\sqrt{LC}} \tag{3-29}$$

或

$$f_0 = \frac{1}{2\pi \sqrt{LC}} \tag{3-30}$$

当电源的频率等于固有频率时，电路就发生谐振。使电路发生谐振的过程称为调谐。既可以调节电源的频率使其等于固有频率，也可以调节 L 或 C（常用调节 C 的办法，如收音机调谐电路）使电路固有频率等于电源频率。

2. 串联谐振的特征

(1) 电路的阻抗 $|Z| = \sqrt{R^2 + (X_L - X_C)^2} = R$，其值最小。因此，在电压不变的情况下，此时电路中的电流将达到最大，即

$$I = I_0 = \frac{U}{R} \tag{3-31}$$

(2) 总阻抗 $Z = R$，电路呈电阻性，总电压与电流同相。

(3) 由于 $X_L = X_C$，所以 $\dot{U}_L = -\dot{U}_C$，即 $\dot{U}_L$ 与 $\dot{U}_C$ 的有效值相等，相位相反，互相抵消，所以串联谐振也称电压谐振。此时，电阻上的电压等于电源电压，即 $\dot{U}_R = \dot{U}$。谐振时电压相量图如图 3-19 所示。通常把串联谐振时 U_L 或 U_C 与 U 的比值称为串联谐振的品质因数，也称 Q 值。

$$Q = \frac{U_L}{U} = \frac{U_C}{U} = \frac{\omega_0 L}{R} = \frac{1}{\omega_0 CR} = \frac{1}{R}\sqrt{\frac{L}{C}} \tag{3-32}$$

电路的损耗电阻 R 一般较小，所以 Q 值较大（一般为几十到几百），谐振时 U_L 和 U_C 会远大于电源电压 U。如果电压过高，就可能损坏电感或电容的绝缘，因此在电力工程中一般应避免发生谐振，但在无线电工程中则常利用谐振以获得较高的电压。

例 3-17 将一线圈（$L = 4\ \text{mH}$，$R = 50\ \Omega$）与电容（$C = 160\ \text{pF}$）串联，接在 $U = 25\ \text{V}$ 的正弦电源上。求：（1）谐振频率及谐振发生时电流和电容上的电压的大小；（2）当电源频率在谐振频率上再增加 10% 时，电流与电容上的电压的大小。

解 （1）谐振频率：

$$f_0 = \frac{1}{2\pi \sqrt{LC}} = \frac{1}{2 \times 3.14 \times \sqrt{4 \times 10^{-3} \times 160 \times 10^{-12}}} = 200\ \text{kHz}$$

谐振发生时的电流为

$$I_0 = \frac{U}{R} = \frac{25}{50} = 0.5\ \text{A}$$

电容电压为

$$U_C = I_0 X_C = \frac{I_0}{2\pi f_0 C} = \frac{0.5}{2 \times 3.14 \times 200 \times 10^3 \times 160 \times 10^{-12}} = 2\,500\ \text{V}$$

（2）当频率增加 10% 时，$f = 220\ \text{kHz}$，则

$$X_L = 2\pi f L = 2 \times 3.14 \times 220 \times 10^3 \times 4 \times 10^{-3} = 5\,500\ \Omega$$

$$X_C = \frac{1}{2\pi f C} = \frac{1}{2 \times 3.14 \times 220 \times 10^3 \times 160 \times 10^{-12}} = 4\,500\ \Omega$$

$$|Z| = \sqrt{R^2 + (X_L - X_C)^2} = \sqrt{50^2 + (5\,500 - 4\,500)^2} \approx 1\,000\ \Omega$$

$$I = \frac{U}{|Z|} = \frac{25}{1\,000} = 0.025\ \text{A}$$

$$U_C = I X_C = 0.025 \times 4\,500 = 112.5\ \text{V}$$

可见，频率变化 10% 时，电流和电容（电感）上的电压发生了较大的变化（只有原来的 5%），受到了抑制，这是谐振电路的一般特性，称为选频特性。品质因数越大的电路，选频特性越好。

3.5.2 并联谐振

并联谐振电路如图 3-20 所示。

LC 并联电路的等效阻抗为

$$Z = \frac{\frac{1}{\mathrm{j}\omega C}(R + \mathrm{j}\omega L)}{\frac{1}{\mathrm{j}\omega C} + R + \mathrm{j}\omega L} = \frac{R + \mathrm{j}\omega L}{1 + \mathrm{j}\omega RC - \omega^2 LC}$$

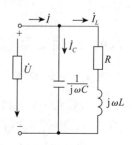

通常要求线圈的电阻很小，所以谐振发生时 $\omega L \gg R$，则上式可写成

图 3-20 并联谐振电路

$$Z \approx \frac{j\omega L}{1 + j\omega RC - \omega^2 LC} = \frac{1}{\dfrac{RC}{L} + j\left(\omega C - \dfrac{1}{\omega L}\right)}$$

谐振时电压与电流同相，即阻抗角应为零，由此可得并联谐振频率为

$$\omega_0 C - \frac{1}{\omega_0 L} \approx 0$$

即

$$\omega_0 = \frac{1}{\sqrt{LC}} \tag{3-33}$$

或

$$f_0 = \frac{1}{2\pi \sqrt{LC}} \tag{3-34}$$

显然，并联谐振频率与串联谐振频率相等。

并联谐振有以下特性：

（1）谐振发生时，总阻抗最大，$Z_0 = \dfrac{L}{RC}$，因此在电源电压一定的情况下，总电流最小；

（2）电压与电流同相，电路呈电阻性，总功率为零，电路与电源之间不发生能量互换；

（3）电感支路与电容支路的无功电流有效值相等，相位相反，一般其值要比总电流大很多倍，故并联谐振也称电流谐振。

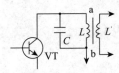

图 3 - 21 并联谐振选频放大器

并联谐振在电子技术中也得到广泛应用。例如，利用并联谐振高阻抗的特点可制成选频放大器、振荡器、滤波器等。图 3 - 21 是一个并联谐振选频放大器，超外差收音机的中频（465 kHz）放大器就是利用这种电路达到选频目的的。图中 VT 为三极管，它可以近似地看成恒流源，它的输出电流与外电路的阻抗无关，所以阻抗越大，阻抗两端的电压就越高。如果三极管的并联谐振选频电路输出电流中包含多种不同频率，而 LC 并联谐振电路只对固有频率 f_0 呈现很高阻抗，该频率的信号就会在 ab 端出现很高的电压。对其他非中频信号，电路呈现低阻抗，所以电压很低，受到抑制。这样，通过这一并联谐振就达到了选频目的。

3.6 三相交流电路

3.6.1 三相电源

几乎所有发电和输电都采用三相制，工作频率为 50 Hz 或 60 Hz，需要单相或两相电源可以直接从三相电源获得，无须单独产生。

三相电源的每一瞬时功率恒定（无波动），因此功率传输平稳，且避免了三相设备的振动。

同样能量的功率传输，三相比单相更经济(节省输电线材)。

基于以上的优势，三相交流电路广泛应用于生产实践。

1. 三相电源的产生

由三相发电机产生的三个频率和幅度相同而初相位互差120°的正弦电源，分别称为 A，B，C 三相电源，其相量图如图 3–22 所示。

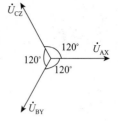

图 3–22　三相电源的相量图

三相电源的数学表达为

$$u_{AX} = U_m \sin \omega t$$

$$u_{BY} = U_m \sin(\omega t - 120°)$$

$$u_{CZ} = U_m \sin(\omega t - 240°) = U_m \sin(\omega t + 120°)$$

三相电源的相量表示为

$$\dot{U}_{AX} = U \underline{/0°} = \dot{U}$$

$$\dot{U}_{BY} = U \underline{/-120°} = \dot{U}_{AX} \underline{/-120°}$$

$$\dot{U}_{CZ} = U \underline{/120°} = \dot{U}_{BY} \underline{/-120°} = \dot{U}_{AX} \underline{/120°}$$

$$\dot{U}_{AX} + \dot{U}_{BY} + \dot{U}_{CZ} = 0$$

2. 三相电源的连接

1)星形(Y)连接

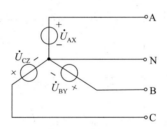

图 3–23　电源星形连接

如图 3–23 所示，星形连接中三个电源的末端 X，Y，Z 连在一起称为中性点或零点，用 N 表示，从中性点 N 引出的导线称为中性线，也叫零线；从三个电源的始端 A，B，C 引出的三根导线称为相线或端线，也叫火线。

线电压是指三相电源的三根相线 A，B，C 间的电压；相电压是指三相电压的三根相线 A，B，C 分别与中性点 N 之间的电压。

$$\dot{U}_{AB} = \dot{U}_{AN} - \dot{U}_{BN} = \sqrt{3}\dot{U}_{AN} \underline{/30°}$$

$$\dot{U}_{BC} = \dot{U}_{BN} - \dot{U}_{CN} = \sqrt{3}\dot{U}_{BN} \underline{/30°}$$

$$\dot{U}_{CA} = \dot{U}_{CN} - \dot{U}_{AN} = \sqrt{3}\dot{U}_{CN} \underline{/30°}$$

线电压的幅度是相电压的 $\sqrt{3}$ 倍，30°线电压相位比对应的相电压相位超前30°。星形连接电源的相量图如图 3-24 所示。

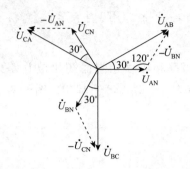

图 3-24　星形连接电源的相量图

在低压配电系统中，一般采用星形连接，引出三根相线和一根中性线，称为三相四线制供电。在我国低压配电系统中，相电压为 220 V，线电压则为 380 V，通常表示为 220/380 V。

2）三角形（△）连接

如图 3-25 所示，三角形连接是将三个电源的始端和末端首尾相接，故三角形连接的电源的线电压和相电压相同。

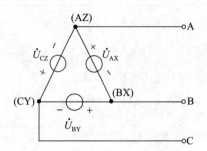

图 3-25　电源三角形连接

$$\dot{U}_{AB} = \dot{U}_{AX} \quad \dot{U}_{BC} = \dot{U}_{BY} \quad \dot{U}_{CA} = \dot{U}_{CZ}$$

三相电源三角形连接时，三个相电源（绕组）本身构成了一个回路，三个相电源必须严格对称，否则将形成严重回流，造成发电机绕组过热。

3.6.2　负载星形连接的三相电路

负载星形连接电路如图 3-26 所示。

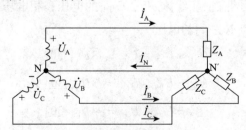

图 3-26　负载星形连接

相电流是指流过每相负载的电流，线电流是指流过相线的电流 $\dot{I}_A$、$\dot{I}_B$、$\dot{I}_C$。从图 3-26可知：

（1）相电流 = 线电流；

（2）负载端的线电压 = 电源线电压；

（3）负载端的相电压 = 电源相电压。

$$\dot{I}_A = \frac{\dot{U}_A}{Z_A} \quad \dot{I}_B = \frac{\dot{U}_B}{Z_B} \quad \dot{I}_C = \frac{\dot{U}_C}{Z_C}$$

$$\dot{I}_N = \dot{I}_A + \dot{I}_B + \dot{I}_C$$

结论如下。

（1）若负载对称 $(Z_A = Z_B = Z_C = Z)$，则三相电流也对称。

只需计算一相电流，其他两相电流可根据对称性直接写出。

中线电流

$$\dot{I}_N = \dot{I}_A + \dot{I}_B + \dot{I}_C = 0$$

负载对称时，零线可以取消，形成三相三线制。

（2）若负载不对称，各相需单独计算。

设电源相电压 $\dot{U}_A$ 为参考正弦量，则

$$\dot{U}_A = U_A \underline{/0°}$$

$$\dot{U}_B = U_B \underline{/-120°}$$

$$\dot{U}_C = U_C \underline{/120°}$$

每相负载电流可分别求出。

中线电流

$$\dot{I}_N = \dot{I}_A + \dot{I}_B + \dot{I}_C \neq 0$$

负载不对称时，必须有中线，形成三相四线制。

例 3-18 星形连接的三相电路（图 3-27）中，电源电压对称，设电源线电压 $u_{AB} = 380\sqrt{2}\sin(314t + 30°)$ V。（1）负载为电灯组，若 $R_A = R_B = R_C = 5\ \Omega$，求线电流及中线电流 I_N；（2）若 $R_A = 5\ \Omega$，$R_B = 10\ \Omega$，$R_C = 20\ \Omega$，求线电流及中线电流。

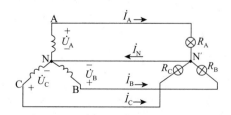

图 3-27 例 3-18 图

解
$$\dot{U}_{\mathrm{B}} = U_{\mathrm{B}} \underline{/-120^\circ} \quad \dot{U}_{\mathrm{AB}} = 380\underline{/30^\circ}\ \mathrm{V} \quad \dot{U}_{\mathrm{A}} = 220\underline{/0^\circ}\ \mathrm{V}$$

(1)线电流

$$\dot{I}_{\mathrm{A}} = \frac{\dot{U}_{\mathrm{A}}}{R_{\mathrm{A}}} = \frac{220\underline{/0^\circ}}{5} = 44\underline{/0^\circ}\ \mathrm{A}$$

因三相对称，则

$$\dot{I}_{\mathrm{B}} = 44\underline{/-120^\circ}\ \mathrm{A} \quad \dot{I}_{\mathrm{C}} = 44\underline{/120^\circ}\ \mathrm{A}$$

中线电流

$$\dot{I}_{\mathrm{N}} = \dot{I}_{\mathrm{A}} + \dot{I}_{\mathrm{B}} + \dot{I}_{\mathrm{C}} = 0$$

(2)三相负载不对称时($R_{\mathrm{A}} = 5\ \Omega$，$R_{\mathrm{B}} = 10\ \Omega$，$R_{\mathrm{C}} = 20\ \Omega$)，分别计算各线电流。

$$\dot{I}_{\mathrm{A}} = \frac{\dot{U}_{\mathrm{A}}}{R_{\mathrm{A}}} = \frac{220\underline{/0^\circ}}{5} = 44\underline{/0^\circ}\ \mathrm{A}$$

$$\dot{I}_{\mathrm{B}} = \frac{\dot{U}_{\mathrm{B}}}{R_{\mathrm{B}}} = \frac{220\underline{/-120^\circ}}{10} = 22\underline{/-120^\circ}\ \mathrm{A}$$

$$\dot{I}_{\mathrm{C}} = \frac{\dot{U}_{\mathrm{C}}}{R_{\mathrm{C}}} = \frac{220\underline{/120^\circ}}{20} = 11\underline{/120^\circ}\ \mathrm{A}$$

中线电流

$$\dot{I}_{\mathrm{N}} = \dot{I}_{\mathrm{A}} + \dot{I}_{\mathrm{B}} + \dot{I}_{\mathrm{C}} = 44\underline{/0^\circ} + 22\underline{/-120^\circ} + 11\underline{/120^\circ} = 29\underline{/-19^\circ}\ \mathrm{A}$$

3.6.3　负载三角形连接的三相电路

负载三角形连接如图 3-28 所示。线电压 = 相电压，即 $\dot{U}_{\mathrm{l}} = \dot{U}_{\mathrm{p}}$。

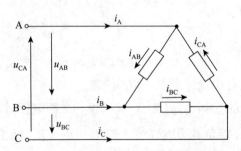

图 3-28　负载三角形连接

由图 3-28 可知

$$\dot{I}_{\mathrm{AB}} = \frac{\dot{U}_{\mathrm{AB}}}{Z_{\mathrm{AB}}} \quad \dot{I}_{\mathrm{BC}} = \frac{\dot{U}_{\mathrm{BC}}}{Z_{\mathrm{BC}}} \quad \dot{I}_{\mathrm{CA}} = \frac{\dot{U}_{\mathrm{CA}}}{Z_{\mathrm{CA}}}$$

线电流

$$\dot{I}_{\mathrm{A}} = \dot{I}_{\mathrm{AB}} - \dot{I}_{\mathrm{CA}} \quad \dot{I}_{\mathrm{B}} = \dot{I}_{\mathrm{BC}} - \dot{I}_{\mathrm{AB}} \quad \dot{I}_{\mathrm{C}} = \dot{I}_{\mathrm{CA}} - \dot{I}_{\mathrm{BC}}$$

结论如下。

（1）若负载对称，则相电流和线电流对称，且$I_1 = \sqrt{3}I_p$，$\dot{I}_1$滞后于与之对应的$\dot{I}_p$ 30°。

（2）若负载不对称，由于电源电压对称，故负载的相电压对称，但相电流和线电流不对称。

三相负载接成星形还是三角形，取决于电源电压和负载的额定相电压。例如，电源的线电压为 380 V，而某三相异步电动机的额定相电压也为 380 V，电动机的三相绕组就应接成三角形，此时每相绕组的电压就是 380 V；如果这台电动机的额定相电压为 220 V，电动机的三相绕组就应接成星形，此时每相绕组的电压都是 220 V，否则就会烧毁电动机。综上所述，计算对称负载时，有以下三种情况。

（1）若负载接成对称星形，常用以下关系：

$$\left.\begin{array}{c} I_1 = I_p \\ U_1 = \sqrt{3}U_p \end{array}\right\} \tag{3-35}$$

（2）若负载接成对称三角形，常用以下关系：

$$\left.\begin{array}{c} U_1 = U_p \\ I_1 = \sqrt{3}I_p \end{array}\right\} \tag{3-36}$$

（3）若为单相多台负载，应尽量均匀地分布在三相上。

3.6.4 三相电路的功率

无论负载为 Y 形或△形连接，每相负载的有功功率都应为

$$P_p = U_p I_p \cos \varphi_p$$

其中，φ_p 为负载阻抗角。

三相负载对称时，各相有功功率相同，三相负载总功率

$$P_\Sigma = 3P_p = 3U_p I_p \cos \varphi_p$$

对于 Y 形连接，有

$$U_1 = \sqrt{3}U_p \quad I_1 = I_p$$

$$P_\Sigma = 3U_p I_p \cos \varphi_p = \sqrt{3}U_1 I_1 \cos \varphi_p$$

对于三角形连接，有

$$U_1 = U_p \quad I_1 = \sqrt{3}I_p$$

$$P_\Sigma = 3U_p I_p \cos \varphi_p = \sqrt{3}U_1 I_1 \cos \varphi_p$$

可见，对称三相电路三相总有功功率计算公式与接法无关。

同样，对称三相电路的无功功率、视在功率也有相同的结果。

无功功率

$$Q_\Sigma = Q_A + Q_B + Q_C = 3U_p I_p \sin \varphi_p = \sqrt{3}U_1 I_1 \sin \varphi_p$$

视在功率

$$S_\Sigma = \sqrt{P_\Sigma + Q_\Sigma} = \sqrt{3}u_1 I_1 \sin \varphi_p$$

对于不对称的三相负载，功率计算没有统一的公式，必须按照功率守恒原则进行计算。

例 3-19 有一三相电动机，每相的等效电阻 $R = 29\ \Omega$，等效感抗 $X_L = 21.8\ \Omega$，试求下列两种情况下电动机的相电流、线电流以及从电源输入的功率，并比较所得结果。(1)绕组连成星形接于 $U_1 = 380\ \text{V}$ 的三相电源上；(2)绕组连成三角形接于 $U_1 = 220\ \text{V}$ 的三相电源上。

解 (1) $I_1 = I_p = \dfrac{U_p}{|Z|} = \dfrac{220}{\sqrt{29^2 + 21.8^2}} = 6.1\ \text{A}$

$$P = 3U_p I_p \cos\varphi = 3 \times 220 \times 6.1 \times 0.8 = 3.2\ \text{kW}$$

(2) $I_p = \dfrac{U_p}{|Z|} = \dfrac{220}{\sqrt{29^2 + 21.8^2}} = 6.1\ \text{A}$

$$I_1 = \sqrt{3}\,I_p = 10.5\ \text{A}$$

$$P = \sqrt{3}\,U_1 I_1 \cos\varphi = \sqrt{3} \times 220 \times 10.5 \times 0.8 = 3.2\ \text{kW}$$

习题 3

1. 已知两个正弦电压的瞬时表达式分别为 $u_1 = 220\sqrt{2}\sin 314t\ \text{V}$，$u_2 = 220\sqrt{2}\sin(314t - 90°)\ \text{V}$，试：

(1)画出两个电压的相量图，说明它们的超前、滞后关系；

(2)用相量法计算 $\dot{U}_{12} = \dot{U}_1 - \dot{U}_2$，在相量图上画出 $\dot{U}_{12}$，并写出 u_{12} 的瞬时表达式。

2. 有一电容 $C = 8\ \mu\text{F}$，当将其接到电压为 400 V，频率分别为 50 Hz、500 Hz 的正弦交流电源上，试求该电容的容抗及电路中的电流，并以电压为参考相量画出相量图。

3. 在下图中，电流源 $i_S(t) = 2\sin(\omega t + 30°)\ \text{A}$，频率 $f = 200\ \text{Hz}$，电阻 $R = 10\ \Omega$，电感 $L = 0.01\ \text{H}$，电容 $C = 80\ \mu\text{F}$，求各元件电压的瞬时值和相量表达式。

4. 求下图中二端口网络的输入阻抗 Z_{ab}。

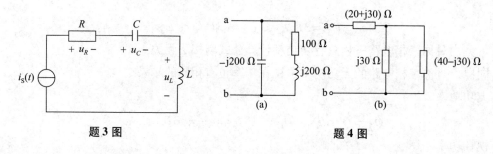

题 3 图　　　　　　　　　　　　题 4 图

5. 在下图中，已知 $U = 220$ V，$R = 22$ Ω，$X_L = 22$ Ω，$X_C = 11$ Ω，试求电流 I_R、I_L、I_C 及 I。

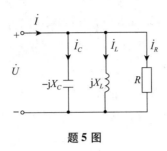

题 5 图

6. 一个电感线圈若接在 $U = 220$ V 的直流电源上，电流为 20 A，若接在 $f = 50$ Hz，$U = 220$ V 的交流电源上，则电流为 28.2 A，求该线圈的电阻值和电感量。

7. 有一电阻值为 20 Ω、电感值为 250 mH 的电感线圈，它与 40 Ω 电阻 R 和 28 μF 电容 C 串联后，外接 220 V、50 Hz 的正弦交流电源，如下图所示，试求该电路的电流和三个元件的端电压，并画出它们的相量图。

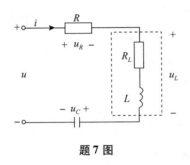

题 7 图

8. 有一只 40 W 的日光灯，灯管电阻为 300 Ω，镇流器感抗为 520 Ω，接入的交流工频电源电压为 220 V，试问：灯管的电流是多少？电压与电流的相位差是多少？灯管和镇流器的电压有效值各是多少？

9. 在下图中，已知 $R = 2$ Ω，$\omega L = 2$ Ω，$1/\omega C = 2$ Ω，$\dot{U}_C = 10\underline{/45°}$ V。求各元件的电压、电流，并画出电路的相量图。

10. 在下图中，已知 $U_R = U_L = 10$ V，$R = X_C = 10$ Ω。求 I_s。

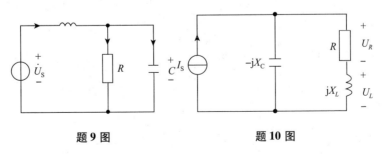

题 9 图   **题 10 图**

11. 在下图中，已知 $u_S = 25\sqrt{2}\sin 2t$ V，$R = 3\ \Omega$，$L = 2$ H，$C = 0.125$ F，试求电流 i 及电压 u_{ab}。

12. 在下图中，已知 $i_S = 10\sqrt{2}\sin 2t$ A，$R = 0.5\ \Omega$，$L = 0.25$ H，$C = 1$ F，试求电流 i 及电压 u。

13. 在下图中，已知 $R = 1\ \Omega$，$L = 2$ mH，$u = 100\sqrt{2}\sin 1\ 000t$ V，调节 C 使得开关 S 断开和接通时电流表读数不变，求这时的 C 值。

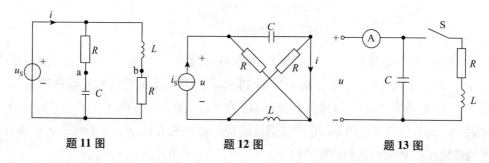

| 题 11 图 | 题 12 图 | 题 13 图 |

14. 一正弦电压源 $\dot{U}_S = 130\underline{/90°}$ V，$\omega = 100$ rad/s。若将该电压源分别加于元件① $R = 50\ \Omega$；② $L = 20$ mH；③ $C = 400\ \mu$F，求：

(1)各电流相量，并画出相量图；

(2)各元件的有功功率和无功功率。

15. 有一额定电压为 220 V、额定功率为 200 W 的灯泡，接在 $u = 220\sqrt{2}\sin 314t$ V 的电源上，问：流过灯泡的电流是多少？灯泡的热态电阻是多少？若把该灯泡错接在 127 V 的交流电源上，灯泡的电流和功率各为多少？

16. 试用相量法求下图中的电流相量 $\dot{I}_1$，$\dot{I}_2$，$\dot{I}$，有功功率 P，无功功率 Q，视在功率 S 和功率因数 $\cos\varphi$。

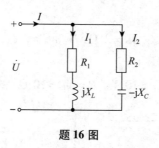

题 16 图

第 2 篇

模拟电子技术基础

第4章 常见的半导体器件

本章重点

1. PN 结的单向导电性。
2. 二极管的伏安特性及主要参数。
3. 晶体三极管的结构及工作原理。
4. 晶体三极管的共射极输入特性、输出特性和主要参数。

4.1 二极管

4.1.1 PN 结及其单向导电性

1. 半导体

自然界中的物质，按导电能力可分为三大类：导体、半导体和绝缘体。

半导体是一种导电能力介于导体和绝缘体之间的物质，常用的半导体材料有锗、硅、硒、砷化镓等。半导体的导电具有以下特点。

(1)掺杂性。在半导体中掺入杂质后可使其导电能力激增。在纯净的半导体材料(本征半导体)中掺入微量的某种杂质元素后，其导电能力将猛增几十万到几百万倍。例如，在纯硅中加入 1% 的硼，即可使其电阻率从 $0.214 \times 10^6 \ \Omega \cdot m$ 减小到 $0.4 \ \Omega \cdot m$，利用这种特性可制成各种不同的半导体器件，如二极管、三极管、场效应管、晶闸管等。

(2)光敏性。某些半导体材料受到光照射时，其导电能力将显著增强。例如，硫化镉材料在有光照和无光照的条件下，其电阻率有几十到几百倍的差别。利用半导体的光敏特性可以制成各种光敏器件，如光敏电阻、光电管等。

(3)热敏性。当温度升高时，半导体材料的电阻率减小，导电能力显著增强。例如纯锗，当温度从 200 ℃ 升高到 300 ℃ 时，其电阻率约降低一半。利用半导体的这种热敏特性，可以制成各种热敏器件，用于温度变化的检测。但是，半导体器件对温度变化的敏感也常会严重影响其正常工作。

2. 本征半导体

不含杂质且具有完整晶体结构的半导体称为本征半导体。最常用的本征半导体是锗和硅晶体。

图4-1是硅晶体原子结构示意图。在温度为0 K(热力学温度)且没有其他外部能量作用时，本征半导体共价键中的价电子被束缚得很紧，不能成为自由电子，这时的半导体不导电，在导电性能上相当于绝缘体。

当半导体的温度升高或给半导体施加能量(如光照)时，就会使共价键中的某些价电子获得足够的能量而挣脱共价键的束缚，成为自由电子，这个过程称为激发。

价电子脱离共价键成为自由电子后，在原来的位置上就留下一个空位，称为空穴。如图4-2所示，空穴出现以后，邻近的束缚电子可能获取足够的能量来填补这个空穴，而在这个束缚电子的原位置又出现一个新的空位，另一个束缚电子又会填补这个新的空位，这样就形成束缚电子填补空穴的运动。为了区别自由电子的运动，称此束缚电子填补空穴的运动为空穴运动。

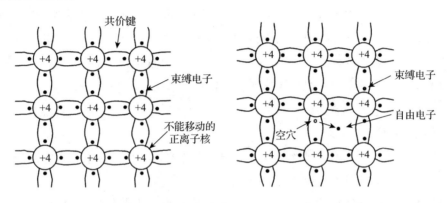

图4-1　硅晶体原子结构示意图　　图4-2　自由电子和空穴的形成

(1)半导体中存在两种载流子，一种是带负电的自由电子，另一种是带正电的空穴，它们都可以运载电荷形成电流。

(2)本征半导体中，自由电子和空穴相伴产生，数目相同。

(3)在一定温度下，本征半导体中电子空穴对的产生与复合相对平衡，电子空穴对的数目相对稳定。

(4)温度升高，激发的电子空穴对数目增加，半导体的导电能力增强。

空穴的出现是半导体导电区别于导体导电的一个主要特征。

3. N型半导体和P型半导体

在本征半导体中加入微量杂质，可使其导电性能显著改变。根据掺入杂质的性质不同，杂质半导体分为两类：N型(电子型)半导体和P型(空穴型)半导体。

1)N型半导体

在硅(或锗)半导体晶体中，掺入微量的五价元素，如磷(P)、砷(As)等，则构成N型半导体。

五价的元素具有五个价电子，它们进入硅(或锗)半导体晶体中，五价的原子取代四价的硅(或锗)原子，在与相邻的硅(或锗)原子组成共价键时，因为多一个价电子不受共价键的束缚，而很容易成为自由电子，于是半导体中自由电子的数目大量增加。自由电子参与移动后，在原来的位置上留下一个不能移动的正离子，半导体仍然呈现电中性，但此时没有相应的空穴产生。

2）P型半导体

在硅（或锗）半导体晶体中，掺入微量的三价元素，如硼（B）、铟（In）等，则构成P型半导体。

三价的元素只有三个价电子，在与相邻的硅（或锗）原子组成共价键时，由于缺少一个价电子，在晶体中便产生一个空位，邻近的束缚电子如果获得足够的能量，有可能填补这个空位，使原子成为一个不能移动的负离子，半导体仍然呈现电中性，但与此同时没有相应的自由电子产生。

由此可知，在晶体中掺入微量的某种元素，可使晶体中的自由电子或空穴数量剧增，这样既可提高半导体的导电能力，又可控制半导体中自由电子和空穴浓度的相对比例。P型半导体中，空穴为多数载流子（多子），自由电子为少数载流子（少子），主要靠空穴导电。N型半导体中，自由电子为多数载流子（多子），空穴为少数载流子（少子），主要靠自由电子导电。

4. PN 结的形成

利用掺杂工艺，将P型半导体与N型半导体制作在同一块硅片上，在它们的交界处则会由于载流子的浓度差引起载流子的扩散运动。

交界处P型区的空穴浓度远大于N型区的空穴浓度，因此空穴将由P型区向N型区扩散，于是在交界处P型一侧留下带负电荷的离子（空间电荷）。同理，交界处N型区的自由电子浓度远大于P型区的自由电子浓度，因而电子将由N型区向P型区扩散，并在N型区一侧留下带正电荷的离子。于是在P型区和N型区的交界面上产生一个空间电荷区，形成一个电场，称为内电场。电场方向是由正电荷区指向负电荷区，即由N型区指向P型区，如图4-3所示。

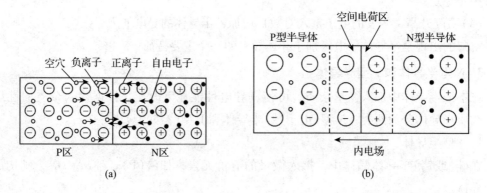

图 4 - 3　PN 结

(a)P区和N区载流子的扩散运动　(b)PN结的形成及其内电场

内电场的方向会对多数载流子的扩散运动起阻碍作用。同时,内电场可推动少数载流子(P区的自由电子和N区的空穴)越过空间电荷区,进入对方区域。少数载流子在内电场作用下有规则的运动称为漂移运动。漂移运动和扩散运动的方向相反。当扩散运动和漂移运动达到平衡时,电荷区的宽度便基本稳定下来,这个空间电荷区称为PN结。PN结内电场的电位差约为零点几伏,宽度一般为几微米到几十微米。

5. PN结的单向导电性

如果在PN结两端加上电压,就会打破载流子扩散运动和漂移运动原有的动态平衡。当在PN结两端加不同极性的电压时,PN结会呈现出不同的导电性能。

1)外加正向电压

PN结P端接高电位,N端接低电位,称为PN结外加正向电压,又称PN结正向偏置,简称正偏,如图4-4所示。外电场与内电场的方向相反,空间电荷区变窄,内电场被削弱,多子扩散得到加强,少子漂移将被削弱,扩散电流大大超过漂移电流,最后形成较大的正向电流。在一定范围内,外加电压越大,外电场越强,正向电流就越大,即PN结呈现低的电阻,处于正向导通状态。

2)外加反向电压

PN结P端接低电位,N端接高电位,称PN结外加反向电压,又称PN结反向偏置,简称反偏,如图4-5所示。外电场与内电场方向一致,空间电荷区变宽,内电场增强,不利于多子的扩散,有利于少子的漂移。这样在电路中形成了基于少子漂移的反向电流。由于少子数量很少,因此反向电流很小。

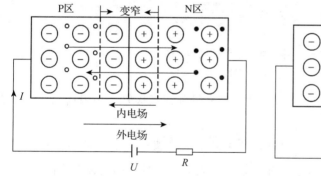

图4-4　PN结外加正向电压

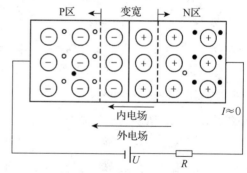

图4-5　PN结外加反向电压

由此可知,PN结正向偏置时,PN结导通,其正向电阻很低,正向电流较大;PN结反向偏置时,PN结截止,其反向电阻很高,反向电流很小。这就是PN结的单向导电性,是PN结的基本特性。

4.1.2　半导体二极管的结构

半导体二极管的主要构成部分是一个PN结。在一个PN结两端接上相应的电极引线，外面用金属（或玻璃、塑料）管壳封装起来，就成为半导体二极管。从 P 端引出的电极称为阳极，从 N 端引出的电极称为阴极。常用半导体二极管的外形结构如图 4-6 所示。

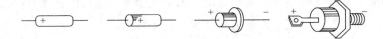

图 4-6　常用半导体二极管的外形结构

按照内部结构的不同，二极管可分为点接触型、面接触型和平面型等类型。

PN 结内的正负离子层相当于存储的正负电荷，与极板电容带电的作用相似，因此 PN 结具有电容效应，这种电容称为结电容或极间电容。

点接触型二极管的结构如图 4-7(a)所示，它是由一根很细的金属丝和一块半导体熔接在一起而构成的 PN 结，结面积很小，因而极间电容很小，适用于高频工作，但不能通过较大电流，主要用于高频检波、脉冲数字电路，也可用于小电流整流电路。

面接触型和平面型二极管的结构分别如图 4-7(b)和(c)所示，其 PN 结结面积大，因而极间电容也大，一般用于整流电路，而不宜用于高频电路。

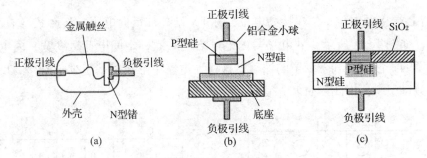

图 4-7　半导体二极管的结构

(a)点接触型　(b)面接触型　(c)平面型

按照所用半导体材料的不同，二极管又分为硅二极管和锗二极管。一般锗二极管多为点接触型，硅二极管多为面接触型。

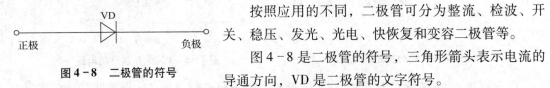

图 4-8　二极管的符号

按照应用的不同，二极管可分为整流、检波、开关、稳压、发光、光电、快恢复和变容二极管等。

图 4-8 是二极管的符号，三角形箭头表示电流的导通方向，VD 是二极管的文字符号。

4.1.3　半导体二极管的伏安特性及主要参数

1.　二极管的伏安特性

二极管两端的电压 U 与流过二极管的电流 I 之间的关系曲线称为二极管的伏安特性曲线，如图 4-9 所示。

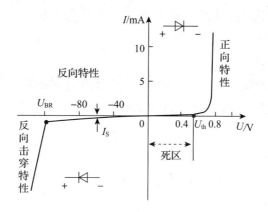

图 4-9　二极管的伏安特性曲线

1）正向特性

二极管外加正向电压时，电流和电压的关系称为二极管的正向特性。如图 4-9 所示，当二极管所加正向电压比较小时（$0 < U < U_{th}$），二极管上的电流为 0，二极管仍截止，此区域称为死区，U_{th} 称为死区电压（门坎电压）。硅二极管的死区电压约为 0.5 V，锗二极管的死区电压约为 0.1 V。

当正向电压超过死区电压以后，PN 结内电场被大大削弱，电流急剧增加，二极管处于正向导通。此时，二极管的电阻变得很小，其压降也很小，一般硅管的正向压降为 0.6 ~0.7 V，锗管的正向压降为 0.2 ~0.3 V。

2）反向特性

二极管外加反向电压时，电流和电压的关系称为二极管的反向特性。由图 4-9 可知，当二极管外加反向电压时，反向电流很小（$I \approx -I_S$），而且在相当宽的反向电压范围内，反向电流几乎不变，因此称此电流值为二极管的最大反向饱和电流。

3）反向击穿特性

由图 4-9 可知，当反向电压的值增大到 U_{BR} 时，反向电压值再稍有增加，反向电流便会急剧增大，此现象被称为反向击穿，U_{BR} 为最高反向击穿电压。利用二极管的反向击穿特性，可以做成稳压二极管，但一般的二极管不允许工作在反向击穿区。

2. 二极管的主要参数

二极管的参数是表征二极管的性能及其适用范围的数据，是选择和使用二极管的重要参考依据。二极管的主要参数有以下四个。

1）最大整流电流 I_F

最大整流电流 I_F 是指二极管长期连续工作时，允许通过二极管的最大正向电流的平均值。使用时应注意，通过二极管的平均电流不能超过规定的最大整流电流值。

2）最高反向击穿电压 U_{BR}

最高反向击穿电压是指二极管不被击穿所容许的最高反向电压，一般是反向击穿

电压的 $1/3 \sim 1/2$。使用时应注意，管子上的实际反向电压不能超过规定的最高反向工作电压值。

3）最大反向饱和电流 I_S

最大反向饱和电流是指二极管外加最高反向工作电压时的反向电流。其值越小，说明二极管的单向导电性越好。反向电流受温度影响很大，温度越高，其值越大，故硅管的温度稳定性比锗管好。

4）最高工作频率

由于 PN 结存在结电容，高频电流很容易从结电容通过，从而失去单向导电性，因此规定二极管有一个最高工作频率。

3. 二极管的测试

1）二极管极性的判定

将红、黑表笔分别接二极管的两个电极，若测得的电阻值很小（几千欧以下），则黑表笔所接电极为二极管正极，红表笔所接电极为二极管的负极；若测得的电阻值很大（几百千欧以上），则黑表笔所接电极为二极管负极，红表笔所接电极为二极管的正极，如图 4-10 所示。

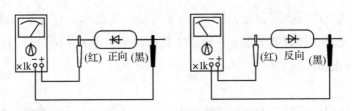

图 4-10　二极管的极性的测试

2）二极管好坏的判定

若测得的反向电阻很大（几百千欧以上），正向电阻很小（几千欧以下），表明二极管性能良好。

若测得的反向电阻和正向电阻都很小，表明二极管短路，已损坏。

若测得的反向电阻和正向电阻都很大，表明二极管断路，已损坏。

4.1.4　特殊二极管

1. 稳压二极管

稳压二极管又称齐纳二极管，简称稳压管，是一种用特殊工艺制作的面接触型硅半导体二极管。这种管子的杂质浓度比较大，容易发生击穿，击穿时的电压基本上不随电流的变化而变化，从而达到稳压的目的。稳压管工作于反向击穿区。

1）稳压管的伏安特性和符号

图 4-11 为稳压管的伏安特性和符号。

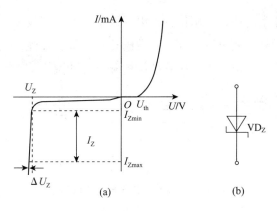

图 4-11 稳压二极管的伏安特性和符号

（a）伏安特性　（b）符号

2）稳压管的主要参数

（1）稳定电压 U_Z。它是指当稳压管中的电流为规定值时，电路中稳压管两端产生的稳定电压值。

（2）稳定电流 I_Z。它是指稳压管工作在稳压状态时，稳压管中流过的电流。有最小稳定电流 I_{Zmin} 和最大稳定电流 I_{Zmax} 之分。

（3）耗散功率 P_M。它是指稳压管正常工作时，稳压管上允许的最大耗散功率。

3）应用稳压管应注意的问题

（1）稳压管稳压时，一定要外加反向电压，保证稳压管工作在反向击穿区。当外加的反向电压值大于或等于 U_Z 时，才能起到稳压作用；若外加的电压值小于 U_Z，稳压管相当于普通的二极管。

（2）在稳压管稳压电路中，一定要配合限流电阻的使用，保证稳压管中流过的电流在规定的范围之内。

2. 发光二极管

发光二极管是一种光发射器件，英文缩写是 LED。此类管子通常由镓（Ga）、砷（As）、磷（P）等元素的化合物制成，当发光二极管正向导通，且导通电流足够大时，能把电能直接转换为光能，发出光来。目前，发光二极管的颜色有红、黄、橙、绿、白和蓝六种，所发光的颜色主要取决于制作发光二极管的材料。例如，用砷化镓时发出红光，而用磷化镓时则发出绿光。其中，白色发光二极管是新型产品，主要应用在手机背光灯、液晶显示器背光灯、照明等领域。

发光二极管工作时，导通电压比普通二极管大，其工作电压因材料的不同而不同，一般为 1.7 ~ 2.4 V。普通绿、黄、红、橙色发光二极管工作电压约为 2 V；白色发光二极管的工作电压通常高于 2.4 V；蓝色发光二极管的工作电压一般高于 3.3 V。发光二极管的工作电流一般在 2 ~ 25 mA。

发光二极管应用非常广泛，常用作各种电子设备，如仪器仪表、计算机、电视机等的电源指示灯和信号指示灯，还可以做成七段数码显示器等。发光二极管的另一个重要用途是将电信号转为光信号。普通发光二极管的结构和符号如图 4-12 所示。

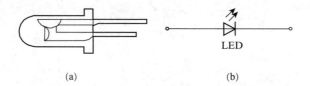

(a)   (b)

图 4-12 普通发光二极管的结构和符号

(**a**)结构 (**b**)符号

3．光电二极管

光电二极管又称为光敏二极管，是一种光接收器件，其 PN 结工作在反偏状态，可以将光能转换为电能，实现光电转换。图 4-13 为光电二极管的基本电路和符号。

4．光电耦合器

光电耦合器是把发光二极管和光电三极管组合在一起的光电转换器件。图 4-14 为光电耦合器的一般符号。

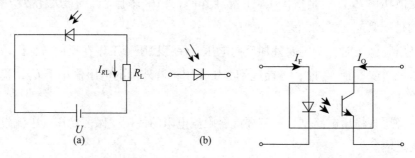

图 4-13 光电二极管的基本电路和符号   **4-14 光电耦合器的符号**

(a)基本电路 (b)符号

4.2 晶体三极管

4.2.1 晶体三极管的基本结构

晶体三极管又称半导体三极管，一般简称晶体管或双极型晶体管、三极管。

三极管都是通过一定的工艺在一块半导体基片上制成两个 PN 结，再引出三个电极，然后用管壳封装而成，因此它是一种具有两个 PN 结的半导体器件。

三极管从结构上来讲分为两类：NPN 型三极管和 PNP 型三极管。图 4-15 为三极管的结构和符号，符号中发射极上的箭头方向表示发射结正偏时电流的流向。

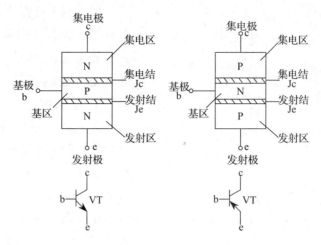

图 4 - 15 三极管的结构和符号

(a) NPN 型　　(b) PNP 型

在制作三极管时，中间薄层半导体厚度只有几微米至几十微米，掺入杂质最少，因而多数载流子浓度最低，称为基区。基区两边为同型半导体，但两者掺入杂质的浓度不同，因而多数载流子的浓度不同。多数载流子浓度大的一边称为发射区，是用来发射多数载流子的；另一边多数载流子浓度较小的称为集电区，是用来收集载流子的。发射区与基区交界处的 PN 结称为发射结，基区与集电区交界处的 PN 结称为集电结。集电结面积比发射结的面积大，以保证集电区能有效地收集载流子。从发射区、基区和集电区引出的三个电极分别称为发射极、基极和集电极，并分别用字母 e、b、c 表示。

三极管可以由半导体硅材料制成，称为硅三极管；也可以由锗材料制成，称为锗三极管。

三极管从应用的角度来讲，种类很多。根据工作频率分为高频管、低频管和开关管；根据工作功率分为大功率管、中功率管和小功率管。常见的三极管外形如图 4 - 16 所示。

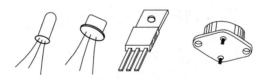

图 4 - 16　常见的三极管外形

4.2.2　三极管的工作原理

三极管最重要的特性是具有电流放大作用。NPN 型三极管和 PNP 型三极管的工作原理类似，但在使用时电源极性连接不同，下面以 NPN 型三极管为例来分析三极管的工作原理。

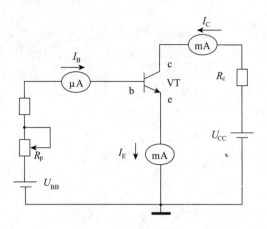

图 4 - 17　三极管电流放大作用实验电路

要实现三极管的电流放大作用，首先要给三极管各电极加上正确的电压。三极管实现放大的外部条件是发射结必须加正向电压(正偏)，而集电结必须加反向电压(反偏)。

为了了解三极管的电流分配原则及其放大原理，首先做一个实验，实验电路如图 4 - 17 所示。在电路中，要给三极管的发射结加正向电压，集电结加反向电压，保证三极管能起到放大作用。改变可变电阻 R_p 的值，则基极电流 I_B、集电极电流 I_C 和发射极电流 I_E 都发生变化，测量结果列于表 4 - 1 中，电流的方向如图 4 - 17 所示。

表 4 - 1　三极管各极电流测量值

I_B/mA	0	0.02	0.04	0.06	0.08	0.10
I_C/mA	<0.001	0.70	1.50	2.30	3.10	3.95
I_E/mA	<0.001	0.72	1.54	2.36	3.18	4.05

对表中数据进行分析，得出以下结论。

(1)实验数据中的每一列数据均满足关系 $I_E = I_C + I_B$，此结果符合基尔霍夫电流定律。

(2)I_C 稍小于 I_E，而比 I_B 大得多，I_C 与 I_B 的比值远大于1，且在一定范围内基本不变。例如，由表 4 - 1 中第 4 列和第 5 列的数据可得

$$\frac{I_C}{I_B} = \frac{1.5}{0.04} = 37.5$$

$$\frac{I_C}{I_B} = \frac{2.3}{0.06} = 38.3$$

当基极电流发生微小变化 ΔI_B 时，集电极电流则发生较大的变化 ΔI_C。例如，由表 4 - 1中第 4 列和第 5 列的数据可得

$$\frac{\Delta I_C}{\Delta I_B} = \frac{2.3 - 1.5}{0.06 - 0.04} = 40$$

这就是三极管的电流放大作用。集电极电流 I_C 与基极电流 I_B 的比值称为共发射极直流电流放大系数，用 $\bar{\beta}$ 表示，即

$$\bar{\beta} = \frac{I_C}{I_B} \tag{4-1}$$

集电极电流变化量 ΔI_C 与基极电流变化量 ΔI_B 的比值称为共发射极交流电流放大系

数，用 β 表示，即

$$\beta = \frac{\Delta I_C}{\Delta I_B} \qquad (4-2)$$

在一定范围内 $\bar{\beta}$ 与 β 的值相差很小，所以有

$$I_C \approx \beta I_B \qquad (4-3)$$

$$I_E \approx (\beta + 1) I_B \qquad (4-4)$$

三极管的电流放大作用还可以通过三极管内部载流子的运动过程来说明。图 4-18 为三极管内部载流子的传输与电流分配示意图。

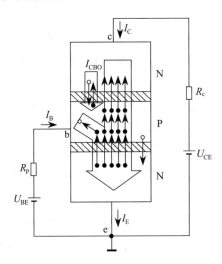

图 4-18　三极管内部载流子的传输与电流分配

由于发射结外加正向电压，多数载流子的扩散运动加强，因此发射区的多数载流子（自由电子）不断通过发射结进入基区，并且电源不断地向发射区补充电子，形成发射极电流 I_E。同时，基区的多数载流子（空穴）也向发射区扩散，但因基区的空穴浓度远低于发射区的自由电子浓度，所形成的空穴电流很小，可以忽略不计，故 I_E 主要是电子电流，其方向与自由电子运动方向相反，自发射极流出。

从发射区扩散到基区的自由电子由于浓度的差别，将向集电结的方向继续扩散。在扩散过程中，一部分自由电子将与基区中的空穴相遇而复合，而基极电源又不断地向基区补充空穴，以补充基区中被复合掉的空穴，于是形成了基极电流 I_B。因基区很薄且空穴浓度低，所以 I_B 很小。

由于基区为 P 型区，从发射区扩散过来的自由电子在基区内成了非平衡少数载流子。当它们到达集电结边缘时，在集电结反向电压的作用下，很容易漂移过集电结而被集电区收集，形成集电极电流 I_C。

结论如下。

（1）要使三极管具有放大作用，一方面要使发射区的多数载流子的浓度远高于基区的

多数载流子浓度，另一方面发射结必须正向偏置，而集电结必须反向偏置。

（2）一般有 $\beta > 1$，通常认为 $\overline{\beta} \approx \beta$。

（3）三极管的电流分配及放大关系式为 $I_E = I_C + I_B$，$I_C = \beta I_B$。

4.2.3　三极管的特性曲线

三极管的特性曲线是指三极管的各电极电压与电流之间的关系曲线，它反映出三极管的特性，是分析三极管放大电路的重要依据。它可以用专用的图示仪进行显示，也可以通过实验测量得到。以 NPN 型硅三极管为例，其常用的特性曲线有以下两种。

1. 输入特性曲线

输入特性曲线是指集电极与发射极之间的电压 U_{CE} 为某一常数时，输入回路中基极电流 I_B 与基极－发射极电压 U_{BE} 之间的关系曲线。实验测得三极管的输入特性曲线如图4-19所示。

由输入特性曲线可见，当 U_{BE} 较小时，$I_B = 0$，$I_B = 0$ 的这段区域称为死区。这表明三极管的输入特性曲线与二极管的正向伏安特性曲线相似，也有一段死区。当发射结外加电压 U_{BE} 大于死区电压时，三极管才会出现 I_B。硅管死区电压大约为 0.5 V，锗管死区电压大约为 0.2 V。在三极管正常工作情况下，硅管发射结压降 U_{BE} 为 0.6~0.7 V，锗管的 U_{BE} 为 0.2~0.3 V。此处电压值均为绝对值。

2. 输出特性曲线

输出特性曲线是指在基极电流 I_B 为常数时，三极管的输出回路（集电极回路）中集电极电流 I_C 与集电极－发射极电压 U_{CE} 之间的关系曲线。实验测得三极管的输出特性曲线如图4-20所示。

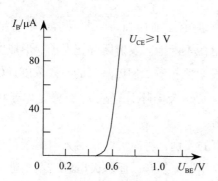
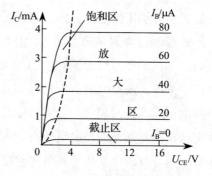

图4-19　三极管的输入特性曲线　　　　图4-20　三极管的输出特性曲线

一般把三极管的输出特性分为三个工作区域。

1）截止区

三极管工作在截止状态时，具有以下特点。

（1）发射结和集电结均反向偏置。

（2）若不计穿透电流 I_{CEO}，I_B、I_C 近似为0。

（3）三极管的集电极和发射极之间电阻很大，三极管相当于一个断开开关。

2）放大区

在图 4-20 中，输出特性曲线近似平坦的区域称为放大区。三极管工作在放大区时，具有以下特点。

（1）三极管的发射结正向偏置，集电结反向偏置。

（2）基极电流 I_B 微小的变化会引起集电极电流 I_C 较大的变化，且存在 $I_C = \beta I_B$。

（3）对于 NPN 型的三极管，有 $U_C > U_B > U_E$。

（4）对于 NPN 型硅三极管，发射结电压 $U_{BE} \approx 0.7$ V；对于 NPN 型锗三极管，$U_{BE} \approx 0.2$ V。

3）饱和区

三极管工作在饱和状态时，具有以下特点。

（1）三极管的发射结和集电结均正向偏置。

（2）三极管的电流放大能力下降，通常有 $I_C < \beta I_B$。

（3）U_{CE} 的值很小，称此时的电压 U_{CE} 为三极管的饱和压降，用 U_{CES} 表示，一般硅三极管的 U_{CES} 约为 0.3 V，锗三极管的 U_{CES} 约为 0.1 V。

（4）三极管的集电极和发射极近似短接，三极管相当于一个导通开关。

三极管作为开关使用时，通常工作在截止区和饱和区；作为放大元件使用时，一般要工作在放大区。

4.2.4 三极管的主要参数

三极管的参数很多，如电流放大系数、极间反向电流、集电极最大允许电流、集电极 - 发射极反向击穿电压、集电极最大允许耗散功率等，这些参数可以通过查半导体手册得到。三极管的参数是正确选定三极管的重要依据，下面介绍三极管的几个重要参数。

1. 电流放大系数

电流放大系数是表示三极管放大能力的重要参数。

共发射极直流电流放大系数是在无输入信号的情况下三极管处于直流工作状态（称为静态）时，表示电流放大能力的参数。

$$\bar{\beta} = \frac{I_C}{I_B} \qquad (4-5)$$

共发射极交流电流放大系数是在三极管工作在有信号输入的情况下处于交流工作状态（称为动态）时，基极电流的变化量 Δi_B 引起集电极电流的变化量 Δi_C。因此，β 表示三极管处于交流工作状态时的电流放大能力。

$$\beta = \frac{\Delta i_C}{\Delta i_B} \qquad (4-6)$$

显然 $\bar{\beta}$ 与 β 的含义不同，但两者数值较为接近，所以在电路分析估算时，常用 $\bar{\beta} \approx \beta$ 这个近似关系。由于制造工艺的分散性，即使相同型号的三极管，β 值也存在差异。常用

的三极管的 β 值在 $20 \sim 100$。

2. 极间反向电流

1)集电极 - 基极反向饱和电流 I_{CBO}

I_{CBO} 是在发射极开路的情况下，集电极与基极间加反向电压时的反向电流。它实际上和单个 PN 结的反向电流是一样的，因此受温度的影响较大。在一定温度下，I_{CBO} 基本上是个常数，称为反向饱和电流。在室温下，小功率锗管的 I_{CBO} 为几微安到几十微安，小功率硅管的 I_{CBO} 小于 $1\ \mu\mathrm{DA}$。显然，I_{CBO} 越小，三极管的稳定性越好。在温度变化范围大的工作环境下应选用硅管。

2)集电极 - 发射极反向穿透电流 I_{CEO}

I_{CEO} 是在基极开路的情况下，集电极与发射极间加上一定的反向电压时的集电极电流。由于这个电流是从集电区穿过基区流到发射区，所以称为穿透电流。根据载流子在三极管内部的运动规律及电流分配关系可知

$$I_{\mathrm{CEO}} = (\bar{\beta}+1)I_{\mathrm{CBO}} \tag{4-7}$$

在共发射极电路中，当有基极电流 I_{B} 存在，并考虑穿透电流 I_{CEO} 时，集电极电流 I_{C} 的精确表达式为

$$I_{\mathrm{C}} = \bar{\beta}I_{\mathrm{B}} + I_{\mathrm{CEO}} \tag{4-8}$$

$\bar{\beta}$ 和 I_{CEO} 都要随温度升高而增大，故 I_{C} 也要增大，所以三极管的温度稳定性较差。I_{CEO} 和 I_{CBO} 都是衡量三极管稳定性的重要参数，但 I_{CEO} 比 I_{CBO} 对温度的敏感性更强，因而对三极管的工作影响也更大。小功率锗管的 I_{CEO} 为几十微安到几百微安，小功率硅管在几微安以下。由于 I_{CEO} 与 $\bar{\beta}$ 及 I_{CBO} 有关，因此在选用三极管时，要使 I_{CBO} 尽可能小些，而 $\bar{\beta}$ 值以不超过 100 为宜。

3. 极限参数

1)集电极最大允许电流 I_{CM}

集电极电流超过某一定值时，电流放大系数 β 值就要下降。I_{CM} 就是 β 下降到其正常值的 2/3 时的集电极电流。

2)集电极 - 发射极反向击穿电压 $U_{\mathrm{(BR)CEO}}$

$U_{\mathrm{(BR)CEO}}$ 是在基极开路时，加在集电极 - 发射极间的最大允许电压。当三极管的集电极 - 发射极电压 U_{CE} 大于 $U_{\mathrm{(BR)CEO}}$ 时，I_{CEO} 突然剧增，说明三极管已被击穿。使用手册中给出的 $U_{\mathrm{(BR)CEO}}$ 一般是常温时的值，在较高温度下，$U_{\mathrm{(BR)CEO}}$ 的值将降低，使用时应特别注意。

3)集电极最大允许耗散功率 P_{CM}

当集电极电流通过集电结时，要消耗功率而使集电结发热；若集电结温度过高，则会引起三极管参数的变化，甚至烧坏三极管。因此，规定当三极管因受热而引起参数变化不超过允许值时，集电极所消耗的最大功率为集电极最大允许耗散功率 P_{CM}。

$$P_{\mathrm{CM}} = i_{\mathrm{C}}u_{\mathrm{CE}} \tag{4-9}$$

在三极管的输出特性曲线上画出一条 P_{CM} 曲线，称为集电极功耗曲线，如图 4-21 所示。它是一条双曲线，在曲线的右侧，集电极耗散功率大于 P_{CM}，这个区域称为过损耗区；在曲线的左侧，集电极耗散功率小于 P_{CM}。这样，由 I_{CM}、$U_{(BR)CEO}$、P_{CM} 三者共同确定了三极管的安全工作区。P_{CM} 值与环境温度有关，温度越高，则 P_{CM} 值越小。为了提高 P_{CM} 的值，常采用散热装置。

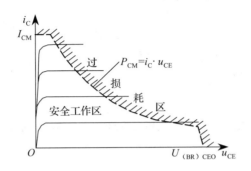

图 4-21　三极管的极限参数及安全工作区

4.3　场效应管

4.3.1　场效应管的基本结构

场效应管是一种电压控制器件，是利用输入回路的电场效应来控制输出回路电流的一种半导体器件。场效应管工作时，内部参与导电的只有多子一种载流子，因此又称为单极性器件。

根据结构不同，场效应管分为两大类：结型场效应管和绝缘栅场效应管，本节侧重介绍绝缘栅场效应管。绝缘栅场效应管是由金属（Metal）、氧化物（Oxide）和半导体（Semiconductor）材料构成的，因此又叫 MOS 管。MOS 管具有制造工艺简单、占用芯片面积小、器件的特性便于控制等特点。因此，MOS 管是当前制造超大规模集成电路的主要有源器件，并且许多有发展前景的新电路技术已被开发出来。

绝缘栅场效应管分为增强型和耗尽型两种，每一种又包括 N 沟道和 P 沟道两种类型。可见，MOS 场效应管共有四种类型，分别为 N 沟道增强型（NEMOS）、P 沟道增强型（PEMOS）、N 沟道耗尽型（NDMOS）和 P 沟道耗尽型（PDMOS）。

以 N 沟道增强型 MOS 管为例。它是以 P 型半导体作为衬底，再在衬底上扩散两个 N^+ 区（高掺杂），分别为源区和漏区，源区和漏区分别与 P 型衬底形成两个 PN 结。在 P 型衬底表面生长着一薄层的二氧化硅（SiO_2）绝缘层，并在两个 N^+ 区之间的绝缘层上覆盖一层金属，然后在上面引出电极为栅极（g）。源区和漏区引出的电极分别为源极（s）和漏极（d），而从衬底通过 P 区引线引出的电极称为衬底极（b）。

图 4-22 为 N 沟道增强型 MOS 管的结构与符号，符号中的箭头表示从 P 区(衬底)指向 N 区(N 沟道)，虚线表示增强型。

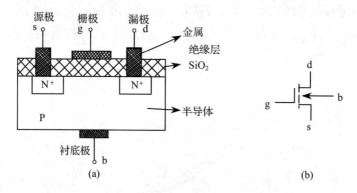

图 4-22　N 沟道增强型 MOS 管的结构与符号

(a)结构　(b)符号

4.3.2　场效应管的工作原理

当 $U_{GS} = 0\ V$ 时，漏源极之间相当于两个背靠背的二极管，在 d、s 之间加上电压也不会形成电流，即场效应管截止，如图 4-23(a)所示。

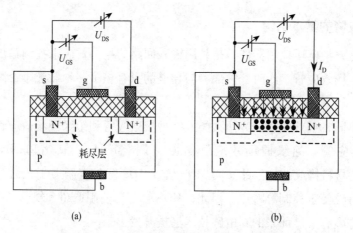

图 4-23　N 沟道增强型 MOS 管加栅源电压 U_{GS}

(a)$U_{GS} = 0$　(b)$U_{GS} > 0$

当 $U_{GS} > 0\ V$ 时，垂直于衬底的表面电场将靠近栅极下方的空穴向下排斥到耗尽层。再增加 U_{GS}，垂直于衬底的表面电场增强，将 P 区少子电子聚集到 P 区表面，从而形成导电沟道，如果此时加漏源电压 U_{DS}，就可以形成漏极电流 I_D，如图 4-23(b)所示。刚刚产生沟道所需的栅源电压 U_{GS} 为开启电压。

N 沟道增强型 MOS 管的基本特性如下。

(1)$U_{GS} < U_{GS(th)}$，MOS 管截止；$U_{GS} > U_{GS(th)}$，MOS 管导通。

（2）U_{GS}越大，沟道越宽，在相同的漏源电压U_{DS}作用下，漏极电流I_D越大。

场效应管具有输入阻抗高、耗电少、噪声小、热稳定性好、抗辐射能力强等优点，在放大器的前级或环境条件变化较大的场合得到广泛应用。

4.3.3　场效应管的特性和主要参数

1．特性曲线

由于 MOS 管的栅极是绝缘的，栅极电流$I_G \approx 0$，因此不讨论I_G和U_{GS}之间的关系。I_D和U_{DS}、U_{GS}之间的关系可用输出特性和转移特性来表示。

输出特性是指以U_{GS}为参变量的I_D和U_{DS}之间的关系；转移特性是指以U_{DS}为参变量的I_D和U_{GS}之间的关系，如图 4 - 24 所示。

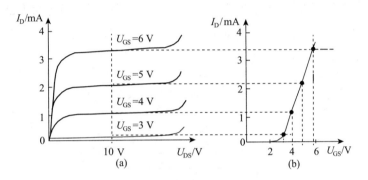

图 4 - 24　场效应管的输出特性曲线和转移特性曲线

（a）输出特性曲线　（b）转移特性曲线

2．主要参数

（1）夹断电压$U_{GS(off)}$和开启电压$U_{GS(th)}$。夹断电压是耗尽型 MOS 管的参数；开启电压是增强型 MOS 管的参数。

（2）饱和漏极电流I_{DSS}。I_{DSS}是耗尽型 MOS 管的参数。

（3）栅源直流输入电阻R_{GS}。R_{GS}是栅源电压和栅极电流的比值。

（4）最大漏源击穿电压$U_{(BR)DS}$。$U_{(BR)DS}$是指漏极和源极之间的击穿电压，即I_D开始急剧上升时的U_{DS}值。

（5）最大漏极电流I_{DM}和最大耗散功率P_{DM}。

（6）低频跨导g_m。在U_{DS}为某一固定值时，漏极电流的微小变化和相应的栅源输入电压变化量之比，即

$$g_m = \frac{\Delta i_D}{\Delta U_{GS}} \tag{4-10}$$

习 题 4

1. 将正确答案填入空内。

(1) PN 结具有_____性，当其加_____时导通，加_____时截止。

(2) 三极管实现电流放大作用的外部条件是_____、_____。

(3) PN 结加正向电压时，空间电荷区将_____（填"变窄""基本不变"或"变宽"）。

(4) 稳压管的稳压区是其工作在_____（填"正向导通""反向截止"或"反向击穿"）。

(5) 工作在放大区的某三极管，若 I_B 从 12 μA 增大到 22 μA，I_C 从 1 μA 变为 2 μA，那么它的 β 约为_____。

2. 在本征半导体中加入什么元素可形成 N 型半导体，加入什么元素可形成 P 型半导体?

3. 电路如下图所示，已知 $u_i = 5\sin \omega t$ V，试画出 u_i 与 u_o 的波形，并标出幅值。设二极管正向导通电压忽略不计。

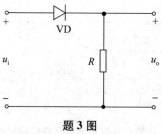

题 3 图

4. 二极管电路如下图所示，写出各电路的输出电压值。设 $u_D = 0.7$ V。

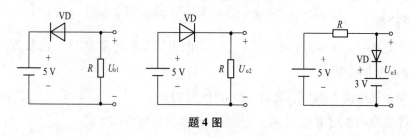

题 4 图

5. 已知稳压管的稳定电压 $U_Z = 6$ V，稳定电流的最小值 $I_{Zmin} = 5$ mA，最大功耗 $P_{ZM} = 150$ mW。试求下图所示电路中电阻 R 的取值范围。

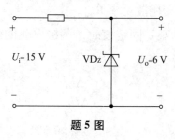

题 5 图

6. 已测得三极管的各极电位如下图所示，试判别它们各处于放大、饱和与截止中的哪种工作状态？

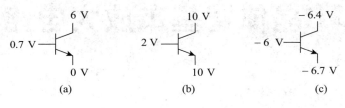

(a)   (b)   (c)

题 6 图

7. 现测得放大电路中两个三极管中两个电极的电流如下图所示。分别求另一电极的电流，标出其方向，并在圆圈中画出三极管，且分别求出它们的电流放大系数 β。

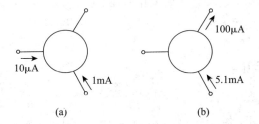

(a)   (b)

题 7 图

8. 测得放大电路中两个三极管的直流电位如图所示。分别在圆圈中画出三极管，并分别说明它们是硅管还是锗管。

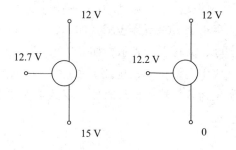

题 8 图

第5章 晶体管基本放大电路

本章重点

1. 三极管组成的基本放大电路的工作原理。
2. 场效应管组成的基本放大电路的工作原理。
3. 放大电路的基本分析方法。

5.1 共发射极放大电路

5.1.1 电路的基本结构

共发射极放大电路的工作原理如图 5 - 1 所示。其中，三极管 VT 为放大元件，$i_C = \beta i_B$，保证集电结反偏，发射结正偏，使三极管工作在放大区；基极电源 E_b 与基极电阻 R_b 使发射结处于正偏，并提供大小适当的基极电流；集电极电源 E_c 为电路提供能量，并保证集电结反偏；集电极电阻 R_c 将电流放大转变为电压放大；耦合电容 C_1、C_2 隔离输入、输出与放大电路的直流联系，使交流信号顺利输入、输出。

电路中，直流量用大写字母、大写下标表示，如 I_B；交流量用小写字母、小写下标表示，如 i_b；混合量用小写字母、大写下标表示，如 i_B。

在电子电路中，一般画成单电源供电的电路，如图 5 - 2 所示。放大电路的分析分为静态和动态两种情况。静态是指未加输入信号时放大器的工作状态，动态是指加上输入信号时放大器的工作状态。

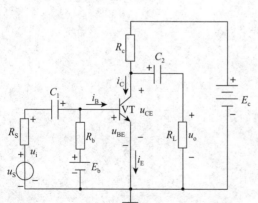

图 5 - 1　共发射极放大电路的工作原理

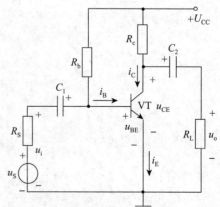

图 5 - 2　单电源供电共发射极放大电路

静态分析主要是分析电路中有源器件在静态工作点的直流电压和直流电流，确定其是否处于放大状态。动态分析主要是估算放大电路的各项动态技术指标，如电压放大倍数、输入电阻、输出电阻、输出最大功率等。下面分别介绍放大电路的静态分析和动态分析。

5.1.2　放大电路的静态分析

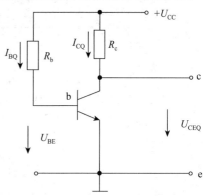

图 5-3　共发射极放大电路的直流通路

在图 5-2 中，当 $u_i = 0$ 时，放大电路中没有交流成分，称为静态工作状态，这时耦合电容 C_1、C_2 视为开路，直流通路如图 5-3 所示。其中，基极电流 I_B、集电极电流 I_C 以及集电极 - 发射极间电压 U_{CE} 只有直流成分，没有交流输出，用 I_{BQ}、I_{CQ}、U_{CEQ} 表示。它们在三极管特性曲线上所确定的点称为静态工作点，用 Q 表示。

1. 估算法确定静态工作点

由图 5-3 所示的直流通路可得，静态时的基极电流

$$I_{BQ} = \frac{U_{CC} - U_{BE}}{R_b} \approx \frac{U_{CC}}{R_b} \tag{5-1}$$

其中，U_{BE}（硅管约 0.7 V）比 U_{CC} 小得多，可忽略不计。

由 I_{BQ} 可得出静态时的集电极电流

$$I_{CQ} \approx \beta I_{BQ} \tag{5-2}$$

静态时的集电极 - 发射极电压

$$U_{CEQ} = U_{CC} - I_{CQ} R_c \tag{5-3}$$

2. 图解法确定静态工作点

由式(5-3)可得，当 $I_C = 0$ 时，$U_{CE} = U_{CC}$；当 $U_{CE} = 0$ 时，$I_C = U_{CC}/R_c$。

由此可在图 5-4 所示的三极管输出特性曲线上作出一条直线，称为直流负载线。直流负载线与三极管的某条输出特性曲线（由 I_B 确定）的交点 Q，称为放大电路的静态工作点，由图上的静态工作点得出放大电路的电压和电流的静态值。

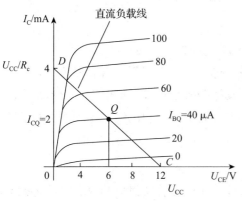

图 5-4　用图解法确定放大电路的静态工作点

由图 5-4 可知，基极电流 I_B 的大小不同，静态工作点在负载线上的位置就不同。对三极管工作状态的要求不同，要有一个相应不同的合适的工作点，这可以通过改变 I_B 的大小来获得。因此，I_B 很重要，它可以确定三极管的工作状态，称为偏置电流。产生

偏置电流的电路称为偏置电路，在图 5-3 中，通常通过改变偏置电阻 R_b 的阻值来调整偏置电流 I_B 的大小。

例 5-1 用图解法求图 5-5(a)的静态工作点。

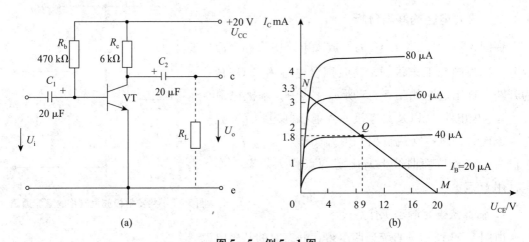

图 5-5 例 5-1 图
(a)电路图 (b)静态工作点分析

解 (1)作直流负载线。

当 $I_C = 0$ 时，$U_{CE} = U_{CC} = 20$ V，即得点 $M(0, 20)$。

当 $U_{CE} = 0$ 时，$I_C = \dfrac{U_{CC}}{R_c} = \dfrac{20}{6} = 3.3$ mA，即 $N(3.3, 0)$。

将 M、N 连接，即直流负载线。

(2)求静态偏置电流。

$$I_{BQ} = \frac{U_{CC} - U_{BE}}{R_b} = \frac{20 - 0.7}{470 \times 10^3} \approx 4 \times 10^{-5} \text{ A} = 40 \text{ μA}$$

如图 5-5(b)所示，$I_{BQ} = 40$ μA 的输出特性曲线与直流负载线 MN 交于 $Q(9, 1.8)$，即静态值为 $I_{BQ} = 40$ μA，$I_{CQ} = 1.8$ mA。

5.1.3 放大电路的动态分析

当放大电路有输入信号时，三极管的各个电流和电压都含有直流分量和交流分量。直流分量一般即为静态值，由上述静态分析来确定，动态分析是在静态值确定后分析信号的传输情况，考虑的只是电流和电压的交流分量。微变等效电路法和图解法是动态分析的两种方法。

1. 微变等效电路法

微变等效电路法就是把非线性元件三极管线性化，将三极管所组成的放大电路等效为一个线性电路，用分析线性电路的方法来分析放大电路。

1）三极管的微变等效电路

Ⅰ. 三极管输入端等效

图 5 - 6(a) 是三极管的输入特性曲线，是非线性的。如果输入信号很小，可近似地认为在静态工作点 Q 附近的工作段是直线。在图 5 - 7 中，当 U_{CE} 为常数时，从 b、e 看进去三极管就是一个线性电阻。

$$r_{be} = \frac{\Delta U_{BE}}{\Delta I_B} \tag{5-4}$$

式中：r_{be} 为三极管输入电阻。在使用手册中 r_{be} 常用 h_{be} 表示，一般为数百欧至数千欧。

低频小功率三极管的输入电阻常用式为

$$r_{be} = 300 + \frac{(\beta + 1) \times 26(\mathrm{mV})}{I_E(\mathrm{mA})} \tag{5-5}$$

式中：I_E 为发射极静态电流。

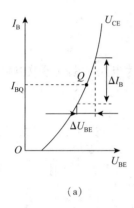
(a)

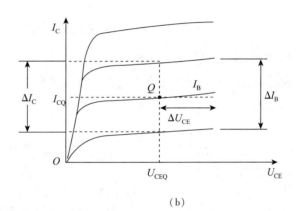
(b)

图 5 - 6　三极管特性曲线
(a)输入特性曲线　(b)输出特性曲线

Ⅱ. 三极管输出端等效

图 5 -6(b) 是三极管的输出特性曲线族，若动态是在小范围内，特性曲线不但互相平行、间隔均匀，且与 U_{CE} 轴线平行。当 U_{CE} 为常数时，从输出端 c、e 极看进去，三极管就成了一个受控电流源，则

$$\Delta I_C = \beta \Delta I_B \tag{5-6}$$

因此，三极管的输出电路可用一等效恒流源 $I_C = \beta I_B$ 代替，以表示三极管的电流控制作用。当 $I_B = 0$ 时，βI_B 不存在，所以它不是一个独立电源，而是受输入电流 I_B 控制的受控电源，简称受控电流源。

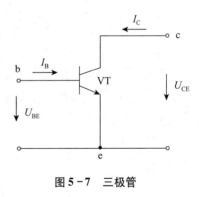

图 5 - 7　三极管

此外，在图 5 -6(b) 中，三极管的输出特性曲线不完全与横轴平行，当 I_B 为常数时，

$$r_{ce} = \frac{\Delta U_{CE}}{\Delta I_C} \tag{5-7}$$

式中：r_{ce} 为三极管的输出电阻，在小信号的条件下，r_{ce} 是一个常数。如果把三极管的输出电路看作电流源，r_{ce} 就是电源的内阻，所以在等效电路中与受控恒流源 βI_B 并联。由于 r_{ce} 阻值很高，一般为几千欧到几百千欧，流过的电流很小，所以在微变等效电路中可忽略不计。图 5-8 是三极管的交流小信号微变等效电路模型。

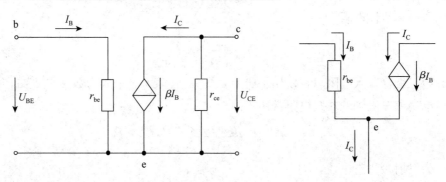

图 5-8　三极管交流小信号微变等效电路模型

2）放大电路的微变等效电路

通过放大电路的交流通路和三极管的微变等效，可得出放大电路的微变等效电路，如图 5-9 所示。

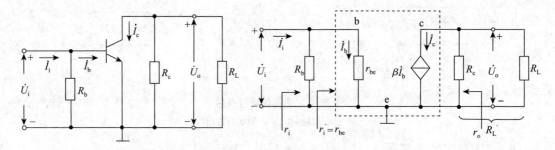

图 5-9　基本放大电路的交流通路及微变等效电路

(a)交流通路　(b)微变等效电路

3）用微变等效电路求动态指标

（1）电压放大倍数。设在图 5-9(b)中输入为正弦信号，因为

$$\left.\begin{aligned}
\dot{U}_i &= \dot{I}_b r_{be} \\
\dot{U}_o &= -\dot{I}_c R'_L = -\beta \dot{I}_b R'_L
\end{aligned}\right\} \tag{5-8}$$

$$A_U = \frac{\dot{U}_o}{\dot{U}_i} = -\beta R'_L / r_{be} \tag{5-9}$$

当负载开路时，有

$$A_U = \frac{-\beta R_c}{r_{be}} \tag{5-10}$$

式中：$R'_L = R_L // R_c$。

（2）输入电阻 r_i，指电路的动态输入电阻，由图 5-9（b）中可看出：

$$r_i = \frac{\dot{U}_i}{\dot{I}_i} = R_b // r_{be} \approx r_{be} \tag{5-11}$$

（3）输出电阻 r_o，指由输出端向放大电路内部看到的动态电阻，因 r_{ce} 远大于 R_c，所以

$$r_o = r_{ce} // R_c \approx R_c \tag{5-12}$$

例 5-2 在图 5-10（a）中，$\beta = 50$，$U_{BE} = 0.7$ V，试求：（1）静态工作点参数 I_{BQ}，I_{CQ}，U_{CEQ}，U_o 值；（2）动态指标 A_U，r_i，r_o 值。

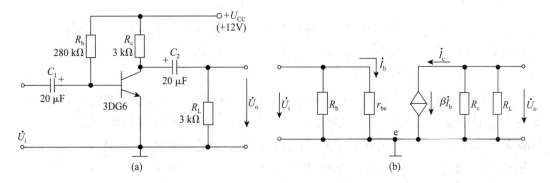

图 5-10 例 5-2 图

（a）原理图 （b）微变等效电路

解 （1）求静态工作点参数。

$$I_{BQ} = \frac{U_{CC} - 0.7}{R_b} = \frac{12 - 0.7}{280 \times 10^3} \approx 4 \times 10^{-5} \text{A} = 40 \text{ μA}$$

$$I_{CQ} = \beta I_{BQ} = 50 \times 0.04 \times 10^{-3} = 2 \times 10^{-3} \text{A} = 2 \text{ mA}$$

$$U_{CEQ} = U_{CC} - I_{CQ} R_c = 12 - 2 \times 10^{-3} \times 3 \times 10^3 = 6 \text{ V}$$

微变等效电路如图 5-10（b）所示，其中

$$r_{be} = 300 + \frac{(\beta + 1) 26(\text{mV})}{I_E(\text{mA})} = 300 + \frac{51 \times 26(\text{mV})}{2(\text{mA})}$$

$$= 963 \text{ Ω} \approx 0.96 \text{ kΩ}$$

（2）计算动态指标。

$$A_U = \frac{-\beta R'_L}{r_{be}} = \frac{-50 \times (3 // 3)}{0.96} = -78.1$$

$$r_i = R_b // r_{be} \approx r_{be} = 0.96 \text{ kΩ}$$

$$r_o \approx R_c = 3 \text{ kΩ}$$

4）放大电路的频率特性

放大电路的耦合电容 C_1 和 C_2 以及三极管的结电容，它们的容抗随频率而变化，使 u_o 因不同频率而大小、相位均不同，根据实验得到交流电路的频率特性如图 5-11 所示。

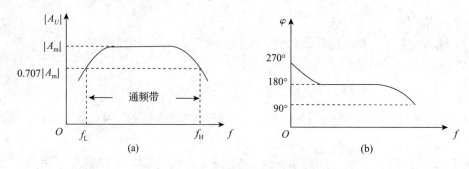

图 5-11 放大电路的频率特性

(a)幅频特性 (b)相频特性

当放大倍数从 A_m 下降到 $0.707A_m$ 时，在高频段和低频段所对应的频率分别称为上限截止频率 f_H 和下限截止频率 f_L。f_H 和 f_L 之间形成的频带宽度称为通频带，记为 f_{BW}。

$$f_{BW} = f_H - f_L \tag{5-13}$$

通频带越宽表明放大电路对不同频率信号的适应能力越强。但是通频带宽度也不是越宽越好，超出信号所需要的宽度，一是会增加成本，二是把信号以外的干扰和噪声信号一起放大，这样必定引起波形的失真。失真是指输出信号的波形与输入信号的波形不一样，这种由电压放大倍数随频率变化而引起的失真称为频率失真。为了不引起频率失真，输入信号的频率宽度应在放大电路的通频带内。同时，应根据信号的频带宽度来要求放大电路应有的通频带。

2. 图解法

图解法动态分析的目的是观察放大电路的工作情况，研究放大电路的非线性失真，并求解最大不失真电压幅值。动态分析的对象是交流通路，分析的关键是作交流负载线。

1) 根据输入信号 u_i 在输入特性曲线上求 i_B

如图 5-12 所示，当 u_i 足够小时，输入特性的工作范围很小，可近似看作线性段，因此交流电流 i_B 也是按正弦规律变化。根据 $u_{BE} = u_{BEQ} + u_i$ 的变化规律，在输入特性曲线上可以画出对应的 i_B 波形。

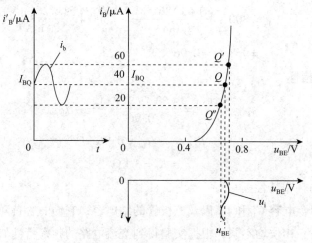

图 5-12 由 u_i 求 i_B 的图解法

2)根据 i_B 在输出特性曲线上求 i_C 和 u_{CE}

（1）在输出特性曲线上作交流负载线。图 5-2 所示单管共发射极放大电路的交流通路如图 5-9（a）所示。由图可见

$$u_o = u_{CE} = -i_C R'_L \tag{5-14}$$

所以，输出回路中交流分量的电压与电流的关系可用斜率为 $-1/R'_L$ 的直线来表示，这条直线称为交流负载线。由于 $R'_L = R_c // R_L$，所以通常 R'_L 小于 R_c，交流负载线比直流负载线斜率更大。

交流负载线的做法包括两步。第一步通过静态分析作出直流负载线，确定静态工作点 Q。交流负载线和直流负载线必然在 Q 点相交。这是因为在线性工作范围内，输入电压在变化过程中一定经过零点。在输入电压 $u_i = 0$ 的瞬间，放大电路工作在静态工作点 Q。因此，在 $u_i = 0$ 时刻，Q 点既是动态工作中的一点，又是静态工作中的一点。这样，这一时刻的 i_C 和 u_{CE} 应同时在两条负载线上，那么只有两条负载线的交点才满足条件。第二步确定交流负载线上的另一点。若令 $i_C = 0$，那么在输出特性曲线的横轴上截取 $u_{CE} = U_{CE} + I_{CQ}R'_L$，即得交流负载线上的另一点 P，连接 P、Q 就是所要作的交流负载线，如图 5-13 所示。

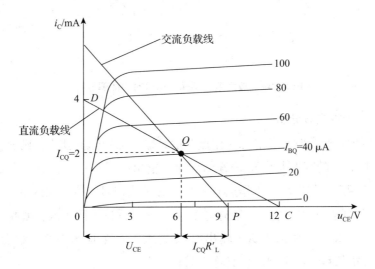

图 5-13 交流负载线做法

（2）根据 i_B 波形和交流负载线，求 i_C 和 u_{CE} 波形。前面由输入特性得到基极电流 i_B 波形，在 i_B 作用下，i_C 和 u_{CE} 的动态关系是由交流负载线来描述的。当 i_B 在 $20 \sim 60$ μA 变动时，输出特性与交流负载线的交点也随之改变，设对应于 $i_B = 60$ μA 的那条输出特性曲线与交流负载线的交点为 Q'，对应于 $i_B = 20$ μA 的那条输出特性曲线与交流负载线的交点为 Q''，则放大电路的工作点随着 i_B 的变化将沿着交流负载线在 $Q' \sim Q''$ 移动，因此直线段 $Q'Q''$ 是工作点运动的轨迹，常称为动态工作范围，如图 5-14 所示，可知

$$i_C = I_{CQ} + i_c \left.\begin{matrix}\\ \\ \end{matrix}\right\}$$
$$u_{CE} = U_{CE} + u_{ce}$$
$$(5-15)$$

输出电压 u_o 是 u_{CE} 的交流成分，即 $u_o = u_{ce}$，并且相位与输入相反，所以共发射极放大电路又叫反相电压放大器。

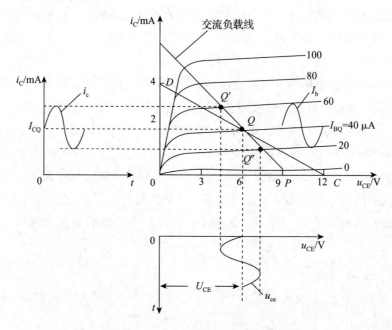

图 5 - 14　放大电路有输入信号时的图解分析

3. 波形的非线性失真分析

当输入电压为正弦波时，若静态工作点合适且输入信号幅值较小，则三极管工作在放大区，集电极电流 i_C 随基极电流 i_B 按 β 倍变化，输出电压是一个被放大了的正弦波，且与输入电压相位相反。如果静态工作点 Q 过低，在输入信号的负半周的某段时间内，三极管基极与发射极之间的电压 u_{BE} 小于导通电压 u_{on}，三极管进入截止区，因此基极电流 i_B 和集电极电流 i_C 波形将产生底部失真，输出电压 u_o 波形产生顶部失真，如图 5 - 15(a) 所示。这种由于三极管截止所引起的失真称为截止失真。

如果静态工作点 Q 过高，在输入信号的正半周靠近峰值的某段时间内，三极管工作点进入饱和区，基极电流 i_B 增大，集电极电流 i_C 不再随着增大，使集电极电流 i_C 波形产生顶部失真，输出电压 u_o 波形产生底部失真，如图 5 - 15(b) 所示。这种由于三极管饱和所引起的失真称为饱和失真。

上述两种失真都是由于静态工作点选择不当或输入信号幅度过大，使三极管工作在特性曲线的非线性部分所引起的失真，因此统称为非线性失真。一般来说，如果希望输出幅度大而失真小，工作点最好选在交流负载线的中点。

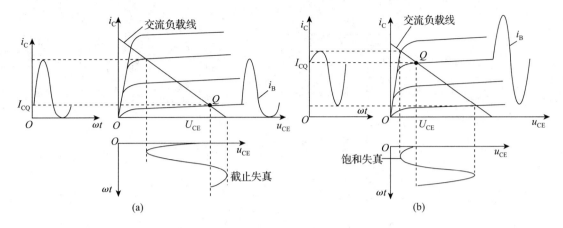

图 5-15　静态工作点对非线性失真的影响

（a）截止失真　（b）饱和失真

5.1.4　静态工作点的稳定

静态工作点不仅决定了输出波形是否失真，而且还影响电压放大倍数及输入电阻等动态参数，所以在设计和调试放大电路时，必须设置一个合适的静态工作点 Q。影响工作点不稳定的原因很多，如电源电压变化、电路参数变化、三极管老化等，但最主要的是由于三极管的参数（I_{CBO}、U_{BE}、β 等）随温度的变化而造成静态工作点的不稳定。

前面所讨论的共发射极基本放大电路中，当电源电压 U_{CC} 和集电极电阻 R_c 确定后，放大电路的 Q 点就由基极电流 I_B 决定，这个电流称为偏流，而获得偏流的电路称为偏置电路。又由于当 R_b 数值确定后，基极电流 I_B 就固定了，因此又称为固定偏置的放大电路。

在固定偏置的放大电路中，静态工作点 Q 是由基极偏流 I_{BQ} 和直流负载线共同决定的。虽然 I_{BQ}（$I_{BQ} \approx U_{CC}/R_b$）和直流负载线斜率（$-1/R_c$）不随温度变化，但是当温度升高时，$\beta$ 增大，I_C 随之增大，输出特性曲线上移，而接近于饱和区。当输入信号较大时必将出现饱和失真；反之，当温度降低时，Q 点将沿直流负载线下移，靠近截止区，易出现截止失真。

在实际使用的放大电路中，除了选用受温度影响比较小的硅三极管和改善工作环境温度外，最主要的是找出一种能够自动调节 Q 点位置的偏置电路，使 Q 点能够稳定在合适的位置上。图 5-16 为 Q 点稳定的分压式偏置电路。

在图 5-16(b) 中，B 点的电流方程为

$$I_2 = I_1 + I_{BQ}$$

为了稳定 Q 点，通常情况下，参数的选取应满足 $I_1 \gg I_{BQ}$，因此 $I_2 \approx I_1$，则 B 点的电位

$$U_{BQ} \approx \frac{R_{b1}}{R_{b1} + R_{b2}} \cdot U_{CC} \qquad (5-16)$$

式(5-16)表明基极电位只取决于直流电压源和基极电阻值，而与三极管参数无关，即不受环境温度的影响。

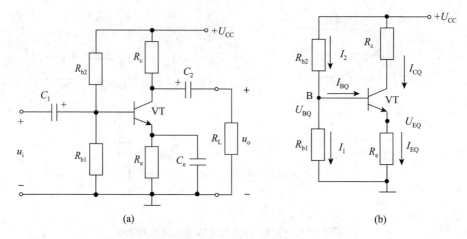

图 5 - 16　分压式偏置电路
(a)原理图　(b)直流通路

如果温度升高引起集电极电流 I_{CQ} 增大，那么发射极电流 I_{EQ} 也相应增大，发射极电阻 R_e 上的电压 $U_{EQ} = I_{EQ}R_e$ 也随之增大；由于 U_{BQ} 基本不变，因此当 U_{EQ} 增大时，$U_{BEQ} = U_{BQ} - U_{EQ}$ 减小。根据三极管的输入特性，基极电流 I_{BQ} 减小，I_{CQ} 也随之减小。这样由于发射极电阻的作用，牵制了 I_{CQ} 的增大，最终使 Q 点趋于稳定。上述变化过程可表示为

$$t(℃)\uparrow \to I_{CQ}\uparrow \to I_{EQ}\uparrow \to U_{EQ}\uparrow \to U_{BEQ}\downarrow \to I_{BQ}\downarrow$$
$$I_{CQ}\downarrow$$

可以看出，这种自动调节过程实际上是将输出电流 I_{CQ} 通过发射极电阻 R_e 引到输入端，使输入电压 U_{BE} 变化，而达到稳定工作点的目的。显然，R_e 越大，R_e 上的压降越大，自动调节能力越强，电路稳定性越好。但是，R_e 太大，会使电压放大倍数下降，所以 R_e 应适当取值。如果电路满足 $U_{BQ} >> U_{BE}$，则 $U_{BQ} \approx U_{EQ} = I_{EQ}R_e$，这时

$$I_{CQ} \approx I_{EQ} = \frac{U_{BQ}}{R_e} = \frac{R_{b1}U_{CC}}{(R_{b1} + R_{b2})R_e} \tag{5-17}$$

综上所述，只要电路满足 $I_1 >> I_{BQ}$，$U_{BQ} >> U_{BE}$ 这两个条件，那么就可以认为 I_{CQ} 主要由外电路参数 U_{CC}、R_{b1}、R_{b2} 和 R_e 决定，与三极管的参数几乎无关。这不仅提高了静态工作点的稳定性，并且在更换三极管时，不必重新调整工作点，给批量生产带来了很大方便。在兼顾其他指标的情况下，通常选用 $I_1 = (5 \sim 10)I_{BQ}$，$U_{BQ} = (5 \sim 10)U_{BE}$。

另外，为了不削弱交流信号的放大作用，通常在电阻 R_e 的两端并联一个大电容 C_e，C_e 称为射极旁路电容。由于 C_e 具有"隔直流，通交流"的作用，因此它对静态工作点没有影响，但是对交流信号起旁路作用，即交流信号作用时，C_e 将 R_e 短接，使发射极电阻 R_e 上没有交流信号，防止了放大倍数的下降。

（1）分压式偏置电路的静态分析。根据图 5 - 16(b)所示的直流通路分析得

$$I_{CQ} \approx I_{EQ} = \frac{U_{BQ} - U_{BE}}{R_e} \qquad (5-18)$$

$$U_{CE} = U_{CC} - I_{CQ}(R_c + R_e) \qquad (5-19)$$

$$I_{BQ} = \frac{I_{CQ}}{\beta} \qquad (5-20)$$

（2）分压式射极偏置电路的动态分析。根据5-9(b)的微变等效电路分析得

$$\dot{A}_U = \frac{\dot{U}_o}{\dot{U}_i} = -\frac{\beta R'_L}{r_{be}} \qquad (5-21)$$

$$R'_L = R_c // R_L \qquad (5-22)$$

$$r_i = \frac{\dot{U}_i}{\dot{I}_i} = R_{b1} // R_{b2} // r_{be} \qquad (5-23)$$

$$r_o = R_c \qquad (5-24)$$

例 5-3 电路如图5-17(a)所示，已知三极管为硅管，$U_{BE} = 0.7$ V，$\beta = 50$。（1）求放大器的静态工作点；（2）画出放大器的微变等效电路(有 C_e、无 C_e)；（3）求放大器的电压放大倍数 A_U(有 C_e、无 C_e)；（4）求放大器的输入、输出电阻(有 C_e、无 C_e)；（5）若测得输出波形如图5-17(b)所示，判断放大器出现的是何失真，如何消除失真；（6）若输入信号为 $u_i = 10\sqrt{2}\sin 3\,140t$ mV，输出正常波形，则 U_o 多大？

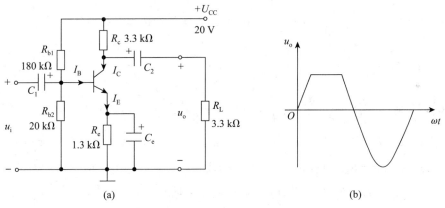

图 5-17 例 5-3 图(1)

(a)电路图 (b)输出波形

解 （1）放大器的静态工作点为

$$U_B = \frac{R_{b2}}{R_{b1} + R_{b2}} U_{CC} = \frac{20}{180 + 20} \times 20 = 2 \text{ V}$$

$$I_E = \frac{U_B - U_{BE}}{R_e} = \frac{2 - 0.7}{1.3 \times 10^{-3}} = 1 \text{ mA}$$

$$I_B = \frac{I_E}{1 + \beta} = 0.02 \text{ mA} = 20 \text{ μA}$$

$$I_C = \beta I_B = 1 \text{ mA}$$

$$U_{CE} = U_{CC} - I_C R_c - I_E R_e = 15.4 \text{ V}$$

（2）有 C_e 时如图 5 – 18(a)所示，无 C_e 时如图 5 – 18(b)所示。

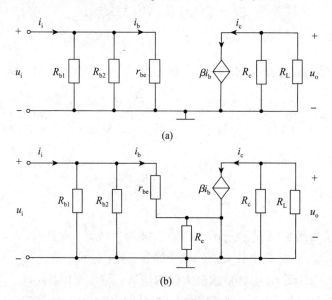

(a)

(b)

图 5 – 18　例 5 – 3 图(2)

（a）微变等效电路（有 C_e）　（b）微变等效电路（无 C_e）

（3）$r_{be} = 300 + \beta \dfrac{26(MY)}{I_C(MA)} = 1\ 600 = 1.6 \text{ k}\Omega$，　$R'_L = R_c // R_L = 1.65 \text{ k}\Omega$

有 C_e 时，$A_U = -\beta \dfrac{R'_L}{r_{be}} = -50 \times \dfrac{1.65}{1.6} \approx -52$

无 C_e 时，$A_U = -\beta \dfrac{R'_L}{r_{be} + (1+\beta)R_e} = -50 \times \dfrac{1.65}{1.6 + 51 \times 1.3} \approx -1.2$

（4）有 C_e 时，$r_i = R_{b1} // R_{b2} // r_{be} \approx r_{be} = 1.6 \text{ k}\Omega$　　　$r_o = R_c = 3.3 \text{ k}\Omega$

　　无 C_e 时，$r_i = R_{b1} // R_{b2} // [r_{be} + (1+\beta)R_e] = 14.2 \text{ k}\Omega$　$r_o = R_c = 3.3 \text{ k}\Omega$

（5）因为共发射极单级放大器的 u_o 与 u_i 反相，据 u_o 的波形可以判断出 u_i 的波形如图 5 – 19 所示，因此可以判断出：由于放大器的静态工作点太低，在 u_i 的前半个周期，当 $u_i > u_{BE}$ 时，三极管发生了截止，使 u_o 失真，因此该失真为截止失真。

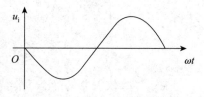

图 5 – 19　例 5 – 3 图(3)

若要消除失真，必须改变 R_{b1} 与 R_{b2} 的比例，适当抬高放大器的静态工作点，如适当调节 R_{b1} 使其变小，则抬高了 I_B。

（6）$|A_U| = \dfrac{U_o}{U_i} = 52$　　$U_o = |A_U| U_i = 52 \times 10 = 520 \text{ mV}$

5.2 其他类型放大电路

5.2.1 共集电极放大电路的基本结构

共集电极放大电路如图 5-20(a)所示，图 5-20(b)和(c)分别是它的直流通路和交流通路。由交流通路可见，输入信号从基极与集电极(即地)之间加入，输出信号从发射极与集电极之间取出。集电极是输入、输出回路的公共端，所以称为共集电极放大电路。又因为输出信号从发射极引出，故又称射极输出器。

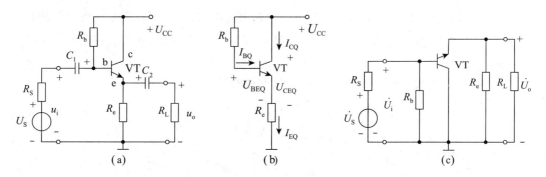

图 5-20 基本共集电极放大电路
(a)电路图 (b)直流通路 (c)交流通路

5.2.2 共集电极放大电路的静态分析

根据图 5-20(b)的直流通路，可列出输入回路方程

$$U_{CC} = I_{BQ}R_b + U_{BE} + I_{EQ}R_e \tag{5-25}$$

由于 $I_{EQ} = (1+\beta)I_{BQ}$，所以

$$\left.\begin{array}{l} I_{BQ} = \dfrac{U_{CC} - U_{BE}}{R_b + (1+\beta)R_e} \\[2mm] I_{CQ} = \beta I_{BQ} \\[2mm] U_{CE} = U_{CC} - I_{EQ}R_e \approx U_{CC} - I_{CQ}R_e \end{array}\right\} \tag{5-26}$$

5.2.3 共集电极放大电路的动态分析

1. 电压放大倍数

由图 5-20(c)可得

$$\dot{U}_o = \dot{I}_e(R_e /\!/ R_L) = \dot{I}_e R'_L = (1+\beta)\dot{I}_b R'_L$$

$$\dot{U}_i = \dot{I}_b r_{be} + \dot{I}_e R'_L = \dot{I}_b r_{be} + (1+\beta)\dot{I}_b R'_L$$

$$\dot{A}_U = \frac{\dot{U}_o}{\dot{U}_i} = \frac{(1+\beta)R'_L}{r_{be} + (1+\beta)R'_L} \tag{5-27}$$

式(5-27)表明，$\dot{A}_U$ 大于 0 且小于 1，说明输出电压与输入电压同相，并且 $U_o < U_i$。通常

$(1+\beta)R'_\mathrm{L} >> r_\mathrm{be}$，则$\dot{A}_U \approx 1$，即$\dot{U}_\mathrm{o} \approx \dot{U}_\mathrm{i}$，因此射极输出器又称为射极跟随器。虽然电压放大倍数$\dot{A}_U \approx 1$，电路没有电压放大能力，但是输出电流$\dot{I}_\mathrm{e}$远远大于输入电流$\dot{I}_\mathrm{b}$，所以具有电流放大作用。可见，无论是电压放大还是电流放大，放大电路都可实现功率放大。

2. 输入电阻

若暂不考虑R_b，则输入电阻R'_i为

$$R'_\mathrm{i} = \frac{\dot{U}_\mathrm{i}}{\dot{I}_\mathrm{b}} = \frac{\dot{I}_\mathrm{b} r_\mathrm{be} + (1+\beta)\dot{I}_\mathrm{b}R'_\mathrm{L}}{\dot{I}_\mathrm{b}} = r_\mathrm{be} + (1+\beta)R'_\mathrm{L} \qquad (5-28)$$

式中：$R'_\mathrm{L} = R_\mathrm{e}//R_\mathrm{L}$，由于流过$R'_\mathrm{L}$上的电流$\dot{I}_\mathrm{e}$是$\dot{I}_\mathrm{b}$的$(1+\beta)$倍，所以把发射极回路的电阻$R'_\mathrm{L}$折算到基极回路应扩大$\beta$倍，因此共集电极放大电路的输入电阻比共发射极放大电路的输入电阻大得多。

现将R_b考虑进去计算输入电阻，即从R_b两端看进去的输入电阻为

$$R_\mathrm{i} = \frac{\dot{U}_\mathrm{i}}{\dot{I}_\mathrm{i}} = \frac{\dot{U}_\mathrm{i}}{\dot{I}_{R_\mathrm{b}} + \dot{I}_\mathrm{b}} = \frac{\dot{U}_\mathrm{i}}{\dot{U}_\mathrm{i}/R_\mathrm{b} + \dot{U}_\mathrm{i}/R'_\mathrm{i}} = R_\mathrm{b}//R'_\mathrm{i} \qquad (5-29)$$

因此，共集电极放大电路的输入电阻为

$$R_\mathrm{i} = \frac{\dot{U}_\mathrm{i}}{\dot{I}_\mathrm{i}} = R_\mathrm{b}//[r_\mathrm{be} + (1+\beta)R'_\mathrm{L}] \qquad (5-30)$$

3. 输出电阻

输出电阻为

$$R_\mathrm{o} = \frac{\dot{U}_\mathrm{o}}{\dot{I}_\mathrm{o}} = R_\mathrm{e}//\frac{r_\mathrm{be} + R'_\mathrm{S}}{1+\beta} \qquad (5-31)$$

式中：$R'_\mathrm{S} = R_\mathrm{S}//R_\mathrm{b}$。

综上所述，共集电极放大电路的输入电阻大、输出电阻小，因而从信号源索取的电流小、带负载能力强，故常用作多级放大电路的输入级和输出级。

5.2.4 共基极放大电路

共基极放大电路如图5-21所示。

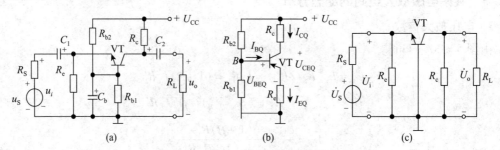

图5-21 共基极放大电路

(a)电路图 (b)直流通路 (c)交流通路

1. 静态分析

$$\left.\begin{aligned} I_{BQ} &= \frac{U_{BB} - U_{BE}}{R_b + (1+\beta)R_e} \\ I_{CQ} &= \beta I_{BQ} \\ U_{CE} &\approx U_{CC} - I_{CQ}(R_c + R_e) \end{aligned}\right\} \qquad (5-32)$$

2. 动态分析

$$\left.\begin{aligned} \dot{A}_U &= \frac{\dot{U}_o}{\dot{U}_i} = \frac{-\beta \dot{I}_b R_L'}{-\dot{I}_b r_{be}} = \frac{\beta R_L'}{r_{be}} \\ r_i &= \frac{\dot{U}_i}{\dot{I}_e} = R_e // R_i' = R_e // \frac{r_{be}}{1+\beta} \\ r_o &\approx R_c \end{aligned}\right\} \qquad (5-33)$$

三极管放大电路三种基本组态的比较见表 5-1。

表 5-1　三极管放大电路三种基本组态的比较

	共发射极	共集电极	共基极
电路形式			
A_U	$-\dfrac{\beta R_L'}{r_{be}}$	$\dfrac{(1+\beta)R_L'}{r_{be}+(1+\beta)R_L'} \approx 1$	$\dfrac{\beta R_L'}{r_{be}}$
r_i	$R_{b1} // R_{b2} // r_{be}$	$R_b // [r_{be}+(1+\beta)R_L']$ （大）	$R_e // \dfrac{r_{be}}{1+\beta}$（小）
r_o	R_c	$R_e // \left(\dfrac{R_{be}+R_b//R_S}{1+\beta}\right)$ （小）	R_c
应用	一般放大，多级放大器的中间级	输入级、输出级或阻抗变换、缓冲(隔离)级	高频放大、宽频带放大振荡及恒流电源

5.3　多级放大电路

当一级放大电路的放大倍数不能满足要求时，可以将若干个基本放大电路级联起来组成多级放大电路。放大电路的级间连接称为耦合，对耦合方式的基本要求是：信号的损失要尽可能小，各级放大电路都有合适的静态工作点。

5.3.1 多级放大电路耦合方式

放大电路的级间耦合方式有阻容耦合、直接耦合和变压器耦合三种方式。但由于变压器比较笨重，所以变压器耦合方式已很少运用。图 5 - 22 为多级放大电路。

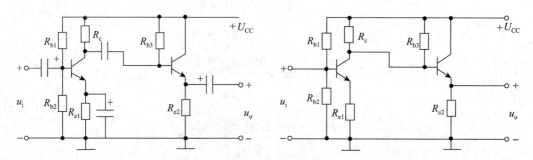

图 5 - 22 多级放大电路耦合

(a)阻容耦合 (b)直接耦合

5.3.2 多级放大电路分析

1. 静态分析

阻容耦合式：由于耦合电容的隔直作用，各级有各自独立的静态工作点，可分别按前述方法求解。阻容耦合多级放大器只能放大交流信号。

直接耦合式：由于前后级直接相连，故前后级的工作点相互制约，必须配合妥当，不能独立求解各级静态工作点。直接耦合多级放大器可放大交、直流信号，但存在着"零点漂移"。尤其第一级的"零点漂移"可被逐级放大，致使放大器无法区分信号电压和漂移电压而不能正常放大。

2. 动态分析

(1)电压放大倍数：$A_U = A_{U1} \cdot A_{U2}$。

注意：A_{U1} 和 A_{U2} 的计算公式视该级的具体电路而定，但要注意后级的输入电阻 r_{i2} 就是前级的负载电阻 R_{L1}，前级的输出电阻 r_{o1} 就是后级的信号源内阻 R_{S2}，即

$$R_{L1} = r_{i2}$$

$$R_{S2} = r_{o1}$$

(2)输入电阻：一般是第一级的输入电阻，即 $r_i = r_{i1}$。

(3)输出电阻：一般是最后一级的输出电阻，即 $r_o = r_{o2}$。

例 5 - 4 一个两级放大电路如图 5 - 23 所示，已知三极管的 $\beta_1 = 40$，$\beta_2 = 50$，$r_{be1} = 1.7 \text{ k}\Omega$，$r_{be2} = 1.1 \text{ k}\Omega$，$R_{b1} = 56 \text{ k}\Omega$，$R_{e1} = 5.6 \text{ k}\Omega$，$R_{b2} = 20 \text{ k}\Omega$，$R_{b3} = 10 \text{ k}\Omega$，$R_c = 3 \text{ k}\Omega$，$R_{e2} = 1.5 \text{ k}\Omega$。求该放大电路的总电压放大倍数、输入电阻和输出电阻。

解 第一级放大电路为共集电极放大电路，因此电压放大倍数

$$A_{U1} = \frac{\dot{U}_o}{\dot{U}_i} = \frac{(1 + \beta_1) R'_L}{r_{be} + (1 + \beta_1) R'_L} \approx 1$$

第二级放大电路为共发射极放大电路，因此电压放大倍数

$$A_{U2} = -\beta_2 \frac{R_c}{r_{be2}} = -50 \times \frac{3}{1.1} = -136.36$$

总电压放大倍数

$$A_U = A_{U1} \cdot A_{U2} = -136.36$$

第二级的输入电阻

$$r_{i2} = R_{b2} // R_{b3} // r_{be2} = 20 // 10 // 1.1 = 0.94 \text{ k}\Omega$$

第一级总负载电阻

$$R'_{L1} = R_{e1} // r_{i2} = 5.6 // 0.94 = 0.8 \text{ k}\Omega$$

放大电路的输入电阻

$$r_i = r_{i1} = R_{b1} // [r_{be1} + (1 + \beta_1) R'_{L1}] = 56 // [1.7 + (1 + 40) \times 0.8] = 21.35 \text{ k}\Omega$$

放大电路的输出电阻

$$R_o = r_{o2} = R_c = 3 \text{ k}\Omega$$

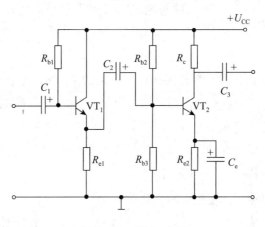

图 5 - 23　例 5 - 4 图

*5.4　差动放大电路

一个理想的放大电路，当输入信号为零时，其输出电压应保持不变(不一定是零)。但实际上，由于环境温度的变化，输出电压并不保持恒定，而在缓慢地、无规则地变化着，这种现象称为零点漂移(或称零漂)，它会影响放大电路的工作。

差动放大电路的特点是具有抑制零点漂移的能力。

*5.4.1　差动放大电路的基本结构

差动放大电路由两个三极管组成，电路结构对称，如图 5 - 24 所示，左右两边的集电

极电阻 R_c 阻值相等，R_e 是两边发射极的公共电阻，该电路采用双电源供电，信号分别从两个基极与地之间输入，从两个集电极之间输出。

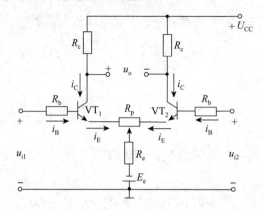

图 5 – 24　基本差动放大电路

5.4.2　电路的分析

1. 静态分析

在静态时，$u_{i1} = u_{i2} = 0$，两输入端与地之间可视为短路，则 $I_{C1} = I_{C2}$，$U_{C1} = U_{C2}$，故输出电压

$$u_o = U_{C1} - U_{C2} = 0 \tag{5 – 34}$$

R_e 是为了稳定和获得合适的静态工作点，负电源 E_e 用来抵偿 R_e 上的直流压降。

由于电路难以做到完全对称，静态时输出电压不一定等于零，所以在两个三极管发射极之间设置一个调零电位器 R_p。

2. 动态分析

1）差模输入与差模特性

差模输入是大小相同、极性相反的一对输入信号，即 $u_{i1} = -u_{i2}$，那么差模输入电压为 $u_{id} = u_{i1} - u_{i2} = 2u_{i1}$，使得 $i_{C1} = -i_{C2}$，$u_{o1} = -u_{o2}$，差模输出电压及差模电压放大倍数分别为

$$\left. \begin{array}{l} u_{od} = u_{C1} - u_{C2} = 2u_{o1} \\ A_{Ud} = \dfrac{u_{od}}{u_{id}} = A_{Ud1} = -\beta \dfrac{R_c}{r_{be}} \end{array} \right\} \tag{5 – 35}$$

带 R_L 时，由于 $A_{Ud} = -\beta \dfrac{R_L'}{r_{be}}$，$R_L' = R_c // \dfrac{1}{2} R_L$，所以差模输入与输出电阻分别为

$$\left. \begin{array}{l} R_{id} = 2r_{be} \\ R_{od} = 2R_c \end{array} \right\} \tag{5 – 36}$$

2）共模输入与共模特性

共模输入是大小相同、极性相同的一对输入信号，即 $u_{i1} = u_{i2}$，共模输入电压 $u_{ic} = u_{i1} =$

u_{i2} 使得 $i_{e1} = i_{e2}$，$u_e = 2i_{e1}R_{e1}$，共模输出电压 $u_{oc} = u_{C1} - u_{C2}$，共模电压放大倍数与共模抑制比分别为

$$
\left.
\begin{aligned}
A_{Uc} &= \frac{u_{oc}}{u_{ic}} \approx 0 \\
K_{CMR} &= \left| \frac{A_{Ud}}{A_{Uc}} \right|
\end{aligned}
\right\}
\tag{5-37}
$$

5.5 功率放大电路

5.5.1 功率放大电路的特点

功率放大电路的作用是作为放大电路的输出级驱动执行机构，如使扬声器发声、继电器动作、仪表指针偏转等。

1. 功率放大电路的分析方法

电压放大电路的作用是放大电压，工作在小信号状态，动态分析主要采用小信号模型等效电路分析法。功率放大电路的特点是工作在大信号状态，输出电压和输出电流都很大，分析时主要使用的方法是图解法。

2. 功率放大电路的要求

(1)在不失真的前提下尽可能地输出较大的功率，具有较高的效率。

(2)功率放大电路中要求电流、电压都比较大，必须注意电路参数不能超过三极管的极限值。

(3)信号幅度比较大，必须注意防止波形的非线性失真。

(4)电源提供的能量尽可能转换给负载，减少三极管及线路上的损失，即注意提高电路的效率。

3. 功率放大电路的主要技术指标

最大输出功率 P_{om} 是在电路参数确定的情况下负载可能获得的最大交流功率。

$$
P_{om} = U_o I_o = \frac{U_{om}}{\sqrt{2}} \cdot \frac{U_{om}}{\sqrt{2}R_L} = \frac{U_{om}^2}{2R_L}
\tag{5-38}
$$

其中，U_o 和 I_o 分别为输出电压和输出电流的交流有效值。

转换效率 η 是功率放大电路的最大输出功率 P_{om} 和电源所提供的直流功率 P_E 之比，即

$$
\eta = \frac{P_{om}}{P_E}
\tag{5-39}
$$

4. 放大器的工作状态

放大器的工作状态有三种：甲类、乙类、甲乙类。

甲类放大电路三极管在整个周期内均处于放大区；甲类放大电路三极管的集电极都有较大的静态电流，三极管的损耗功率较大，甲类工作状态放大电路的效率很低，如图

5-25(a)所示。

乙类放大电路三极管只有半个信号周期处于放大区，另半个周期处于截止区，三极管导通角等于180°，如图5-25(b)所示。

甲乙类放大电路三极管超过半个信号周期处于放大区，三极管导通角大于180°，如图5-25(c)所示。

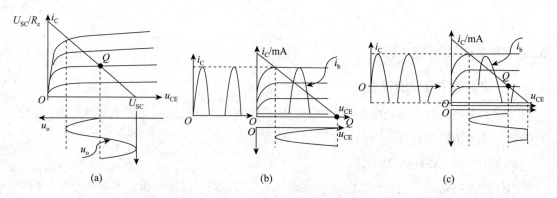

图 5 - 25　功率放大电路的工作状态

(a)甲类　(b)乙类　(c)甲乙类

三极管工作在甲乙类或乙类状态，节省了电路处于静态时集电结所消耗的功率，可以提高效率，但输出波形会产生严重失真。解决的办法是采用互补对称功率放大电路，它工作在甲乙类或乙类状态，既能提高效率，又能减小信号波形的失真，因而得以广泛应用。

5.5.2　互补对称功率放大电路

1. 电路组成

双电源的互补对称功率放大电路(OCL电路)如图5-26所示。电路中采用两个三极管NPN、PNP各一个，两管特性一致，组成互补对称式射极输出器。

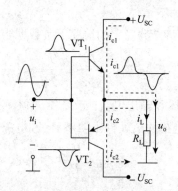

图 5 - 26　互补对称功率放大电路

2. 工作原理

设 u_i 为正弦波，那么需要分静态与动态两种情况。

静态时：$u_i = 0 \rightarrow i_{c1}$，$i_{c2}$ 均为 0（乙类工作状态）$\rightarrow u_o = 0$。

动态时：$u_i > 0 \rightarrow \text{VT}_1$ 导通，VT_2 截止 $\rightarrow i_L = i_{c1}$；$u_i < 0 \rightarrow \text{VT}_1$ 截止，VT_2 导通 $\rightarrow i_L = i_{c2}$。

VT_1、VT_2 两个三极管交替工作，在负载上得到完整的正弦波。但因为三极管存在死区电压，所以输出电压波形存在交越失真，如图 5-27 所示。

为了消除交越失真，可使两管工作在临界导通或微弱导通状态，避开死区，通常在 VT_1 和 VT_2 两管的基极之间串接两个二极管，如图 5-28 所示。

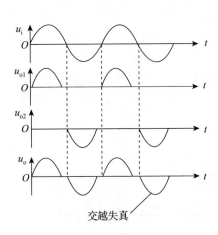

图 5-27　互补对称功率放大输出波形　　　图 5-28　消除交越失真的功率放大电路

3. 各项指标计算

（1）输出功率与最大不失真输出功率。

输出功率：

$$P_o = U_o I_o = \frac{U_{om}}{\sqrt{2}} \cdot \frac{U_{om}}{\sqrt{2} \cdot R_L} = \frac{U_{om}^2}{2R_L} \qquad (5-40)$$

最大不失真输出功率：

$$P_{omax} = \frac{(U_{CC} - U_{CES})^2}{2R_L} \approx \frac{U_{CC}^2}{2R_L} \qquad (5-41)$$

（2）电源供给的功率：

$$P_E = P_o + P_{VT} = \frac{2U_{CC}U_{om}}{\pi R_L}$$

当 $U_{om} \approx U_{CC}$ 时，

$$P_{Em} = \frac{2}{\pi} \cdot \frac{U_{CC}^2}{R_L} \qquad (5-42)$$

（3）效率：

$$\eta = \frac{P_o}{P_E} = \frac{\pi}{4} \cdot \frac{U_{om}}{U_{CC}}$$

当 $U_{om} \approx U_{CC}$ 时，最高效率 $\eta_{max} = \dfrac{\pi}{4} \approx 78.5\%$ 。 $\hspace{2cm}$ (5-43)

(4)选功率管的原则可以参考如下公式：

$$\left.\begin{array}{l} P_{cm} \geqslant P_{VT1max} = 0.2 P_{om} \\ |U_{(BR)CEO}| \geqslant 2 U_{CC} \end{array}\right\}$$ $\hspace{1cm}$ (5-44)

5.6　负反馈在放大电路中的应用

5.6.1　放大电路中负反馈的概念

1.反馈的概念

所谓反馈，就是在电路中把输出量（电压或电流）的一部分或全部以某种方式送回输入端，使原来输入信号增大或减小，并因此影响放大电路某些性能的过程，其方框图如图 5-29 所示。

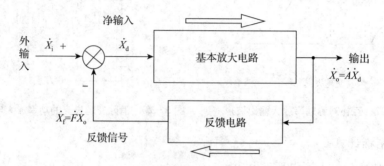

图 5-29　反馈放大电路的方框图

在图 5-29 中，净输入信号 $\dot{X}_d = \dot{X}_i - \dot{X}_f$。

若 $\dot{X}_i$ 与 $\dot{X}_f$ 同相，反馈信号削弱了净输入信号，为负反馈。

若 $\dot{X}_i$ 与 $\dot{X}_f$ 反相，反馈信号增强了净输入信号，为正反馈。

2.反馈的作用

两种反馈对放大电路具有不同的作用。正反馈加强信号，可用于振荡器。负反馈具有自动调节作用，稳定静态工作点，稳定放大倍数，提高输入电阻，降低输出电阻，扩展通频带。

5.6.2　负反馈的类型及其判别

可以从不同的角度对反馈进行分类。按反馈的极性可分为正反馈和负反馈；按反馈信号与输出信号的关系可分为电压反馈和电流反馈；按反馈信号与输入信号的关系可分为串联反馈和并联反馈；按反馈信号的成分可分为直流反馈和交流反馈。

1.反馈的类型

1）电压反馈与电流反馈

若反馈信号与输出电压成正比，则称为电压反馈；若反馈信号与输出电流成正比，则称为电流反馈。从另一个角度来说，如果反馈是从输出电压采样，就称为电压反馈；如果采样的是输出电流，则称为电流反馈。显然，作为采样对象的输出量一旦消失，则反馈信号也必然随之消失，如图 5－30 所示。

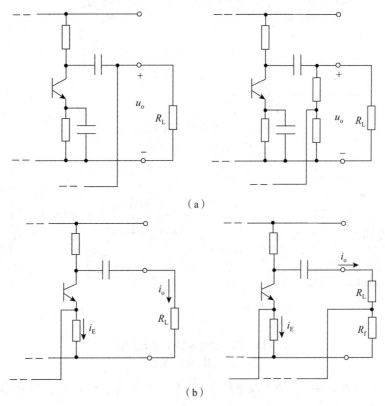

（a）

（b）

图 5－30   电压反馈与电流反馈
（a）电压反馈的两种采样形式   （b）电流反馈的两种采样形式

2）串联反馈与并联反馈

串联反馈是指反馈信号与输入信号串联，即反馈信号电压与输入信号电压比较。

并联反馈是指反馈信号与输入信号并联，即反馈信号电流与输入信号电流比较。

由图 5－31 可知，并联反馈的反馈信号一般回馈至输入端的基极；串联反馈的反馈信号一般回馈至输入端的发射极。

3）交流反馈与直流反馈

有的反馈只对交流信号起作用，有的反馈只对直流信号起作用，有的反馈对交、直流信号均起作用。若反馈的信号仅有交流成分，如在反馈网络中串接电容，则仅对输入回路中的交流成分有影响，这就是交流反馈，如图 5－32（a）所示；若反馈的信号仅有直流成分，如在反馈元件的两端并联旁路电容，则仅对输入回路中的直流成分有影响，这就是直流反馈，如图 5－32（b）所示。

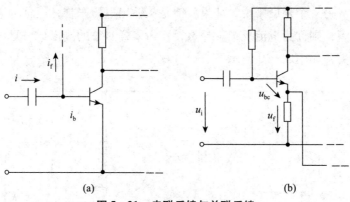

图 5 - 31　串联反馈与并联反馈

（a）串联反馈　（b）并联反馈

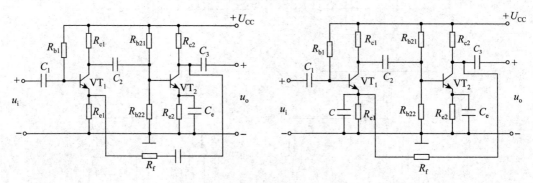

图 5 - 32　交流反馈与直流反馈

（a）交流反馈　（b）直流反馈

除了以上的分类方法外，在实际放大电路中反馈还有其他形式，如在多级放大电路中，可以分为局部反馈和级间反馈等。本节重点讲解交流负反馈，根据反馈信号在输出端的采样方式和在输入端的回馈方式的不同，共有四种组态：电压串联负反馈、电压并联负反馈、电流串联负反馈和电流并联负反馈。图 5 - 33 为交流负反馈四种组态的方框图。

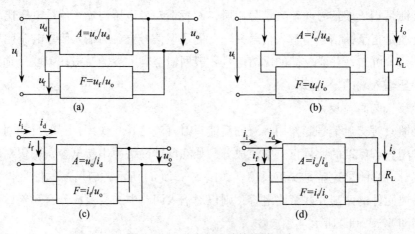

图 5 - 33　交流负反馈的四种组态

（a）电压串联负反馈　（b）电流串联负反馈　（c）电压并联负反馈　（d）电流并联负反馈

2. 反馈的判别

1）判断电路中有无反馈

若放大电路中存在将输出回路与输入回路相连接的通路或输入与输出回路中存在公共支路，并由此影响了放大电路的净输入，则说明电路中有反馈。

2）判别电路是正反馈还是负反馈

瞬时极性法是判别电路中反馈极性的基本方法。这种方法是先假定输入信号为某一瞬时极性（一般设为对地为正的极性），然后再根据各级输入、输出之间的相位关系（对分立元件放大器，共发射极反相，共集电极、共基极同相；对集成运放，U_o 与 U_- 反相，与 U_+ 同相），依次推断其他有关各点受瞬时输入信号作用所呈现的瞬时极性（用"＋"表示升高，"－"表示降低），最后看反馈到输入端的作用是加强了还是削弱了净输入信号。使净输入信号加强的为正反馈，削弱的为负反馈。

3）判别反馈组态类型的方法

Ⅰ．开路短路法

如果负载短路后，反馈消失——电压反馈。

如果负载开路后，反馈消失——电流反馈。

如果输入端开路后，反馈消失——串联反馈。

如果输入端短路后，反馈消失——并联反馈。

Ⅱ．连接位置判别法

反馈支路与电压输出端（负载端）在同一位置——电压反馈。

反馈支路与电压输出端（负载端）不在同一位置——电流反馈。

反馈支路与信号电压输入在同一位置——并联反馈。

反馈支路与信号电压输入不在同一位置——串联反馈。

例 5 - 5　判断下列电路的反馈类型。

解　电路图 5 - 34 中的反馈元件是 R_e，根据瞬时极性法判断，$\dot{U}_{BE} = \dot{U}_i - \dot{U}_f$，使 $\dot{U}_{BE}$ 减小，故为负反馈。

因 $U_f = U_o$，U_f 与 U_o 成正比，故为电压反馈。

因 U_f 与 U_o 在输入端是以电压形式相加减，故为串联反馈。

所以该电路为电压串联负反馈。

例 5 - 6　判断图 5 - 35 中电路的反馈类型。

解　电路中的反馈元件是 R_f 和 R_{e2}，从瞬时极性判断，使净输入电流减小，故为负反馈。

因输出电流 $I_o = I_{e2}$ 越大，反馈电流 I_f 越大，使净输入电流 I_b 越小。

因反馈信号 I_f 大小与 I_o 成正比，是电流负反馈。

因反馈信号 I_f 和输入信号 I_i 在输入端是以电流形式相加减，故为并联反馈。

该反馈支路只有交流负反馈，所以该电路是电流并联交流负反馈。

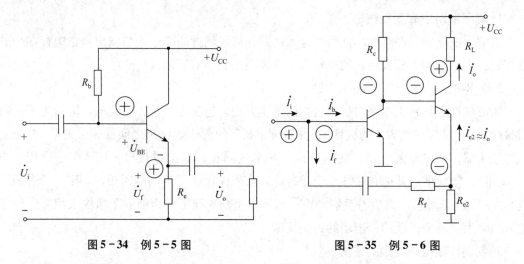

图 5-34 例 5-5 图   图 5-35 例 5-6 图

5.6.3 负反馈对放大电路工作性能的影响

从图 5-36 分析，负反馈放大电路有以下性能：

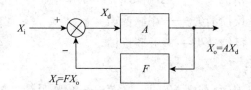

图 5-36 负反馈放大电路

(1)基本放大电路的放大特性，即 $X_o = AX_d$；

(2)反馈网络的反馈特性，即 $X_f = FX_o$；

(3)反馈放大电路的输入叠加关系，即 $X_d = X_i - X_f$；

(4)放大电路开环增益，即 $A_o = \dfrac{X_f}{X_d} = AF$；

(5)反馈放大电路的闭环增益，即 $A_f = \dfrac{X_o}{X_i} = \dfrac{A}{1 + AF}$。

由于反馈放大电路中引入的反馈类型不同，必将引起以上各量的变化，下面就分别加以说明。

1. 提高放大倍数的稳定性

(1) $A_f = \dfrac{A_o}{1 + A_oF}$ 中，$A_oF = \dfrac{X_o}{X_d} \cdot \dfrac{X_f}{X_o} = \dfrac{X_f}{X_d}$，$X_f$、$X_d$ 同相，所以 $|A_oF| > 0$。则有 $|A_f| <$

$|A_o|$，闭环的放大倍数比开环的放大倍数小，也就是说加入负反馈后，放大电路的放大倍数下降了。

（2）通过 $|A_f| = \dfrac{|A_o|}{1 + |A_oF|}$，$\dfrac{\mathrm{d}|A_f|}{A_f} = \dfrac{\mathrm{d}|A_o|}{A_o} \cdot \dfrac{1}{1 + |A_oF|}$ 知，闭环放大倍数 A_f 的相对

变化量 $\dfrac{\mathrm{d}|A_f|}{A_f}$ 仅为未引入反馈时开环放大倍数 A 的 $\dfrac{1}{1 + |AF|}$，也就是说负反馈放大倍数的稳定性是无反馈放大电路的 $1 + |AF|$ 倍，应该指出 A_f 的稳定是以降低放大电路的放大倍数为代价的，A_f 减小到 A 的 $\dfrac{1}{1 + |AF|}$，才使放大倍数的稳定性提高到 A 的 $1 + |AF|$ 倍。

（3）若 $|A_oF| \gg 1$ 称为深度负反馈，此时 $A_f = \dfrac{1}{F}$，在深度负反馈的情况下，放大倍数只与反馈网络有关。把 $|1 + AF|$ 称为反馈深度，其值越大，负反馈的作用越强，A_f 就越小。

引入负反馈后，虽然放大倍数下降了，但却换来了改善放大电路工作性能的许多好处，所以在实用放大电路中，总是根据需要引入各种负反馈，而引入负反馈引起的放大倍数下降，则通过增多放大电路的级数来提高。

2. 减小非线性失真

图 5-37（a）是没有反馈的电路，由于工作点选择不合适，或输入信号过大，都将引起输出波形的非线性失真。但引入负反馈后，反馈信号把输出波形的失真馈送回输入端，经过和输入信号的比较，使电路的净输入信号也发生某种程度的失真，再经过放大之后，就使输出信号的失真得到一定程度的补偿。但这种补偿是负反馈利用失真了的波形来改善的结果，所以负反馈只能减小失真，不能完全消除失真，如图 5-37（b）所示。

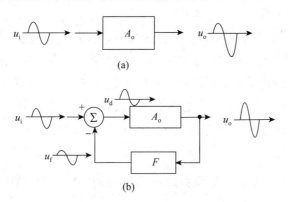

图 5-37　利用负反馈减小波形非线性失真
（a）加入负反馈前　（b）加入负反馈后

3. 对放大电路输入电阻的影响

输入电阻是从放大电路输入端看进去的等效电阻，因而负反馈对输入电阻的影响，取决于基本放大电路与反馈回路在输入端的连接方式，即取决于电路引入的是串联反馈还是并联反馈。

（1）串联负反馈使电路的输入电阻增加：

$$r_{if} = (1 + A_o F) r_i$$

串联负反馈相当于在输入回路中串联了一个电阻，故输入电阻增加。

（2）并联负反馈使电路的输入电阻减小：

$$r_{if} = \frac{r_i}{1 + A_o F}$$

并联负反馈相当于在输入回路中并联了一条支路，故输入电阻减小。

4. 对放大电路输出电阻的影响

输出电阻是从放大电路输出端看进去的等效电阻，因而负反馈对输出电阻的影响取决于电路引入的是电压反馈还是电流反馈。

（1）电压负反馈使电路的输出电阻减小。电压反馈的放大电路具有稳定输出电压的作用，即具有恒压输出的特性，而恒压源的内阻是很小的，所以电压反馈的放大电路的输出电阻也很小。

（2）电流负反馈使电路的输出电阻增加。电流反馈的放大电路具有稳定输出电流的作用，即具有恒流输出的特性，由于恒流源的内阻很大，所以电流反馈的放大电路的输出电阻较高。

习 题 5

1. 将正确答案填入空内。

（1）单级共发射极放大电路的静态工作点设置得过低，易出现_____失真；静态工作点设置得过高，易出现_____失真。

（2）差动放大电路的特点是抑制_____信号，放大_____信号。

（3）判断放大电路引入的是并联反馈还是串联反馈，应从放大电路的_____端分析；判断引入的是电压反馈还是电流反馈，应从放大电路的_____端分析。

（4）在甲类、乙类和甲乙类放大电路中，放大管的导通角分别等于_____。

2. 已知下图所示电路中，三极管 $\beta = 100$，$r_{be} = 1.4 \ k\Omega$。

（1）现已测得静态管压降 $U_{CEQ} = 6 \ V$，估算 R_b。

（2）若测得 $\dot{U}_i$ 和 $\dot{U}_o$ 的有效值分别为 1 mV 和 100 mV，则负载电阻 R_L 为多少？

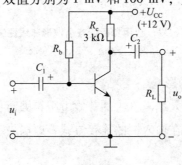

题 2 图

3. 电路如下图所示，三极管的 $\beta = 80$，$r_{bb'} = 100\ \Omega$。分别计算 $R_L = \infty$ 和 $R_L = 3\ k\Omega$ 时的 Q 点、$\dot{A}_U$、r_i 和 r_o。

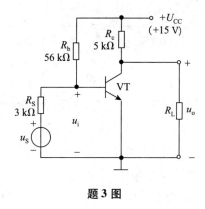

题 3 图

4. 电路如下图所示，三极管 $\beta = 100$，$r_{bb'} = 100\ \Omega$。求电路的 Q 点、$\dot{A}_U$、r_i 和 r_o。

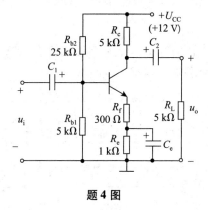

题 4 图

5. 设下图所示电路的静态工作点合适，画出它的交流等效电路，并写出 A_U、r_i 和 r_o 的表达式。

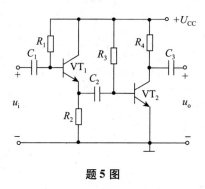

题 5 图

6. 分析下图中引入的反馈类型。

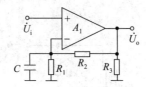

题 6 图

7. 如果需要实现下列要求，交流放大电路中应引入哪种类型的负反馈？

（1）要求输出电压 U_o 基本稳定，并能提高输入电阻。

（2）要求输出电流 I_o 基本稳定，并能提高输入电阻。

（3）要求提高输入电阻，减小输出电阻。

8. 在下图所示两级阻容耦合放大电路中，已知 $U_{CC} = 12$ V，$R_{b11} = 30$ kΩ，$R_{b21} = 15$ kΩ，$R_{c1} = 3$ kΩ，$R_{e1} = 3$ kΩ，$R_{b12} = 20$ kΩ，$R_{b22} = 10$ kΩ，$R_{c2} = 2.5$ kΩ，$R_{e2} = 2$ kΩ，$R_L = 5$ kΩ，$\beta_1 = \beta_2 = 50$，$U_{BE1} = U_{BE2} = 0.7$ V。求：

（1）各级电路的静态值；

（2）各级电路的电压放大倍数 $\dot{A}_{U1}$、$\dot{A}_{U2}$ 和总电压放大倍数 $\dot{A}_U$；

（3）各级电路的输入电阻和输出电阻。

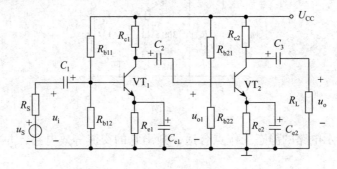

题 8 图

第6章 集成运算放大器的应用

本章重点

1. 集成运算放大器的组成及特点。
2. 集成运算放大器的电压传输特性及等效电路模型。
3. 理想集成运算放大器的特性。
4. 集成运算放大器的常用线性应用电路。
5. 集成运算放大器的常用非线性应用电路。

6.1 集成运算放大器的概述

集成电路是利用半导体制造工艺，将整个电路所含有的元器件及相互连接的导线全部制作在一块半导体基片上，并封装在管壳内，能完成特定功能的电路块。

集成电路按功能可分为模拟集成电路和数字集成电路两大类。模拟集成电路品种繁多，主要有集成运算放大器、集成功率放大器和集成稳压器等，其中应用最广泛的是集成运算放大器。

集成运算放大器实质上是一种高放大倍数、多级直接耦合的放大电路。集成运算放大器工作在放大区时，其输入与输出呈线性关系，所以又称线性集成电路。早期集成运算放大器主要用于模拟计算机中，进行线性和非线性的各种计算，故称为运算放大器。但目前的集成运算放大器已经可以处理各种模拟信号，实现放大、振荡、调制，模拟信号的加、减、乘、除以及比较等。此外，集成运算放大器还广泛应用于脉冲电路。因此，模拟集成运算放大器的意义已远不止是"运算"了，但其名称却一直沿用至今。

6.1.1 集成运算放大器的组成及特点

根据功能，集成运算放大器内部由五部分组成，如图6-1所示。

输入级：尽量减小零点漂移，提高共模抑制比 K_{CMRR}，输入阻抗尽可能大。一般采用双端输入差分放大电路结构。

中间级：提供足够大的电压放大倍数，同时把双端输入转换为单端输出。一般采用共发射(源)极或共基极电压放大电路。

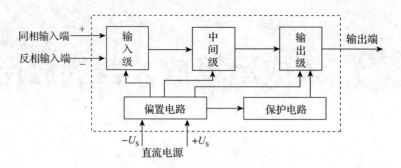

图 6 - 1　集成运算放大器的组成

输出级：主要提高带负载的能力，给出足够的输出电流，输出阻抗小。一般采用直接耦合推挽功率放大电路。

偏置电路：提供直流低电阻、交流高阻抗，提高放大电路的放大能力和共模抑制能力。一般采用镜像恒流源电路。

保护电路：提供过流、过压保护，避免电路受到损坏。

集成运算放大器的特点如下。

（1）集成运算放大器中基本没有电感、大容量电容和大阻值电阻，电阻值一般在几十欧到几十千欧，放大电路中的级间耦合都采用直接耦合。必须使用电感、电容元件时，一般采用外接的方法。

（2）集成运算放大器的输入级采用差分放大电路，输入阻抗高、零点漂移小，对共模干扰信号有很强的抑制能力。

（3）集成运算放大器的开环增益很高，在应用时可以加上深度负反馈，使它具有增益稳定、非线性失真小等特性，更重要的是能在它的深度负反馈中接入各种线性或非线性的元件，以构成具有各种各样特性的电路。

（4）集成运算放大器还具有可靠性高、寿命长、体积小、质量轻和耗电少等特点。

集成运算放大器的电路符号如图 6 - 2 所示，外形如图 6 - 3 所示。

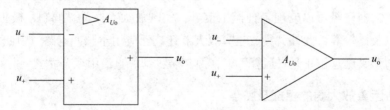

图 6 - 2　集成运算放大器的图形符号

图 6 - 2 中，u_+ 为同相输入端，u_- 为反相输入端，三角形表示放大器，A_{Uo} 是未接反馈电路时的电压放大倍数，称为开环放大倍数。

$$u_o = A_{Uo}(u_+ - u_-) \qquad (6 - 1)$$

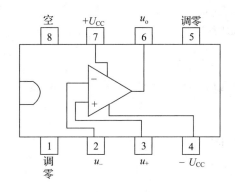

图 6-3　双列直插式单运放外部引脚（μA741）

6.1.2　集成运算放大器的电压传输特性和等效电路模型

集成运算放大器的输出信号与输入信号之间的关系曲线称为传输特性。集成运算放大器的电压传输特性如图 6-4 所示，输入差模电压的线性工作范围很小（小于 1 mV）。集成运算放大器的电压传输特性分成三段。

（1）线性工作区：

$$u_o = A_{Uo}(u_+ - u_-) \tag{6-2}$$

（2）正饱和区：

$$u_o = +U_{om} \tag{6-3}$$

（3）负饱和区：

$$u_o = -U_{om} \tag{6-4}$$

等效电路模型如图 6-5 所示。

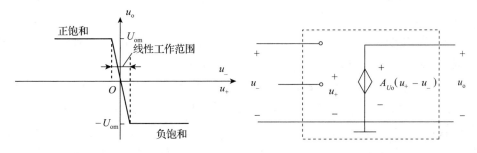

图 6-4　集成运算放大器的电压传输特性　　　图 6-5　等效电路模型

6.1.3　集成运算放大器的理想化

理想化集成运算放大器要满足三个条件：①开环电压放大倍数很大，近似为无穷大，即 $A_{Uo} \to \infty$；②输入电阻阻值很高，近似为 $r_{id} \to \infty$；③输出电阻阻值很小，近似为 $r_o \to 0$，可以忽略不计。

将运算放大器理想化后，分析运算放大器构成的线性电路时，运算放大器有以下特征。

（1）由于 $A_{Uo} \rightarrow \infty$，所以有 $u_i = \dfrac{u_o}{A_{Uo}} \approx 0$，即集成运放放大器两个输入端之间的电压接近于零，但又不是短路，故称为"虚短"，即 $u_+ = u_-$。

（2）若同相输入端接地（$u_+ = 0$），则反相输入端近似等于零，称为"虚地"，即 $u_+ = u_- = 0$。

（3）由于集成运算放大器的输入电阻很高，故 $i_i = \dfrac{u_i}{r_i} = 0$，可以认为反相输入端和同相输入端的输入电流近似为零，即 $i_+ = i_- = 0$。此式表明，流入集成运算放大器的两个输入端的电流为零，但不是真正的断开，故称为"虚断"。

6.1.4 常用集成运算放大器及其主要参数

集成运算放大器的发展，大致可分为以下几个阶段。

（1）20 世纪 60 年代初出现原始型"单片集成"运放 μA702。

（2）1965 年出现了第一代集成运放，如 μA709。

（3）1966 年出现了第二代集成运放，如 μA741。

（4）1972 年出现了第三代集成运放，如 AD508。

（5）1973 年出现了第四代集成运放，如 HA2900。

目前，集成运放还在向低漂移、低功耗、高速度、高输入阻抗、高放大倍数和高输出功率等高指标的方向发展。

集成运算放大器的主要技术指标有以下几个。

（1）开环电压增益 A_{Uo}：80 ~ 140 dB（10^4 ~ 10^7）。

（2）输入偏置电流 I_{iB}：在标称电源电压及 25 ℃温度下，使运算放大器静态输出电压为零时，流入（或流出）的电流平均值，BJT（双极型三极管）为 10 ~ 100 nA，FET（场效应管）为 1 ~ 10 pA。

（3）输入失调电压 U_{io}：要让输出电压为零，必须在输入端加上一个补偿电压，即输入失调电压，一般为 ±（1 ~ 10）mV。

（4）输入失调电流 I_{io}：是衡量集成运算放大器两个偏置电流不对称程度的一个指标，一般定义为在标称电源电压及室温下，输入信号为零时，运算放大器两输入端偏置电流的差值，一般为（0.05 ~ 0.1）I_{iB}。

（5）最大输出电压 U_{om}：又称输出电压摆幅，定义为运算放大器在额定电源电压和额定负载下，不出现明显失真时所得到的最大的峰值输出电压，一般比电源电压低 2 ~ 4 V（输出管饱和电压）。

6.2 集成运放的线性应用

要保证运算放大器工作在线性区，在电路结构上必须存在从输出端到输入端的负反馈支路，使净输入信号幅度足够小，集成运算放大器的输出处于最大输出电压的范围内。

集成运算放大器线性应用电路的六步分析法。

(1)利用 $i_+ = 0$，由电路求出同相输入端电压 u_+。

(2)利用 $u_+ = u_-$，确定反相输入端电压 u_-。

(3)利用已知电压 u_-，由电路求出电流 i_1。

(4)利用 $i_- = 0$，求出电流 i_f。

(5)由电路的特性和 u_- 确定输出电压 u_o。

(6)检验输出电压是否在线性范围内，即 $|u_o| < U_{om}$。

6.2.1　比例运算电路

比例运算是指集成运算放大器的输出电压和输入电压存在比例关系，由于运算放大器有两个输入端，所以比例运算分为反相比例运算和同相比例运算。

1. 反相比例运算电路

反相比例运算电路如图 6－6 所示。

由 $i_+ = 0$ 可知

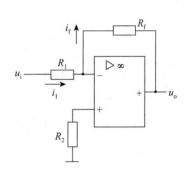

$$u_- = 0 \text{ V}; \quad u_- = u_+ = 0 \text{ V}(虚地); \quad i_1 = \frac{u_i}{R_1}$$

又因 $i_- = 0$，故有

$$i_f = i_1 = \frac{u_i}{R_1}; \quad u_o = u_- - R_f \cdot i_f = -\frac{R_f}{R_1}u_i$$

线性工作输入范围为

图 6－6　反相比例运算电路

$$|u_i| < \frac{R_1}{R_f}U_{om}$$

闭环增益：

$$A_{Uf} = -\frac{R_f}{R_1}$$

输入电阻：

$$r_i = R_1$$

输出电阻：

$$r_o = 0$$

平衡电阻消除静态基极电流对输出电压的影响：

$$R_2 = R_1 // R_f$$

2. 同相比例运算电路

同相比例运算电路如图 6－7 所示。由 $i_+ = 0$ 知，

$$u_+ = \frac{R_3}{R_2 + R_3}u_i; \quad u_- = u_+ = \frac{R_3}{R_2 + R_3}u_i; \quad i_1 = -\frac{u_-}{R_1} = \frac{-R_3}{R_2 + R_3} \cdot \frac{u_i}{R_1}; \quad i_f = -\frac{u_o - u_-}{R_f}$$

根据"虚断" $i_1 = i_f$ 可得

$$u_o = \left(1 + \frac{R_f}{R_1}\right)\frac{R_3}{R_2 + R_3}u_i \; ; \quad A_{Uf} = \left(1 + \frac{R_f}{R_1}\right)\frac{R_3}{R_2 + R_3} \; ; \quad r_i = R_2 + R_3 \; ; \quad r_o = 0 \; ; \quad R_2 /\!/ R_3 = R_1 /\!/ R_f$$

图 6-8 为电压跟随器，是同相比例运算电路的一个特例，此时 $R_1 = R_3 = \infty$，$R_f = 0$，则 $A_U = 1$。

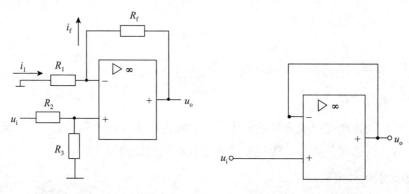

图 6-7 同相比例运算电路　　　　图 6-8 电压跟随器

6.2.2　加法运算电路

1. 反相加法运算电路

反相加法运算电路如图 6-9 所示，在反相输入端可以加若干输入信号，输出电压和它们之间的关系就构成反相加法运算。

$$u_+ = u_- = 0 \; ; \quad i_+ = i_- = 0 \; ; \quad i_1 + i_2 = i_f \; ; \quad \frac{u_{i1}}{R_1} + \frac{u_{i2}}{R_2} = \frac{-u_o}{R_f} \; ; \quad u_o = -\left(\frac{R_f}{R_1}u_{i1} + \frac{R_f}{R_2}u_{i2}\right)$$

若 $R_1 = R_2 = R$，则有

$$u_o = -\frac{R_f}{R}(u_{i1} + u_{i2})$$

为了保证运算放大器的差分输入电路的对称性，要求静态时外接等效电阻相等，平衡电阻 $R_p = R_1 /\!/ R_2 /\!/ R_f$。

2. 同相加法运算电路

同相加法运算电路如图 6-10 所示，在运算放大器的同相输入端加若干输入信号，反相输入端通过电阻 R_3 接地，输出电压和各输入电压之间的关系就构成同相加法运算。

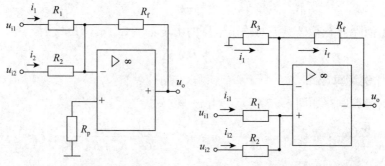

图 6-9 反相加法运算电路　　　　图 6-10 同相加法运算电路

由 $i_{i1} + i_{i2} = i_+ = 0$ 可知

$$\frac{u_{i1} - u_+}{R_1} + \frac{u_{i2} - u_+}{R_2} = 0 \implies \frac{u_{i1}}{R_1} + \frac{u_{i2}}{R_2} = u_+ \left(\frac{1}{R_1} + \frac{1}{R_2} \right) \implies u_+ = \frac{\dfrac{u_{i1}}{R_1} + \dfrac{u_{i2}}{R_2}}{\dfrac{1}{R_1} + \dfrac{1}{R_2}}$$

因 $i_f = i_1 = -\dfrac{u_-}{R_3}$，而 $i_f = \dfrac{u_- - u_o}{R_f}$，所以

$$u_- = \frac{R_3}{R_3 + R_f} u_o$$

又因 $u_- = u_+$，故

$$\frac{\dfrac{u_{i1}}{R_1} + \dfrac{u_{i2}}{R_2}}{\dfrac{1}{R_1} + \dfrac{1}{R_2}} = \frac{R_3}{R_3 + R_f} u_o \implies u_o = \left(1 + \frac{R_f}{R_3} \right) \frac{\dfrac{u_{i1}}{R_1} + \dfrac{u_{i2}}{R_2}}{\dfrac{1}{R_1} + \dfrac{1}{R_2}}$$

若使 $R_1 = R_2$，且 $R_f = R_3$，则有

$$u_o = u_{i1} + u_{i2}$$

平衡电阻为

$$R_1 /\!/ R_2 = R_3 /\!/ R_f$$

6.2.3　减法运算电路

在运算放大器的两个输入端分别输入两个对地信号 u_{i1} 和 u_{i2}，就可实现减法运算，如图 6-11 所示。

由 $i_+ = 0$ 可知，

$u_+ = \dfrac{R_3}{R_2 + R_3} u_{i2}$；$u_- = u_+ = \dfrac{R_3}{R_2 + R_3} u_{i2}$；$R_2 /\!/ R_3 =$

$R_1 /\!/ R_f$；$i_1 = \dfrac{u_{i1} - u_-}{R_1} = \dfrac{u_{i1}}{R_1} - \dfrac{1}{R_1} \cdot \dfrac{R_3}{R_2 + R_3} u_{i2}$

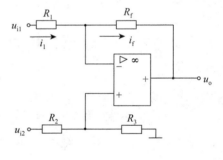

图 6-11　减法运算电路

因 $i_- = 0$，故有

$$i_f = i_1 \,;\quad u_o = u_- - R_f \cdot i_f = \left(1 + \frac{R_f}{R_1} \right) \frac{R_3}{R_2 + R_3} u_{i2} - \frac{R_f}{R_1} u_{i1}$$

当 $R_f = R_3$，$R_1 = R_2$ 时，有

$$u_o = \frac{R_f}{R_1} (u_{i2} - u_{i1})$$

当 $R_1 = R_2 = R_3 = R_f$ 时，有

$$u_o = u_{i2} - u_{i1}$$

例 6-1　在图 6-12 中，$R_1 = 10 \text{ k}\Omega$，$R_2 = 20 \text{ k}\Omega$，$u_{i1} = -1 \text{ V}$，$u_{i2} = 1 \text{ V}$，求 u_o。

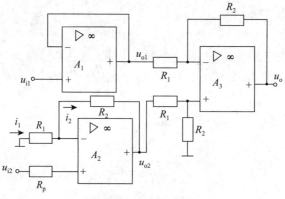

图 6 – 12 例 6 – 1 图

解 运算放大器 A_1 是一个电压跟随器，因此

$$u_{o1} = u_{i1} = -1 \text{ V}$$

运算放大器 A_2 是一个同相输入运算放大器，因此

$$i_{2+} = 0$$

$$u_{2+} = u_{i2} = 1 \text{ V}$$

由 $u_{2-} = u_{2+} = 1$ V 得

$$i_1 = \frac{0 - u_{2-}}{R_1} = -\frac{u_{i2}}{R_1}$$

由 $i_- = 0$ 及节点电流定律可知

$$i_f = i_1$$

$$\frac{u_{2-} - u_{o2}}{R_2} = i_2$$

$$u_{o2} = u_2 i_2 R_2 = \left(1 + \frac{R_2}{R_1}\right)u_{i2} = \left(1 + \frac{20}{10}\right) \times 1 = 3 \text{ V}$$

运算放大器 A_3 所在电路是一个减法运算电路，并且 $R_{f3} = R_2 = 20 \text{ k}\Omega$，因此

$$u_o = \frac{R_{f3}}{R_1}(u_{o2} - u_{o1}) = \frac{20}{10}(3+1) = 8 \text{ V}$$

6.2.4 微分运算电路

将反相比例运算电路中的 R_1 换成电容 C，构成微分运算电路，如图 6 – 13 所示。

由 $i_+ = 0$ 可知

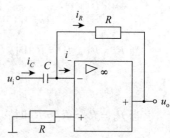

图 6 – 13 微分运算电路

$$u_+ = 0 \text{ V}; \quad u_- = u_+ = 0 \text{ V}; \quad i_C = C\frac{\mathrm{d}u_i}{\mathrm{d}t}$$

又因为 $i_- = 0$，所以有

$$i_R = i_C; \quad u_o = u_- - Ri_R = -RC\frac{\mathrm{d}u_i}{\mathrm{d}t}$$

微分电路可将三角波转换为方波，也可将正弦波移相 $+90°$。

6.2.5 积分运算电路

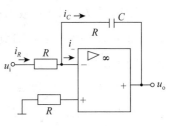

图 6-14 积分运算电路

将反相比例运算电路中的 R_f 换成电容 C，则构成积分运算电路，如图 6-14 所示。

由 $i_+ = 0$ 可知，

$$u_+ = 0 \text{ V}; \quad u_- = u_+ = 0 \text{ V}; \quad i_R = \frac{u_i - u_-}{R} = \frac{u_i}{R}$$

因 $i_- = 0$，所以

$$i_C = i_R; u_o(t) = u_-(t) - u_C(t) = u_C(t_0) - \frac{1}{RC}\int_{t_0}^{t} u_i(\xi)\,\mathrm{d}\xi$$

积分电路可将方波转换为三角波，也可将正弦波移相 $-90°$。

例 6-2 电路如图 6-15 所示，试求 u_o 与 u_{i1}、u_{i2} 的关系式。利用 $i_+ = 0$，求出同相输入端电压 u_+。

解

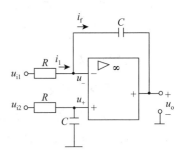

图 6-15 例 6-2 图

$$\frac{u_{i2} - u_+}{R} = C\frac{\mathrm{d}u_+}{\mathrm{d}t}; \quad u_+ = u_{i2} - RC\frac{\mathrm{d}u_+}{\mathrm{d}t}$$

利用 $u_+ = u_-$，确定反相输入端电压

$$u_- = u_+ = u_{i2} - RC\frac{\mathrm{d}u_+}{\mathrm{d}t}$$

利用已知电压 u_-，求出电流

$$i_1 = \frac{u_{i1} - u_-}{R}$$

利用 $i_- = 0$，求出电流

$$i_f = i_1 = \frac{u_{i1} - u_-}{R}$$

又因 $i_f = C\dfrac{\mathrm{d}(u_- - u_o)}{\mathrm{d}t}$，所以

$$\frac{u_{i1} - u_-}{R} = C\frac{\mathrm{d}(u_- - u_o)}{\mathrm{d}t}$$

$$u_{i1} - u_- = RC\left(\frac{\mathrm{d}u_-}{\mathrm{d}t} - \frac{\mathrm{d}u_o}{\mathrm{d}t}\right)$$

$$u_{i1} = RC\left(\frac{\mathrm{d}u_-}{\mathrm{d}t} - \frac{\mathrm{d}u_o}{\mathrm{d}t}\right) + u_- = RC\left(\frac{\mathrm{d}u_+}{\mathrm{d}t} - \frac{\mathrm{d}u_o}{\mathrm{d}t}\right) + u_+ = u_{i2} - RC\frac{\mathrm{d}u_o}{\mathrm{d}t}$$

$$u_o = \frac{1}{RC}\int (u_{i2} - u_{i1})\,\mathrm{d}t$$

6.3 集成运放的非线性应用

当运算放大器开环或加正反馈时，由于运算放大器开环放大倍数 A_U 非常大，即使输入信号很小，也足以使运算放大器饱和，使输出电压近似等于集成运放组件的正电源电压值或负电源电压值。这时，运算放大器的输入量和输出量之间不再具有线性关系，运算放大器处于非线性工作状态。

线性应用的理想运算放大器特征如下：

(1) $u_+ \neq u_-$（非虚短）；

(2) 无输入电流，$i_+ = i_- = 0$；

(3) 输出端只有两种输出状态，$\pm U_{om}$。

运算放大器的非线性应用领域很广，包括测量技术、数字技术、自动控制、无线电通信等方面。但就其功能而言，目前非线性应用主要是在信号的比较和鉴别以及各种波形发生电路等方面。

6.3.1 比较器

1. 反相电压比较器

反相电压比较器的电路如图 6-16(a) 所示，其中 U_r 是参考电压。图 6-16(b) 是其电压传输特性，当 $u_i > U_r$ 时，$u_o = +U_{om}$；当 $u_i < U_r$ 时，$u_o = -U_{om}$。

2. 同相电压比较器

图 6-17(a) 是同相电压比较器的电路图，其中 U_r 是参考电压。图 6-17(b) 是其电压传输特性，当 $u_i < U_r$ 时，$u_o = +U_{om}$；当 $u_i > U_r$ 时，$u_o = -U_{om}$。

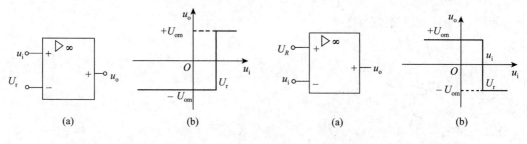

图 6-16 反相电压比较器
(a) 电路图 (b) 电压传输特性

图 6-17 同相电压比较器
(a) 电路图 (b) 电压传输特性

3. 过零电压比较器

当参考电压 $U_r = 0$ 时，电压比较器叫过零电压比较器，如图 6-18 所示。

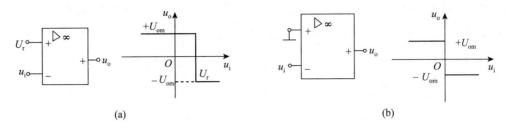

图 6-18　过零电压比较器

（a）同相过零电压比较器　（b）反相过零电压比较器

例 6-3　利用电压比较器将正弦波变为方波。

根据过零电压比较器工作特性，当正弦波输入信号在正半轴时，$u_o = +U_{om}$；当正弦输入信号在负半轴时，$u_o = -U_{om}$，这样就将正弦信号变成了方波信号，如图 6-19 所示。

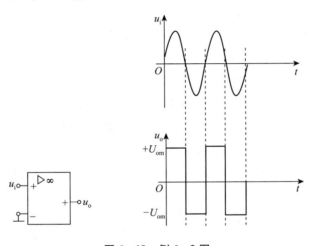

图 6-19　例 6-3 图

4. 滞回比较器

滞回比较器如图 6-20 所示，输入信号加在反相输入端，输出电压经反馈电阻 R_2 送到比较器的同相输入端。当输出电压发生变化时，正反馈迫使同相输入端的电位随之变化，反馈电压为 R_1 两端的电压 u_1。

$$u_1 = u_+ = \frac{R_1}{R_1 + R_2} u_o$$

当 u_o 正饱和（$u_o = +U_{om}$）时，

$$U_+ = \frac{R_1}{R_1 + R_2} U_{om} = U_{+H}$$

当 u_o 负饱和（$u_o = -U_{om}$）时，

$$U_+ = -\frac{R_1}{R_1 + R_2} U_{om} = U_{+L}$$

U_{+H} 称为上阈值电压（上门限电压），当 $u_i > U_{+H}$ 后，u_o 从 $+U_{om}$ 变为 $-U_{om}$；U_{+L} 称为下

阈值电压(下门限电压)，当 $u_i < U_{+L}$ 后，u_o 从 $-U_{om}$ 变为 $+U_{om}$；两者之差 $(U_{+H} - U_{+L})$ 称为回差。滞回比较器的电压传输特性如图 6-21 所示。

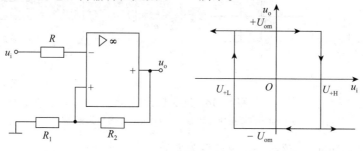

图 6-20　滞回比较器　　　　图 6-21　滞回比较器传输特性

当输入信号超过上门限电平时，滞回比较器就会翻转输出低电平。这时，即使由于干扰而出现波动，使输入信号小于上门限电平，但只要不低于下门限电平，输出信号仍然会保持而不发生错误的翻转。同理，下门限附近也是如此。由此可见，滞回比较器有较强的抗干扰能力。

5. 限幅比较器

电路中的运算放大器处于线性放大状态，但外围电路有非线性元件(二极管、稳压二极管)，使得比较器的输出电压可以稳定在某一个数值，起到限幅的作用。

图 6-22(a) 是双向稳压管接在输出端的限幅比较器，图 6-22(b) 是双向稳压管接在负反馈回路，它们都使输出电压 u_o 限制在 $\pm U_Z$，其传输特性如图 6-23 所示。

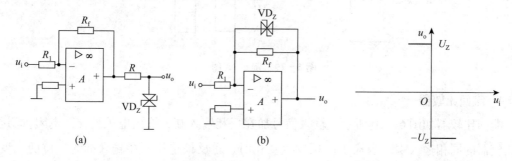

图 6-22　限幅比较器　　　　　　图 6-23　限幅比较器传输特性
(a) 双向稳压管接在输出端　(b) 双向稳压管接在负反馈回路

6.3.2　采样保持电路

在计算机实时控制和非电量的测量系统中，通常要将模拟量转换为数字量。但因转换不能瞬间完成，需要一定的时间，所以不能将随时间连续变化的模拟量的每一个瞬间都转换为数字量，而只能将某些选定时刻的模拟量值进行转换。这就需要对连续变化的模拟量进行跟踪采样，并将采集到的量值保持一定的时间，以便在此时间内完成从模拟量到数字量的转换，这就是采样保持电路的功能。

基本的采样保持电路如图 6-24(a) 所示，场效应管作为电子开关。

当控制端为低电平时，场效应管处于导通状态，u_i 通过 R_1 和场效应管向电容 C 充电，如果忽略场效应管的漏源电压，则输出电压 u_o 等于电容两端的电压(该电路中运算放大器的反相输入端为虚地点)，它跟随输入模拟信号电压 u_i 的变化而变化，此阶段为采样阶段。

当控制端为高电平时，场效应管截止，电容 C 上的电压因为没有放电回路而得以保持，该阶段称为保持阶段。采样保持电路的工作波形如图 6-24(b) 所示。

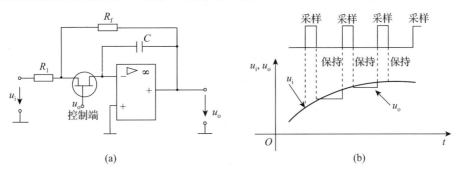

(a)   (b)

图 6-24　基本采样保持电路

(a)电路图　(b)工作波形图

习 题 6

1．将正确答案填入空内。

(1)同相比例电路属于_____负反馈电路，而反相比例电路属于_____负反馈电路。

(2)在输入电压从足够低逐渐上升到足够高的过程中，_____比较器和_____比较器的输出电压各只跃变一次，而_____比较器要跃变两次。

(3)功率放大电路的任务是_____，其多用于多级放大电路的_____级。

(4)集成运放的基本构成包括_____、_____、_____和_____四个部分。

(5)集成运放的输入级采用差分放大电路是因为可以_____。

(6)为提高集成运放的放大倍数，集成运放的中间级多采用_____。

2．试求下图所示电路输出电压与输入电压的运算关系式。

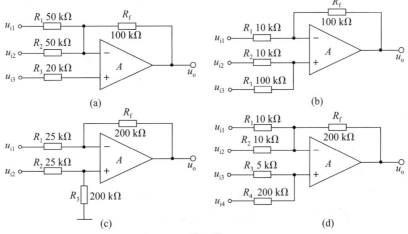

(a)   (b)

(c)   (d)

题 2 图

3. 判断下图所示电路的反馈组态，计算电路的电压放大倍数。

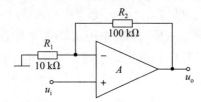

题 3 图

4. 试求解下图所示电路的电压传输特性。

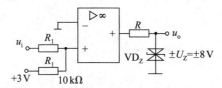

题 4 图

5. 电路如图所示。试问：若以稳压管的稳定电压 U_Z 作为输入电压，则当 R_2 的滑动端位置变化时，输出电压 U_o 的调节范围为多少？

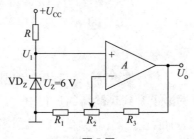

题 5 图

6. 在下图（a）所示电路中，已知输入电压 u_i 的波形如下图（b）所示，当 $t=0$ 时 $u_C=0$。试画出输出电压 u_o 的波形。

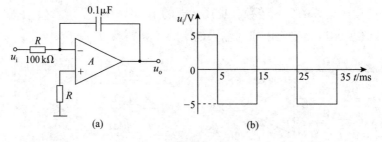

题 6 图

7. 集成运放有哪些线性应用电路？

8. 集成运放有哪些非线性应用电路？

9. 理想运放的基本条件有哪些？

10. 何谓电压比较器？它与放大电路、运算电路的主要区别是什么？

11. 设计一个运算电路，要求运算关系为 $u_o = 20_2$

第7章 直流电源

本章重点

1. 整流滤波电路的工作原理和基本计算。
2. 串联型线性稳压电源的工作原理和基本计算。
3. 三端集成稳压器的典型应用。

7.1 整流滤波电路

电子设备一般都需要稳定的直流电源供电。直流电可以由直流发电机产生，也可以由干电池、蓄电池提供，但在大多数情况下，是采用把交流电(市电)转变为直流电的直流稳压电源，其原理如图7-1所示。

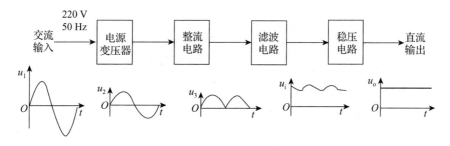

图7-1 直流稳压电源原理

电源变压器：将交流电网电压 u_1 变为合适的交流电压 u_2。

整流电路：将交流电压 u_2 变为脉动的直流电压 u_3。

滤波电路：将脉动直流电压 u_3 转变为平滑的直流电压 u_i。

稳压电路：清除电网波动及负载变化的影响，保持输出电压 u_o 的稳定。

在直流稳压电源中，降压、整流、滤波这几个环节的电路一般都比较固定，但稳压环节采用的电路形式较多，比如稳压二极管稳压、串联型稳压、集成稳压、开关型稳压等。其中，稳压二极管稳压是最简单的一种，但它只能用在输出直流电压固定，且负载电流较小的场合；在电子电路中应用更为广泛的是串联型稳压和开关型稳压电路；集成稳压是将基于串联型稳压结构的电路都集成在一个集成电路中，对外只有输入、输出、公共端三个引出端，具有体积小、可靠性高、使用灵活、价格低廉等优点，目前在小功率直流电源中得到广泛应用。

7.1.1 整流电路

1. 半波整流电路

半波整流电路如图 7-2(a)所示，图中二极管 VD 因为具有单向导电性，故当 $u_2 > 0$ 时，二极管 VD 正向偏置导通，若忽略二极管正向压降，则负载电阻 R_L 上的电压 $u_L = u_2$；当 $u_2 < 0$ 时，二极管 VD 截止，忽略反向饱和电流，那么负载电阻 R_L 上没有电流流过，那么输出电压 $u_L = 0$，$u_D = u_2$。

在一个周期内 R_L 上得到的波形如图 7-2(b)所示，这是单一方向（极性没变）大小变化的单向脉动直流电压。

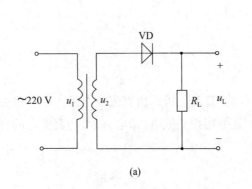
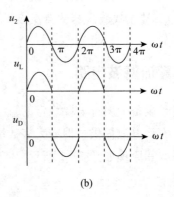

图 7-2 半波整流电路
(a)半波整流电路　(b)半波整流波形

半波整流电路的主要参数有以下几个。

(1)输出电压平均值：

$$U_L = \frac{1}{2\pi}\int_0^{2\pi} u_L \mathrm{d}(\omega t) = \frac{1}{2\pi}\int_0^{2\pi} \sqrt{2}U_2\sin\omega t\,\mathrm{d}(\omega t) = 0.45U_2$$

(2)输出电流平均值：

$$I_L = \frac{U_L}{R_L} = 0.45\frac{U_2}{R_L}$$

(3)流过二极管的平均电流：

$$I_D = I_L$$

(4)二极管承受的最高反向电压：

$$U_{rm} = \sqrt{2}U_2$$

2. 全波整流电路

全波整流电路如图 7-3(a)所示，电路由两个二极管 VD_1 和 VD_2 组成，变压器副边中心抽头，感应出两个相等的电压 u_2。

当 u_2 在正半周时，VD$_1$ 优先导通，而此时 VD$_2$ 承受反向电压截止；当 u_2 在负半周时，VD$_2$ 导通，VD$_1$ 截止。在一个周期内 R_L 上得到的输出波形如图 7-3(b) 所示。

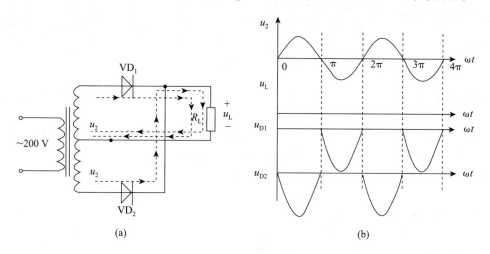

图 7-3 全波整流电路

（a）全波整流电路 （b）全波整流波形

全波整流电路的主要参数有以下几个。

（1）输出电压平均值：

$$U_L = \frac{1}{2\pi}\int_0^{2\pi} u_L \mathrm{d}(\omega t) = \frac{1}{\pi}\int_0^{\pi} \sqrt{2} U_2 \sin \omega t \mathrm{d}(\omega t) = 0.9 U_2$$

（2）输出电流平均值：

$$I_L = \frac{U_L}{R_L} = 0.9\frac{U_2}{R_L}$$

（3）流过二极管的平均电流：

$$I_D = \frac{1}{2} I_L$$

（4）二极管承受的最高反向电压：

$$U_{rm} = 2\sqrt{2} U_2$$

3. 桥式整流电路

桥式整流电路由四个二极管组成，变压器不需要中心抽头。

（1）当 u_2 在正半周时，二极管 VD$_1$ 和 VD$_2$ 共阴极，VD$_1$ 阳极电位比 VD$_2$ 阳极电位高，VD$_1$ 优先导通，VD$_1$ 导通后 VD$_2$ 承受反向电压而截止；同理，VD$_3$ 和 VD$_4$ 共阳极，VD$_3$ 阴极电位比 VD$_4$ 阴极电位低，VD$_3$ 优先导通，VD$_3$ 导通后 VD$_4$ 承受反向电压而截止。电流 i_L 的通路是 $+ \rightarrow$ VD$_1 \rightarrow R_L \rightarrow$ VD$_3 \rightarrow -$（图 7-4 中虚线），负载电阻 R_L 上得到一个半波电压 u_L，即 u_2 的正半波电压，如图 7-5 所示。

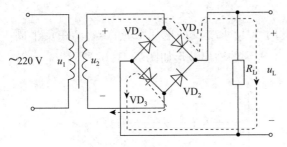

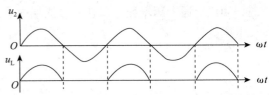

图7-4　桥式整流电路 u_2 正半周电流通路　　　　**图7-5　桥式整流电路正半波电压输出波形**

（2）当 u_2 在负半周时，二极管 VD_2 和 VD_4 导通，VD_1 和 VD_3 截止，电流 i_L 通路是 $+\rightarrow VD_2 \rightarrow R_L \rightarrow VD_4 \rightarrow -$（图7-6中虚线）。负载电阻 R_L 上得到一个与 u_2 正半周时方向一致的半波电压，即 u_2 的正半波电压，如图7-7所示。

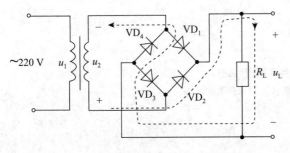

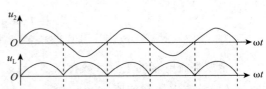

图7-6　桥式整流电路 u_2 负半周电流通路　　　　**图7-7　桥式整流电路负半波电压输出波形**

桥式整流电路主要参数有以下几个。

（1）输出电压平均值：

$$U_L = 0.9 U_2$$

（2）输出电流平均值：

$$I_L = \frac{U_L}{R_L} = 0.9\frac{U_2}{R_L}$$

（3）流过二极管的平均电流：

$$I_D = \frac{1}{2} I_L$$

（4）二极管承受的最高反向电压：

$$U_{rm} = \sqrt{2} U_2$$

整流电路在选择整流二极管时，要注意满足二极管的最大整流电流 $I_{om} > \frac{1}{2} I_L$，反向工作峰值电压 $U_{rwm} > \sqrt{2} U_2$。

桥式整流电路使用二极管的数量相对较多，但目前已有现成的整流桥产品来代替四个分立元件，对外只有四个引出端，其中两端为单相交流电压输入端（标"～"符号），另外两端是整流电压输出的正、负极(分别标"+"
"-"),如图7-8所示。

7.1.2 滤波电路

整流电路输出的单向脉动电压虽然没有极
性的变化,但是电压数值起伏较大,其中既有
直流成分,也含有较大的交流成分,并不能向
大多数电子设备提供可用的直流电压。滤波电

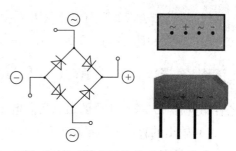

图7-8 集成整流桥堆外形图及四个端口

路就是尽量滤除交流谐波分量,保留直流成分,得到较平稳的直流电压。大多数整流电路
都加有电源滤波电路。常用的滤波电路有电容滤波电路、电感滤波电路和π型滤波电路。

1. 电容滤波电路

在整流电路的负载电阻 R_L 两端并联一个足够大的电容,构成电容滤波电路,如图
7-9所示。电容滤波电路是依据电容两端电压不能突变的特性来工作的。

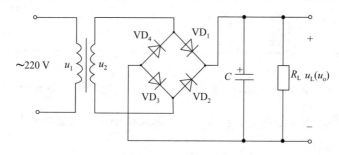

图7-9 电容滤波电路

当 u_2 从零开始正向增大时,二极管 VD_1 和 VD_3 导通,电源向负载电阻 R_L 供电,同时
对电容充电,忽略二极管的正向压降,随着 u_2 增大到幅值 $\sqrt{2}U_2$,电容电压也充电到 $\sqrt{2}U_2$。

当 u_2 开始按正弦规律下降时,电容开始放电,u_C 以时间常数 $\tau = R_L C$ 的指数规律下
降,当 u_2 下降到 $u_2 < u_C$ 时,二极管 VD_1 和 VD_3 因承受反向电压而截止。电容继续对负载
电阻 R_L 放电,负载中仍有电流,直到 u_2 的负半周开始反向增大,当 $|u_2| = u_C$ 时,另外
两个二极管 VD_2 和 VD_4 开始处于正向偏置而导通,这时电容停止放电,u_2 再次向电容充
电和向负载供电,u_2 和 u_C 一起升高到 u_2 的幅值 $\sqrt{2}U_2$,而后下降至 $|u_2| < u_C$,二极管
VD_2 和 VD_4 截止,电容又开始向负载电阻放电,之后每个周期如此重复上述过程,得到如
图7-10所示的滤波输出电压波形。

电容滤波电路的特点如下。

(1)输出电压 U_o 与时间常数 $R_L C$ 有关,$R_L C$ 越大→电容器放电越慢→U_o(平均值)越
大,一般取 $\tau_d = R_L C \geqslant (3 \sim 5)\dfrac{T}{2}$($T$ 为电源电压的周期)。

近似估算:半波整流 $U_o = U_2$;全波整流 $U_o = 1.2U_2$。

（2）流过二极管的瞬时电流很大。

R_LC 越大 → U_o 越高，负载电流的平均值越大 → 整流二极管导电时间越短 → I_D 的峰值电流越大。选择整流二极管时，取 I_{om} 为 $(2\sim3)\dfrac{I_o}{2}$，即 $(2\sim3)\dfrac{1}{2}\dfrac{U_o}{R_L}$。单相桥式整流电路带电容滤波后，二极管所受的最高反向电压与无电容滤波时一样，仍然为 $U_{drm}=\sqrt{2}U_2$。

（3）输出的直流电压平均值受负载的影响较大。

在空载（$R_L=\infty$）和忽略二极管正向压降时，$U_o=1.4U_2$，随负载增加，U_o 下降，外特性如图 7-11 所示。

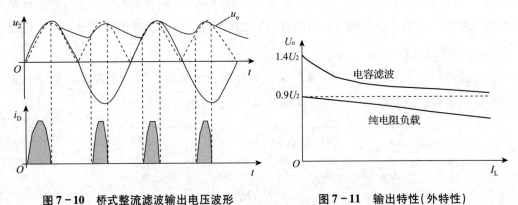

图 7-10　桥式整流滤波输出电压波形　　图 7-11　输出特性（外特性）

电容滤波电路适用于输出电压较高、负载电流较小且负载变动不大的场合。

2. 电感滤波电路

在桥式整流电路与负载间串入一个电感就构成了电感滤波电路，如图 7-12 所示。

1）滤波原理

对直流分量（$f=0$），$X_L=0$ 相当于短路，电压大部分降在 R_L 上。

对谐波分量，f 越高，X_L 越大，电压大部分降在 X_L 上。因此，在输出端得到比较平滑的直流电压，$U_o=0.9U_2$。

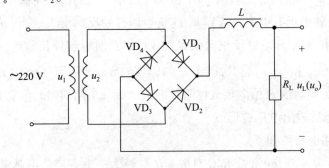

图 7-12　电感滤波电路

2）电感滤波的特点

整流管导电角较大，峰值电流很小，输出特性比较平坦，适用于低电压、大电流（R_L

较小)的场合；缺点是电感铁芯笨重、体积大，易引起电磁干扰。

3. 电感电容(LC)滤波

将电感滤波和电容滤波组合起来就构成电感电容滤波电路，如图 7 - 13 所示。

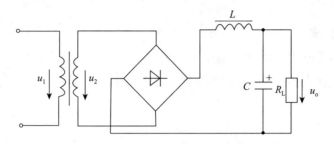

图 7 - 13 LC 滤波电路

由于电感的存在，脉动电压的交流分量主要在电感上，而直流分量加在电容和电阻的并联回路中，再进一步滤去交流分量，可以得到较为平直的直流输出电压。这种滤波电路对于大、小负载均适合，主要用于要求输出电压脉动小的场合。

4. 电阻电容(RC)滤波

由于电感线圈一般有铁芯，体积大，质量重，制作和安装都不方便，又只适用于大电流场合，所以一般小功率和小电流的场合往往采用电阻电容滤波。

对直流分量而言，电容相当于开路，负载上的直流电压为

$$U_{\text{o}} = \frac{R_{\text{L}}}{R + R_{\text{L}}} U_{\text{ab}}$$

对于各次交流分量，只要电容取得足够大，就能获得比较理想的滤波效果。通常

$$\frac{1}{5}R \leqslant \frac{1}{2\omega C} \leqslant \frac{1}{3}R \Longrightarrow \frac{3}{2\omega R} \leqslant C \leqslant \frac{5}{2\omega R}$$

5. $RC - \pi$ 型滤波

$RC - \pi$ 型滤波是在电容滤波的基础上，再增加了一级 RC 低通滤波电路，所以滤波效果比电容滤波好，电路如图 7 - 14 所示。

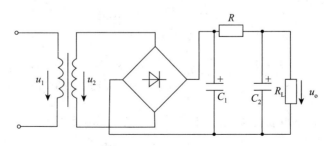

图 7 - 14 $RC - \pi$ 型滤波电路

由于电阻 R 的存在，损失了部分电压，输出直流电压比电容滤波小，所以电阻 R 不能取得太大(一般取 100 Ω 左右)。

$RC-\pi$ 型滤波输出电压直流分量：采用半波整流电容滤波，$U_o \approx U_2$；采用全波整流电容滤波，$U_o \approx 1.2U_2$。

6. $LC-\pi$ 型滤波

$LC-\pi$ 型滤波是在电容滤波的基础上，类似 $RC-\pi$ 型滤波再增加了一级 LC 低通滤波，电路滤波效果比电容滤波好，电路如图 7-15 所示。

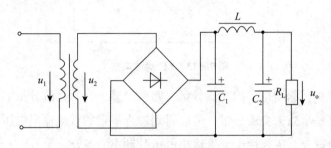

图 7-15 $LC-\pi$ 型滤波电路

由于不存在电阻 R 损失电压，输出直流电压比 $RC-\pi$ 型滤波大。

$LC-\pi$ 型滤波输出电压直流分量：采用半波整流电容滤波，$U_o \approx U_2$；采用全波整流电容滤波，$U_o \approx 1.2U_2$。

例 7-1 单相桥式整流电容滤波电路如图 7-9 所示，已知交流电源频率为 50 Hz，负载电阻 $R_L = 100$ Ω，要求直流电压 $U_o = 12$ V，试选择整流二极管和滤波电容。

解 (1)流过二极管的电流：

$$I_D = \frac{1}{2}I_o = \frac{1}{2}\frac{U_o}{R_L} = \frac{12}{2 \times 100} = 60 \text{ mA}$$

取 $U_o = 1.2U_2$，则变压器二次电压有效值：

$$U_2 = \frac{U_o}{1.2} = \frac{12}{1.2} = 10 \text{ V}$$

二极管承受的最高反向电压：

$$U_{drm} = \sqrt{2}U_2 = \sqrt{2} \times 10 = 14.1 \text{ V}$$

(2)滤波电容：

$$C \geqslant \frac{5\frac{T}{2}I_o}{U_o} \times 10^6 = \frac{5 \times \frac{0.02}{2} \times 0.12}{12} \times 10^6 = 500 \text{ μF}$$

选用电解电容 $C = 500$ μF，耐压大于 $\sqrt{2}U_2 = 14.1$V，取 25 V。

7.2 稳压二极管稳压电源

整流输出电压虽然经过滤波电路滤波可以得到波动较小的直流输出电压，但是如果输入交流电源电压发生波动或负载电流发生变动(这种情况经常出现),输出的直流电压也可能产生变化。稳压电路的功能是在输入交流电源的电压波动或负载变化时,使输出直流电压保持恒定。

稳压电路稳定输出直流电压的基本思想:输出直流电压时,在电路中设置一个吸收波动成分的元件(调整元件),当电源电压或负载波动时,调整元件将根据输出直流电压的变动情况确定调整方向和大小,以保证输出的直流电压不发生变化。

稳压二极管稳压电路如图7–16所示,电路中设置了一个吸收电压波动成分的元件 R(调整元件),当市电或负载波动时,调整元件上的电压进行相应调整,保证输出的直流电压不发生变化。

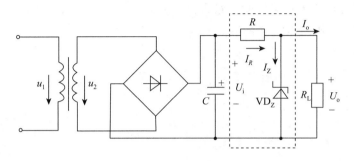

图 7 – 16　稳压二极管稳压电路

1. 电源电压波动

当电网电压 $u_1(u_2)$ 升高时,整流滤波输出 U_i 随之升高,引起输出电压 U_o 升高,$U_Z = U_o$,由稳压二极管稳压特性可知,当稳压二极管的反向电压 U_Z 稍有增加时,稳压二极管电流 I_Z 显著增加,引起电阻上的电流 I_R 和电压降 RI_R 也迅速增大,而 $U_o = U_i - RI_R$,故 U_o 减小,从而抵消了电网电压升高引起的 U_i 增量,从而使输出电压保持基本不变。

2. 负载变化

若负载电阻 R_L 变小,则负载电流 I_o 变大,引起电阻上的电流 I_R 和电压降 RI_R 也增大,由于 U_i 保持不变,而 $U_o = U_i - RI_R$,则 U_o 减小,且 $U_Z = U_o$,根据稳压二极管的特性,I_Z 显著减小,抵消了电流 I_R 的增量,使通过电阻 R 的电流 I_R 和电阻上的电压降 RI_R 保持近似不变,因而使输出电压基本保持不变。

整流滤波输出电压被分成两部分:一部分是负载得到的直流输出电压 U_o,另一部分则是降在调整元件上的电压 U_R。电路工作时,稳压管处于反向击穿状态,电阻 R 中流过的电流一部分流入稳压二极管形成稳压管电流 I_Z,另一部分则提供给负载电阻 R_L。

$$I_R = \frac{U_i - U_o}{R} = \frac{U_i - U_Z}{R} \quad I_o = \frac{U_Z}{R_L} \quad I_Z = I_R - I_o$$

如果电阻取值太小,则稳压管中的电流将可能太大而损坏器件,所以该电阻又称为限流电阻。

输出电压的数值直接由稳压管的参数确定(U_Z)。构造电路时，要根据需要选择稳压管。

$$U_Z = U_o \quad I_{Zm} = (1.5 \sim 3)I_{om} \quad U_i = (2 \sim 3)U_o$$

要使稳压二极管正常工作，则其电流必须在 $I_Z \sim I_{Zm}$。如果负载电流的变化范围为 $I_L \sim I_{Lm}$，电源电压波动使滤波输出电压 U_i 的变化范围为 $U_{imin} \sim U_{imax}$。

$$\frac{U_{imax} - U_Z}{I_{Zm} + I_{Lm}} \leqslant R \leqslant \frac{U_{imin} - U_Z}{I_Z + I_{Lm}}$$

如果无法由此式确定限流电阻，则稳压管稳压电路将无法满足工作要求，必须更换稳压管或采用其他形式稳压电路。

例 7 - 2　电路如图 7 - 16 所示，已知 $U_1 = 30$ V，稳压管 VD_Z（2CW18）的稳定电压 $U_Z = 10$ V，最小稳定电流 $I_{Zmin} = 5$ mA，最大稳定电流 $I_{Zmax} = 20$ mA，负载电阻 $R_L = 2$ kΩ。当 U_1 变化±10% 时，求限流电阻 R 的取值范围。

解　输出电压：

$$U_o = U_Z = 10 \text{ V}$$

负载电流：

$$I_o = \frac{U_o}{R_L} = \frac{10}{2} = 5 \text{ mA}$$

整流滤波输出电压：

$$U_{imax} = 1.1U_1 = 33 \text{ V} \quad U_{imin} = 0.9U_1 = 27 \text{ V}$$

$$0.92 \text{ k}\Omega = \frac{33-10}{20+5} = \frac{U_{imax} - U_o}{I_{Zmax} + I_o} \leqslant R \leqslant \frac{U_{imin} - U_o}{I_{Zmin} + I_o} = \frac{27-10}{5+5} = 1.7 \text{ k}\Omega$$

电压可调的稳压二极管稳压电路如图 7 - 17 所示。

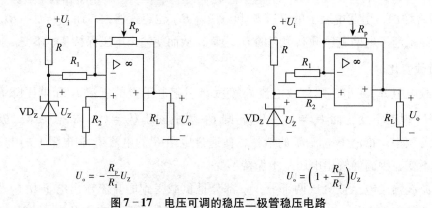

$$U_o = -\frac{R_p}{R_1}U_Z \qquad\qquad U_o = \left(1 + \frac{R_p}{R_1}\right)U_Z$$

图 7 - 17　电压可调的稳压二极管稳压电路

稳压二极管稳压电路虽然简单，但存在以下问题：

(1)稳压值只能由稳压管的型号决定，不能调节；

(2)输出电流受 I_{Zm} 的限制，调节范围和数值都较小；

(3)输出电阻 R_o 比较大，输出电压的稳定性较差。

7.3 串联型线性稳压电源

由于稳压二极管稳压电路具有带负载能力差、输出电压不可调的缺点，在电路中加入射极跟随器和负反馈电路可以改进稳压电路的带负载能力和输出电压不可调的问题，故引进串联型线性稳压电路。

串联型线性稳压电源由基准电压电路、取样电路、比较放大器和调整管等几部分组成，如图 7-18 所示。其中，基准电压 U_Z 由稳压二极管产生；取样电路对输出直流电压进行取样，得到与输出电压成比例的取样电压 U_S，取样电路常由电阻分压电路构成；比较放大器对取样电压和基准电压进行比较，输出控制信号控制调整管工作；由比较放大器控制调整管电压 U_T，使输出电压与基准电压保持恒定的比例关系，达到稳定输出电压的目的。常见串联型稳压电路有以下两种。

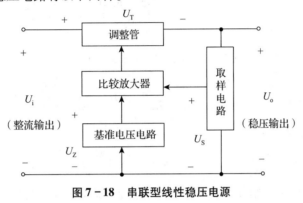

图 7-18　串联型线性稳压电源

1. 典型串联型稳压电路

典型串联型稳压电路如图 7-19 所示，由三极管 VT_2 和 R_4 组成比较环节，VT_2 的发射极电位被稳压二极管 VD_Z 稳定，基极接反馈电压 U_S，完成反馈电压与基准电压的比较，比较输出（VT_2 的集电极）接调整管 VT_1 的基极，实现对调整管的控制。

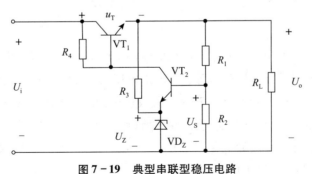

图 7-19　典型串联型稳压电路

当电网电压波动或负载 R_L 电流变化，导致输出电压 U_o 增加时，$U_S = \dfrac{R_2}{R_1 + R_2} U_o$，因此 U_S 增加，而 $U_{BE2} = U_S - U_Z$，那么 U_{BE2} 增大，由于三极管的放大作用，I_{C2} 也增大，U_{C2} 减

小，而 $U_{B1} = U_{C2}$，那么 I_{C1} 减小，U_{CE1} 增大，而 $U_o = U_i - U_{CE1}$，所以 U_o 减小，抵消了电网电压波动或负载电流变化引起的 U_o 增加，使 U_o 基本保持不变。同理，当某种原因使 U_o 下降时，通过负反馈过程，使 U_{CE1} 减小，从而使 U_o 增加，结果使 U_o 保持恒定。

2. 可调输出串联型稳压电路

图 7 - 20 为可调输出串联型稳压电路。

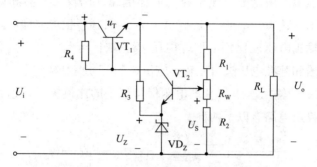

图 7 - 20　可调输出串联型稳压电路

$$U_o = U_i - U_T \; ; \quad \frac{R_2}{R_1 + R_2 + R_W} U_o \leqslant U_S \leqslant \frac{R_2 + R_W}{R_1 + R_2 + R_W} U_o$$

输出电压的调节范围是

$$\left(1 + \frac{R_1}{R_2 + R_W}\right)(U_Z + 0.7) \leqslant U_o \leqslant \left(1 + \frac{R_1 + R_W}{R_2}\right)(U_Z + 0.7)$$

为了保证调整管（参考第 6 章有关三极管的内容）始终处于线性区，要求串联型稳压电路调整管上调整电压应不低于 2 V，输出电流完全流过调整管，因此调整管上消耗的功率较大。在选用调整管时应充分考虑功率容量，同时要做好调整管的散热处理。

串联型稳压电路在小功率电子设备中得到广泛的应用，基于这种稳压电路结构，已经推出了将稳压电路集成在一起的单片集成稳压电路。单片集成稳压电源具有体积小、可靠性高、使用灵活、价格低廉等优点。

7.4　集成稳压电源

集成稳压电源是目前电子设备广泛使用的器件，而集成稳压器是集成稳压电源的核心部件，它是在分立元件稳压电路的基础上，增加电压、电流等保护电路而制成的单片集成稳压电器。图 7 - 21 所示为 78 × × 和 79 × × 集成稳压器的外形图和接线图。因为集成稳压器对外只有输入、输出和公共端三个引出端，所以又称为三端稳压器。

在图 7 - 21 中，无极性高频电容 C_1、C_2 主要用于消除寄生振荡，必须连接在稳压器引脚根部，极性电容 C_3 对输出电压起进一步滤波的作用，注意极性不能接反；二极管用于保护稳压器，在正常工作时，二极管反向偏置，处于截止状态；在连接错误情况下，二极管导通，保护稳压器。

由图 7 - 21 可知，78 × × 系列输出为正电压，根据输出电流等级不同分为 78L × ×，

78M××，78××和78H××等产品，最大输出电流分别为0.1 A，0.5 A，1.5 A和5 A；输出电压有5 V，6 V，9 V，12 V，15 V，18 V和24 V等。如7805表示其输出电压为+5 V，最大输出电流为1.5 A。79××系列输出为负电压，如79M12表示输出电压为-12 V，最大输出电流为0.5 A。下面介绍几种采用三端集成稳压器的直流稳压电源。

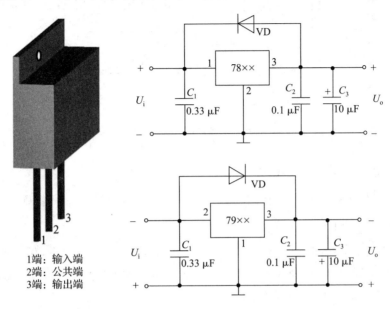

图7-21　78××和79××集成稳压器的外形图和接线图

7.4.1　输出固定电压的稳压电源

(1)提高输出电压的电路如图7-22所示。

固定输出电压：

$$U_T = U_{××} + U_Z$$

(2)提高输出电流的电路如图7-23所示。

当I_o较小时，U_R较小，VT截止，$I_C = 0$。

当$I_o >$时，U_R较大，VT导通，$I_o = I_{om} + I_C$。

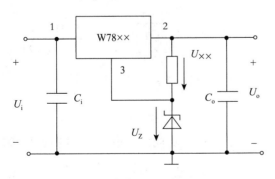

图7-22　提高输出电压的稳压电源

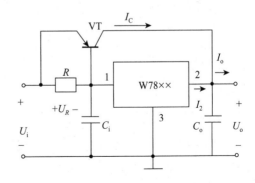

图7-23　提高输出电流的稳压电源

（3）同时输出固定正、负电压的稳压电源如图 7-24 所示。

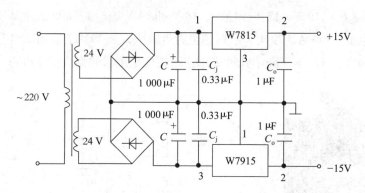

图 7-24　同时输出固定正、负电压的稳压电源

7.4.2　输出电压可调的稳压电源

三端可调式集成稳压器，三个接线端分别为输入端 IN（U_i）、输出端 OUT（U_o）和调节端 ADJ，如图 7-25 所示。

工作中 LM117 的 $I_{ADJ}=50$ mA，由于调整端电流 $I_{ADJ} \ll$ 输入端电流 I_{IN}，故可以忽略，输出端和调节端之间形成 1.25 V 的基准电压 U_{ref}，该基准电压加在电阻 R_1 上，产生恒定电流，再流过输出电阻 R_2，得到的输出电压为

$$U_o = \left(\frac{U_{ref}}{R_1} + I_{ADJ}\right)R_2 + U_{ref} = U_{ref}\left(1 + \frac{R_2}{R_1}\right) + I_{ADJ}R_2 \approx U_{ref}\left(1 + \frac{R_2}{R_1}\right)$$

图 7-26 为输出正、负可调的稳压电源。

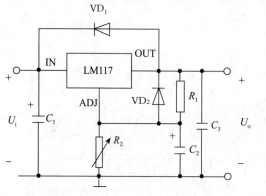

图 7-25　输出可调的稳压电源

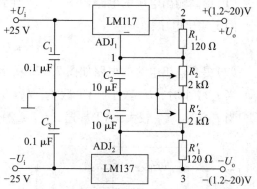

图 7-26　输出正、负可调的稳压电源

7.5　开关型稳压电源

串联型稳压器的调整管必须工作在线性放大区，调整管功耗大，稳压电源的效率一般低于 50%，且需加装体积较大的散热板。

开关型稳压器的调整管一般以 10～100 kHz 的频率反复翻转于饱和区和截止区的开关

工作状态，功耗很低，电源效率可以提高到 80% ~ 90%。开关型稳压器能够得到低于或高于输入电压的输出电压，也能得到与输入电压相反极性的输出电压，还可以将开关脉冲信号通过高频变压器的多个次级绕组输出，经整流滤波后得到不同极性、数值的多个直流输出电压。开关型稳压器体积小、质量轻，对电网电压的波动要求低。

由于开关型稳压器的调整管工作于开关状态，输出的脉动较大，会产生尖峰干扰和谐波干扰。

开关型稳压器的基本结构如图 7 – 27 所示。

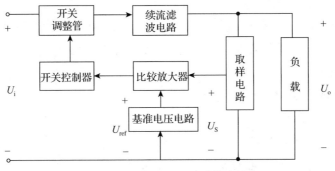

图 7 – 27　开关型稳压器的基本结构

与串联型线性稳压器相比，开关型稳压器增加了开关控制器和续流滤波电路，调整管采用开关型三极管。

开关型稳压器的原理如图 7 – 28 所示。其中，VT 为工作在开关状态的调整元件；电感 L、电容 C 和二极管 VD 组成续流滤波环节；运算放大器 A，电阻 R_1、R_2 与基准电压 U_{ref} 构成滞回比较器；电阻 R_3、R_4 构成取样电路。

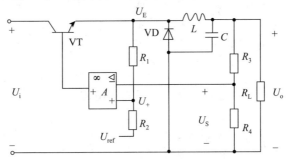

图 7 – 28　开关型稳压器的原理图

当输出电压 U_o 增加时，反馈电压 u_- 增加，比较放大器的输出即调整管 VT 的基极电位减小，调整管的导通时间减小，输出电压降低，电路起到了稳压的作用。

上门限电压：

$$U_{TH} = \frac{R_1}{R_1 + R_2} U_{ref} + \frac{R_2}{R_1 + R_2} U_i$$

下门限电压：

$$U_{TL} = \frac{R_1}{R_1 + R_2} U_{ref}$$

输出电压平均值：

$$U_o = \frac{t_{on}}{T} U_i = k U_i$$

习 题 7

1. 将正确答案填入空内。

(1) 电容滤波电路应该选择容量_____的_____电容作为滤波电容。

(2) 直流电源是一种能量转换电路，它将交流能量转换为_____。

(3) 整流的目的是_____。

(4) 线性集成稳压器由_____、_____、_____、_____、_____和_____等几个部分组成。

2. 电路如下图所示。

(1) 分别标出 U_{o1} 和 U_{o2} 对地的极性。

(2) U_{o1}、U_{o2} 分别是半波整流还是全波整流？

(3) 当 $U_{21} = U_{22} = 20$ V 时，$U_{o1(AV)}$ 和 $U_{o2(AV)}$ 各为多少？

(4) 当 $U_{21} = 15$ V，$U_{22} = 20$ V 时，画出 u_{o1}、u_{o2} 的波形，并求出 $U_{o1(AV)}$ 和 $U_{o2(AV)}$ 各为多少？

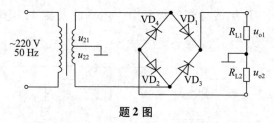

题 2 图

3. 电路如下图所示。合理连线，构成 5 V 直流电源。

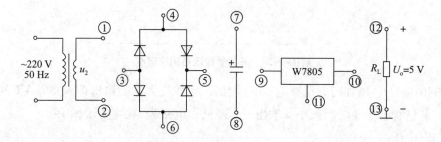

题 3 图

4. 在下图中，变压器副边电压有效值为 $2U_2$。

(1) 画出 u_2、u_{D1} 和 u_o 的波形。

（2）列出输出有效电压 U_o 和输出有效电流 I_L 的表达式。

（3）列出二极管的有效电流 I_D 和所承受的最大反向电压 U_{rmax} 的表达式。

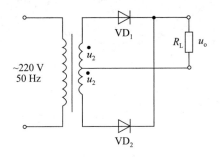

题 4 图

5. 在下图中，变压器副边电压有效值 $U_{21} = 50$ V，$U_{22} = 20$ V。试问：

（1）输出有效电压 U_{o1} 和 U_{o2} 各为多少？

（2）各二极管承受的最大反向电压为多少？

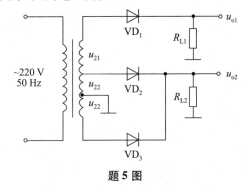

题 5 图

6. 直流稳压电源如下图所示。

（1）说明电路的整流电路、滤波电路、调整管、基准电压电路、比较放大电路、采样电路等部分各由哪些元器件组成。

（2）标出集成运放的同相输入端和反相输入端。

（3）写出输出电压的表达式。

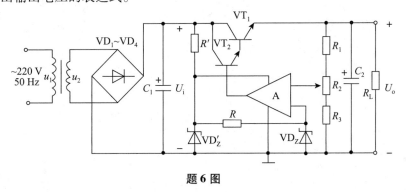

题 6 图

第 3 篇

数字电子技术基础

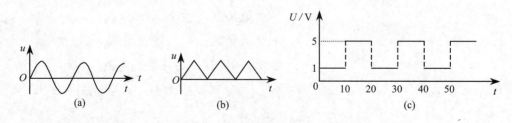

第8章 数字逻辑的基本概念

本章重点

1. 数制和码制。
2. 逻辑门电路结构。
3. 逻辑代数基本运算法则及定律。
4. 逻辑代数化简法。

8.1 数字电路概述

21 世纪是信息时代，电子技术数字化是现在的发展潮流。数字电路是数字电子技术的核心，是计算机技术、网络和通信等新兴学科的硬件基础。数字逻辑基础应用于每一个电子设备和电子系统中，小到 U 盘、电子表，大到工程设备、卫星系统，都有数字电路应用。

8.1.1 数字信号与数字电路

1. 数字信号

物理量就其变化规律可分为模拟信号和数字信号，如图 8-1 所示。模拟信号是指随时间连续变化的信号，如正弦波信号、三角波信号等；数字信号是指在时间和数量上都不连续变化的信号，即离散的信号，如矩形波信号等。

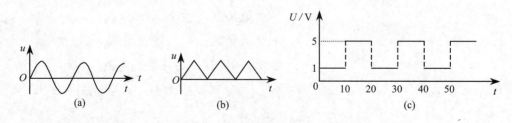

图 8-1 模拟信号及数字信号
(a)正弦波信号 (b)三角波信号 (c)矩形波信号

2. 数字逻辑

数字信号一般有高电平和低电平两种信号状态，常用数 0 和 1 来表示，这里的 0 和 1 不是数字，没有大小之分，只是代表两种对立状态，称为逻辑 0 和逻辑 1，称为数字逻辑，以高、低电平为例，可利用开关获得这两种不同的状态，开关断开，u_o 为高电平；开关接通，u_o 为低电平。如图 8-2 所示，可以认为开关变量 $S=0$ 代表断开状态，$S=1$ 代表闭合状态，同理输出 u_o 也可以分为两种状态，$u_o=0$ 表示获得低电平，$u_o=1$ 表示获得高电平。

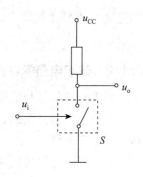

图 8-2　数字信号的开关实现

3. 正逻辑与负逻辑

在定义数值逻辑与实际电气信号之间可以出现两种组合关系，根据图 8-1(c)，有如下关系：

(1)高电平(5 V)为逻辑 1，低电平(1 V)为逻辑 0；

(2)低电平(1 V)为逻辑 1，高电平(5 V)为逻辑 0。

为解决这种情况，引入正逻辑与负逻辑概念。

正逻辑：用高电平表示逻辑 1，用低电平表示逻辑 0。

负逻辑：用低电平表示逻辑 1，用高电平表示逻辑 0。

如果采用正逻辑，图 8-1(c)所示的数字信号就变成如图 8-3 所示的数字波形。当某个波形仅有两个离散值时，通常称为脉冲波形。

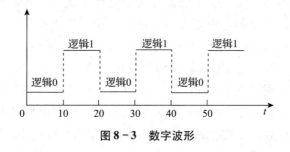

图 8-3　数字波形

4. 数字信号的主要参数

数字波形的出现可以是有规律的，也可以是没有规律的。对于有规律出现的数字波形可称为周期性数字信号，没有规律出现的数字波形称为非周期性数字信号，一个理想的周期性数字信号可用以下几个参数来描绘，如图 8-4 所示。

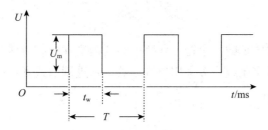

图 8-4　理想周期性数字信号

在图 8-4 中，U_m 为信号幅度，表示电压波形变化的最大值；t_w 为脉冲宽度，表示脉冲的作用时间；T 为信号的重复周期，信号的重复频率 $f=1/T$。定义 q 为占空比，表示脉

冲宽度 t_w 占整个周期 T 的百分比，即

$$q = t_w / T \times 100\% \qquad (8-1)$$

8.1.2 数字电路的特点

由于模拟信号与数字信号的处理方法各不相同，因此电子电路也相应地分为两类：一是处理模拟信号的电路，即模拟电路，如交流、直流放大电路；二是处理数字信号的电路，即数字电路。

数字电路是组成数字逻辑系统的硬件基础，数字电路的基本性质如下。

(1)逻辑性：数字电路是一种逻辑运算电路，其系统描述是动态逻辑函数，所以数字电路设计主要是逻辑设计。

(2)时序性：数字电路为实现数字系统逻辑函数的动态特性，各部分信号必须有严格的时序关系，所以数字电路设计时要考虑时序设计问题。

(3)基本信号种类单一：数字电路基本信号只有高、低两种逻辑电平或脉冲。其中，脉冲信号的特征是只有高电平和低电平两种状态，两种电平状态各有一定的持续时间。

(4)固件特点明显：固件是现代电子电路特别是数字电路或系统的基本特征，也是现代电子电路的发展方向。固件是指电路的结构和运行靠软件控制完成的电路或器件，这与传统的数字电路完全不同。传统数字电路完全由硬件实现，一旦硬件电路或系统确定之后，电路的功能是不能更改的。而固件由于硬件结构可以由软件决定，因此电路十分灵活，同样的电路芯片可以根据实际需要实现完全不同的功能电路，甚至可以在电路运行中进行电路结构的修改，例如可编程逻辑门阵列 GAL 和单片机等。

数字电路包括信号的传送、控制、记忆、计数、产生、整形等内容。数字电路在结构、分析方法、功能、特点等方面均不同于模拟电路。数字电路的基本单元是逻辑门电路，分析工具是逻辑代数，在功能上则着重强调电路输入与输出间的因果关系。数字电路比较简单、抗干扰性强、精度高、便于集成，因而在无线电通信、自动控制系统、测量设备、电子计算机等领域获得了广泛的应用。

8.2 数制与码制

8.2.1 数制

1. 进位计数制

进位计数制是利用固定的数字符号和统一的规则来计数的方法。人们在日常生活中习惯用十进制数，而在数字系统中多采用二进制数、八进制数或者十六进制数。

2. 常见的几种进制

1)二进制

二进制是计算机技术中广泛采用的一种数制。二进制数据是用 0 和 1 两个数码来表示的数。它的基数为 2，进位规则是"逢二进一"，借位规则是"借一当二"，由 18 世纪德国数理哲学大师莱布尼茨发现。当前的计算机系统使用的基本上是二进制

系统。

2）十进制

十进制计数法是相对二进制计数法而言的，是日常使用最多的计数方法（俗称"逢十进一"）。它采用的是"每相邻的两个计数单位之间的进率都为十"的计数法则，叫作"十进制计数法"。

3）八进制

八进制计数法是采用 0，1，2，3，4，5，6，7 八个数码，逢八进位，并且开头一定要以数字 0 开头的计数方法。八进制数较二进制数书写方便，常应用在电子计算机的计算中。

4）十六进制

十六进制是计算机中数据的一种表示方法，与日常使用最多的十进制表示法不一样，它由 0～9 和 A～F 组成。它与十进制的对应关系是：0～9 对应 0～9，A～F 对应 10～15。N 进制的数可以用 0～$(N-1)$ 的数表示，超过 9 的用字母表示。

3. 进制之间的相互转化

1）二、八、十六进制转化为十进制

把非十进制数转换成十进制数一般采用按权展开相加法。在转换中，把一种数制中允许使用的数码符号的个数称为该数制的基数。某个数位上数码为 1 时所表征的数值，称为该数位的权值，简称位权如图 8-5 所示。每一种进制都可以用位权表示，将每一位的数码乘以位权，然后相加，相加之后的数值即十进制数。

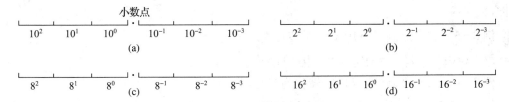

图 8-5　各种进制的位权

（a）十进制位权　　（b）二进制位权　　（c）八进制位权　　（d）十六进制位权

例 8-1　试用位权来表示十进制数 435.86。

解　将数码与位权相乘，然后相加，可得
$$(435.86)_{10} = 4 \times 10^2 + 3 \times 10^1 + 5 \times 10^0 + 8 \times 10^{-1} + 6 \times 10^{-2}$$

例 8-2　试用位权来表示二进制数 10110.111，并将其转换成十进制数。

解　将二进制每一位数码乘以位权，然后相加，可得
$$(10110.111)_2 = 1 \times 2^4 + 0 \times 2^3 + 1 \times 2^2 + 1 \times 2^1 + 0 \times 2^0 + 1 \times 2^{-1} + 1 \times 2^{-2} + 1 \times 2^{-3}$$
$$= (22.875)_{10}$$

例 8-3　试用位权来表示十六进制数 $(E4.A)_{16}$，并将其转换成十进制数。

解　$(E4.A)_{16} = 14 \times 16^1 + 4 \times 16^0 + 10 \times 16^{-1} = (228.625)_{10}$

2）十进制转化为二进制

使用"除2取余，逆序排列"法，即将十进制数连续不断地除以2，直至商为零，所得余数由低位到高位排列，即为所求二进制数。

例8-4 将十进制数$(23)_{10}$转换为二进制数。

解

$$
\begin{array}{lll}
2\,\underline{|\,23} & \cdots\cdots\text{余}1 & b_0 \\
2\,\underline{|\,11} & \cdots\cdots\text{余}1 & b_1 \\
2\,\underline{|\,5} & \cdots\cdots\text{余}1 & b_2 \\
2\,\underline{|\,2} & \cdots\cdots\text{余}0 & b_3 \\
2\,\underline{|\,1} & \cdots\cdots\text{余}1 & b_4 \\
\quad\ 0
\end{array}
\quad \uparrow \text{读取次序}
$$

$$(23)_{10} = (10111)_2$$

3）八进制与二进制、十六进制与二进制相互转化

八进制数的基数是8，它有0、1、2、3、4、5、6、7共八个有效数码。

八进制的按权展开式为

$$D_8 = \sum_{i=-m}^{n-1} a_i \times 8^i \tag{8-2}$$

二进制转换成八进制时，将整数部分自右往左开始，每3位分成一组，最后剩余不足3位时在左边补0；小数部分自左往右开始，每3位为一组，最后剩余不足3位时在右边补0；然后用等价的八进制替换每组数据。

八进制转化二进制时，对每位八进制数，只需将其展开成3位二进制数，排列顺序不变即可。

例8-5 将二进制$(10110.011)_2$转化为八进制。

解 $(10110.011)_2 = (\underline{010}\ \underline{110}.\ \underline{011})_2 = (26.3)_8$

例8-6 将八进制$(67.721)_8$转化为二进制。

解 $(67.721)_8 = (\underline{110}\ \underline{111}.\ \underline{111}\ \underline{010}\ \underline{001})_2$

十六进制与二进制之间的转换和八进制与二进制之间的转换基本类似，只是十六进制的基数是$16 = 2^4$，所以将4位二进制数表示为1位十六进制数，将每位十六进制数展开成4位二进制数。

例8-7 将二进制$(111010111101.101)_2$转化为十六进制。

解 $(111010111101.1010)_2 = (\underline{1110}\ \underline{1011}\ \underline{1101}.\ \underline{1010})_2 = (EBD.A)_{16}$

例8-8 将十六进制$(BEEF)_{16}$转化为二进制。

解 $(BEEF)_{16} = (1011\ 1110\ 1110\ 1111)_2$

4. 几种带符号二进制数的代码表示

在进行算术运算时，必然涉及符号问题。正数和负数是通过在数字前加上"+""-"符号来表示。在数字系统中，符号可以像数值一样用"0""1"表示，一般将数的最高位作

为符号位, 用0表示正, 用1表示负。用0、1表示符号很容易和二进制的数值混淆, 为了区别, 一般书写表示的带符号二进制数和数字系统中带符号二进制数, 通常用"+" "−"表示正、负的二进制数称为符号数的真值, 而将符号和数值一起编码表示的二进制数称为机器数或机器码。常用的机器码有源码、反码和补码。

1) 原码表示法

原码表示法是机器数的一种简单的表示法。其符号位用0表示正号, 用1表示负号, 数值用二进制形式表示, X 的原码表示可记作 $[X]_原$。

例 8 − 9　$X_1 = +1010110$, $X_2 = -1001010$, $X_3 = 0$ 的原码如何表示?

解
$$[X_1]_原 = [+1110111]_原 = 01110111$$
$$[X_2]_原 = [-1101011]_原 = 11101011$$

值得注意的是, 对0有两种原码表示形式:
$$[+0]_原 = 00000000$$
$$[-0]_原 = 10000000$$

2) 补码表示法

机器数的补码可由原码得到。如果机器数为正数, 则机器数的补码与原码一样; 如果机器数为负数, 则该机器数的补码是对它的原码(除符号位外)各位取反, 并在末位加1而得到的, X 的补码表示可记作 $[X]_补$。

例 8 − 10　$X_1 = +1110110$, $X_2 = -1001010$, $X_3 = 0$ 的原码与补码如何表示?

解
$$[X_1]_原 = [X_1]_补 = 01110110$$
$$[X_2]_原 = 11001010$$
$$[X_2]_补 = 10110101 + 1 = 10110110$$

值得注意的是, 在补码表示法中, 由于受设备字长的限制和最后的进位丢失, 0只有一种表示形式:
$$[+0]_补 = 00000000$$
$$[-0]_补 = 11111111 + 1 = 00000000$$

所以有
$$[+0]_补 = [-0]_补 = 00000000$$

3) 反码表示法

机器数的反码可由原码得到。如果机器数是正数, 则该机器数的反码与原码一样; 如果机器数是负数, 则该机器数的反码是对它的原码(除符号位外)各位取反而得到的, X 的反码表示可记作 $[X]_反$。

例 8 − 11　$X_1 = +1010110$, $X_2 = -1001010$ 的反码如何表示?

解
$$[X_1]_原 = 01010110$$
$$[X_1]_反 = [X_1]_原 = 01010110$$
$$[X_2]_原 = 11001010$$
$$[X_2]_反 = 10110101$$

反码通常作为求补过程的中间形式，即在一个负数的反码的末位上加1，就得到了该负数的补码。

8.2.2 码制

1. BCD 码

BCD 码（Binary-Coded Decimal）亦称二进码十进数或二–十进制代码，即用4位二进制数来表示1位十进制数中的0~9这10个数码。BCD 码较好地解决了日常十进制使用习惯和计算机硬件二进制运行处理的转换问题，通俗解释即用二进制编码表示十进制的10个码元0~9。常用的 BCD 码包括8421码、2421码、5421码、余3码等，见表8-1。

BCD 码可分为有权码和无权码两类：有权 BCD 码有8421码、2421码、5421码，其中8421码是最常用的；无权 BCD 码有余3码、余3循环码等。

表8-1　常用 BCD 码

十进制数	8421 码	2421 码	5421 码	余3 码
0	0000	0000	0000	0011
1	0001	0001	0001	0 100
2	0010	0010	0010	0 101
3	0011	0011	0011	0110
4	0100	0100	0100	0111
5	0101	1011	1000	1000
6	0110	1100	1001	1001
7	0111	1101	1010	1010
8	1000	1110	1011	1011
9	1001	1111	1100	1100
位权	8421 $b_3b_2b_1b_0$	2421 $b_3b_2b_1b_0$	5421 $b_3b_2b_1b_0$	无权

注意：BCD 码用4位二进制码表示的只是十进制数的一位。如果是多位十进制数，应先将每一位用 BCD 码表示，然后组合起来，应与二进制转换区别开。

例8-12　将十进制数$(23)_{10}$转换为8421BCD 码。

解　　　　　　　　$(23)_{10} = (00100011)_{8421} = (100011)_{8421}$

2. 格雷码

格雷码（Gray Code）是1880年由法国工程师 Jean-Maurice-Émile Baudot 发明的一种编码，是一种绝对编码方式。典型格雷码是一种具有反射特性和循环特性的单步自补码，它的循环、单步特性消除了随机取数时出现重大误差的可能，它的反射、自补特性使得求反非常方便。格雷码属于可靠性编码，是一种错误最小化的编码方式。

格雷码的构造方法为：直接排列以二进制为 0 值的格雷码为第零项，第一项改变最右边的位元，第二项改变右起第一个为 1 的位元的左边的位元，第三、四项方法同第一、二项，如此反复，即可排列出 n 个位元的格雷码。

表 8 - 2 典型 Gray 码

十进制数	二进制码				Gray 码				
	b_3	b_2	b_1	b_0	c_3	c_2	c_1	c_0	
0	0	0	0	0	0	0	0	0	…一位反射对称轴
1	0	0	0	1	0	0	0	1	…二位反射对称轴
2	0	0	1	0	0	0	1	1	
3	0	0	1	1	0	0	1	0	…三位反射对称轴
4	0	1	0	0	0	1	1	0	
5	0	1	0	1	0	1	1	1	
6	0	1	1	0	0	1	0	1	
7	0	1	1	1	0	1	0	0	…四位反射对称轴
8	1	0	0	0	1	1	0	0	
9	1	0	0	1	1	1	0	1	
10	1	0	1	0	1	1	1	1	
11	1	0	1	1	1	1	1	0	
12	1	1	0	0	1	0	1	0	
13	1	1	0	1	1	0	1	1	
14	1	1	1	0	1	0	0	1	
15	1	1	1	1	1	0	0	0	

8.3 基本逻辑门电路

在数字电路中，所谓"门"就是指实现基本逻辑关系的电路，最基本的逻辑门是与门、或门和非门。任何复杂的逻辑运算都可以由这三种基本逻辑运算组合而成，以完成任何逻辑运算功能，这些逻辑电路是构成计算机及其他数字系统的重要基础，逻辑门可以用电阻、电容、二极管、三极管等分立元件构成。

8.3.1　与逻辑及与门电路

1. 与逻辑

逻辑关系：决定事件的全部条件都满足时，事件才发生。这就是与逻辑。

如图8-6所示，串联开关电路中只有在两个开关都闭合的条件下，灯才亮，这种灯亮与开关闭合的关系就称为与逻辑。

其所有可能的情况见表8-3，如果设开关变量 A、B 闭合为1、断开为0，设灯变量 L 亮为1、灭为0，则 L 与 A、B 的与逻辑关系可以用表9-4所示的真值表来描述。所谓真值表，就是表征逻辑事件输入和输出之间全部可能状态的表格。

若用逻辑函数表达式来描述，则可写为 $L = A \cdot B$，即"输入有0，输出为0；输入全1，输出为1"。其可以推广到多变量式，即 $L = A \cdot B \cdot C \cdots$。

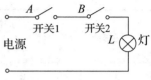

图8-6　与逻辑

表8-3　与逻辑状态表

开关1	开关2	灯
断	断	灭
断	合	灭
合	断	灭
合	合	亮

表8-4　与逻辑真值表

A	B	L
0	0	0
0	1	0
1	0	0
1	1	1

2. 与门电路

图8-7是由半导体二极管组成的一个两输入的与门电路。图中输入端 A、B 的电压（以 V 为单位）可以取 +5 V 或 0 V 两种，这样根据输入信号的不同可以有以下三种情况。

1）两个输入端都为 0 V

这种情况下，VD_1 和 VD_2 都导通，那么 L 端电压将保持与 A、B 端电压一致，即 $U_L = 0$ V。

2）任意一个输入端为 5 V

如 A 端为 5 V 电压，B 端为 0 V，这样二极管 VD_2 导通，使 L 端电压与 B 端电压相同，保持在 0 V，VD_1 受反向电压作用而截止，即 $u_L = 0$ V。

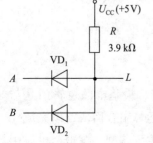

图8-7　二极管与门电路

3）两个输入端都为 5 V

这种情况下，VD_1、VD_2 都截止，电路不通，u_L 与 U_{CC} 电压相等，即 $u_L = 5$ V。

若规定高电压为 1，低电压为 0，那么 L 与 A、B 之间逻辑关系的真值表与表 9-4 相同，因而实现了 $L = A \cdot B$ 的功能。其逻辑符号如图 8-8 所示。

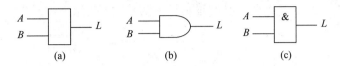

图 8-8　与门三种逻辑符号表示

(a) 传统符号　　(b) 国外流行符号　　(c) 国标符号

8.3.2　或逻辑及或门电路

1. 或逻辑

逻辑关系：决定事件的诸条件中，只要有任意一个满足，事件就会发生。这就是或逻辑。

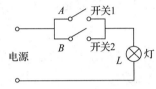

图 8-9　或逻辑

如图 8-9 所示，并联开关电路中只要有一个开关闭合，灯就亮，这种灯亮与开关闭合的关系就称为或逻辑。

根据其可能出现的所有情况列真值表，见表 8-5。若用逻辑函数表达式来描述，则可写为 $L = A + B$，即"输入有 1，输出为 1；输入全 0，输出为 0"。其可以推广到多变量式，即 $L = A + B + C + \cdots$。

表 8-5　或逻辑真值表

A	B	L
0	0	0
0	1	1
1	0	1
1	1	1

2. 或门电路

图 8-10 是由半导体二极管组成的一个两输入的或门电路。图中输入端 A、B 的电压（以 V 为单位）可以取 +5 V 或 0 V 两种，这样根据输入信号的不同可以有以下三种情况。

1）两个输入端都为 0 V

这种情况下，VD_1 和 VD_2 都截止，电路不通，那么 L 端电压与对地电压一致，即 $u_L = 0$ V。

2）任意一个输入端为 5 V

如 A 端为 5 V 电压，B 端为 0 V，这样二极管 VD_1 导通，使

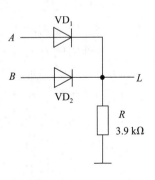

图 8-10　二极管或门电路

L端电压与A端电压相同，保持在5 V，VD_2受反向电压作用而截止，即$u_L = 5$ V。

3）两个输入端都为5 V

这种情况下，VD_1、VD_2都导通，u_L与A、B端电压相等，即$u_L = 5$ V。

若规定高电压为1，低电压为0，那么L与A、B之间逻辑关系的真值表与表9-5相同，因而实现了$L = A + B$的功能。其逻辑符号如图8-11所示。

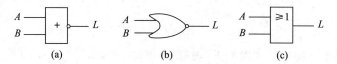

图8-11　或门三种逻辑符号表示

（a）传统符号　（b）国外流行符号　（c）国标符号

8.3.3　非逻辑及非门电路

1. 非逻辑

逻辑关系：决定事件的条件满足时，事件不会发生；条件不满足时，事件才发生。这就是非逻辑。

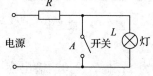

图8-12　非逻辑

如图8-12所示，只有当开关断开时，灯才亮，当开关闭合时，灯反而熄灭。灯的状态总是与开关的状态相反。这种结果总是与条件相反的逻辑关系称为非逻辑。

根据其可能出现的情况列出非逻辑的真值表见表8-6。若用逻辑函数表达式来描述，则可写为$L = \overline{A}$。

表8-6　非逻辑真值表

A	L
0	1
1	0

2. 非门电路

图8-13是由晶体三极管组成的一个非门电路。若规定高电压为1，低电压为0，当输入为逻辑0时，三极管将截止，L输出电压接近于U_{CC}，即逻辑1；当输入为逻辑1时，三极管将饱和，L输出电压为0.2~0.3 V，即逻辑0，可见L与A、B之间逻辑关系的真值表与表8-6相同，因而实现了$L = \overline{A}$的功能。

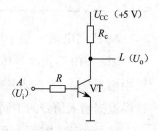

图8-13　三极管非门电路

非门电路的逻辑符号如图8-14所示。

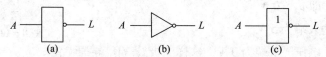

图8-14　非门三种逻辑符号表示

（a）传统符号　（b）国外流行符号　（c）国标符号

8.3.4 基本逻辑门电路的组合

在实际应用中，为了减少逻辑门的数目，使数字电路的设计更方便，还常常使用两个以上的基本逻辑门组合出其他常用逻辑门，如与非、或非、与或非、异或和同或运算都有集成门电路与之对应。

1. 与非

与非是由与运算和非运算组合而成，其真值表见表8-7。

表8-7　与非逻辑真值表

A	B	L
0	0	1
0	1	1
1	0	1
1	1	0

若用逻辑函数表达式来描述，则可写为 $L = \overline{A \cdot B}$，其逻辑符号如图8-15所示。

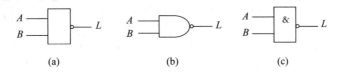

图8-15　与非门三种逻辑符号表示

(a)传统符号　(b)国外流行符号　(c)国标符号

2. 或非

或非是由或运算和非运算组合而成，其真值表见表8-8。

表8-8　或非逻辑真值表

A	B	L
0	0	1
0	1	0
1	0	0
1	1	0

若用逻辑函数表达式来描述，则可写为 $L = \overline{A + B}$，其逻辑符号如图8-16所示。

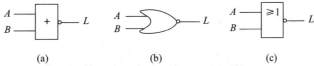

图8-16　或非门三种逻辑符号表示

(a)传统符号　(b)国外流行符号　(c)国标符号

3. 与或非

与或非是由与运算、或运算和非运算组合而成，若用逻辑函数表达式来描述，则可写为 $L = \overline{A \cdot B + C \cdot D}$，其逻辑符号如图 8 - 17 所示。

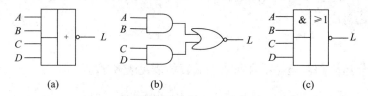

(a)　　　　　　　(b)　　　　　　　(c)

图 8 - 17　与或非门三种逻辑符号表示

(a)传统符号　(b)国外流行符号　(c)国标符号

4. 异或

异或是一种二变量逻辑运算，当两个变量取值相同时，逻辑函数值为 0；当两个变量取值不同时，逻辑函数值为 1，其真值表见表 8 - 9。

表 8 - 9　异或逻辑真值表

A	B	L
0	0	0
0	1	1
1	0	1
1	1	0

若用逻辑函数表达式来描述，则可写为 $L = A \cdot \overline{B} + \overline{A} \cdot B = A \oplus B$，其逻辑符号如图 8 - 18 所示。

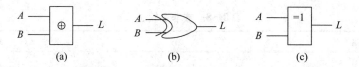

(a)　　　　　　　(b)　　　　　　　(c)

图 8 - 18　异或门三种逻辑符号表示

(a)传统符号　(b)国外流行符号　(c)国标符号

5. 同或

同或是一种二变量逻辑运算，当两个变量取值相同时，逻辑函数值为 1；当两个变量取值不同时，逻辑函数值为 0，其真值见表 8 - 10。

表 8 - 10　异或逻辑真值表

A	B	L
0	0	1

A	B	L
0	1	0
1	0	0
1	1	1

若用逻辑函数表达式来描述，则可写为 $L = \overline{A} \cdot \overline{B} + A \cdot B = A \otimes B$，其逻辑符号如图 8-19 所示。

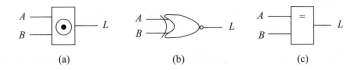

图 8-19　同或门三种逻辑符号表示

（a）传统符号　（b）国外流行符号　（c）国标符号

8.4　逻辑代数

数字电路研究的是电路输入与输出之间的逻辑函数运算关系（因果关系），使用的数学工具是逻辑代数。逻辑代数又称布尔代数，有一系列的定律、定理和规则，用于对函数表达式进行处理，以完成对逻辑电路的化简、变换、分析和设计。

8.4.1　逻辑函数及其表示方法

1. 逻辑函数

描述各种逻辑关系中的输入与输出之间的函数关系，称为逻辑函数。数字电路也称为逻辑电路，因为数字电路的输入量与输出量之间的关系就是自变量与因变量之间的一种因果关系，因此可以用逻辑函数来描述。对于任何一个电路，若输入逻辑变量 A，B，C，… 的取值确定后，其输出逻辑变量 L 的值也被唯一确定，可以称 L 是 A，B，C，… 的逻辑函数，表达式为

$$L = f(A,\ B,\ C,\ \cdots)$$

变量和输出（函数）的取值只有 0 和 1 两种状态，这种逻辑函数是二值逻辑函数。

2. 逻辑函数的表示方法

逻辑函数除了用上面所讲的逻辑表达式表述外，常用的表示方法有真值表、逻辑电路图、波形图、卡诺图。

1）真值表

将输入变量所有的取值下对应的输出值找出来列成表格，即可得到逻辑真值表。真值表直观明了，所以在设计逻辑电路时，总是先根据设计要求列出真值表。但是当变量比较多时，真值表比较大，会显得烦琐。

真值表可以与函数表达式相互转化，方法如下。在真值表中依次找出函数值等于 1 的

变量组合，变量值为 1 的写成原变量，变量值为 0 的写成反变量，把组合中各个变量相乘，这样对应于函数值为 1 的每一个变量组合就可以写成一个乘积项，把这些乘积项相加就得到相应的函数表达式。反之，画出真值表的表格，将变量及变量的所有取值组合按照二进制递增的次序列入表格左边，然后按照表达式依次对变量的各种取值组合进行运算，求出相应的函数值，填入表格右边对应的位置，即得真值表。

2）逻辑电路图

逻辑电路图就是由逻辑符号及它们之间的连线构成的图形。由函数表达式可以画出相应的逻辑电路图，由逻辑电路图也可以写出相应的函数表达式。

3）波形图

波形图就是由输入变量的所有可能取值的高、低电平及其对应的输出函数值的高低电平所组成的图形。

4）卡诺图

卡诺图就是由表示变量的所有可能取值组合的小方格所构成的图形。

例 8 - 13 画出逻辑函数 $L = A \otimes B = A \cdot B + \overline{A} \cdot \overline{B}$ 的真值表、逻辑电路图，并根据给出的 A、B 波形画出 L 的波形图。

解 该函数的真值表见表 8 - 11，逻辑电路图如图 8 - 20 所示，波形图如图 8 - 21 所示。

表 8 - 11 函数真值表

A	B	L
0	0	1
0	1	0
1	0	0
1	1	1

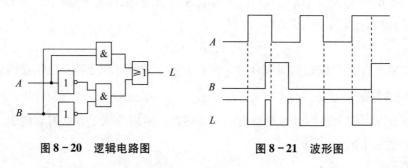

图 8 - 20 逻辑电路图   图 8 - 21 波形图

8.4.2 逻辑代数基本运算法则及定律

1. 逻辑代数的基本公式

逻辑代数有九个定律，其中有的定律与普通代数相似，有的定律与普通代数不同，使用时注意区分，见表 8 - 12。

表 8 - 12　逻辑代数定律和恒等式

名　称	公式 1	公式 2
0 - 1 律	$A \cdot 1 = A$ $A \cdot 0 = 0$	$A + 0 = A$ $A + 1 = 1$
互补律	$A \bar{A} = 0$	$A + \bar{A} = 1$
重叠律	$AA = A$	$A + A = A$
交换律	$AB = BA$	$A + B = B + A$
结合律	$A(BC) = (AB)C$	$A + (B + C) = (A + B) + C$
分配律	$A(B + C) = AB + AC$	$A + BC = (A + B)(A + C)$
反演律	$\overline{AB} = \bar{A} + \bar{B}$	$\overline{A + B} = \bar{A}\bar{B}$
吸收律	$A(A + B) = A$ $A(\bar{A} + B) = AB$ $(A + B)(\bar{A} + C)(B + C) = (A + B)(\bar{A} + C)$	$A + AB = A$ $A + \bar{A}B = A + B$ $AB + \bar{A}C + BC = AB + \bar{A}C$
对合律	$\bar{\bar{A}} = A$	

其中，反演律又称摩根定律，是非常重要又非常有用的公式，经常用于逻辑函数的变换，它的两个变形公式 $AB = \overline{\bar{A} + \bar{B}}$ 和 $A + B = \overline{\bar{A}\bar{B}}$，也是常用的。

2. 逻辑代数的基本规则

1）代入规则

在任一逻辑等式中，如果将等式两边所有出现的某一变量都代之以一个逻辑函数，则此等式仍然成立，这一规则称为代入规则。

2）反演规则

已知一逻辑函数 F，求其反函数时，只要将原函数 F 中所有的原变量变为反变量，反变量变为原变量；" + "变为" · "，" · "变为" + "；"0"变为"1"，"1"变为"0"，这就是逻辑函数的反演规则。

3）对偶规则

已知一逻辑函数 F，只要将原函数 F 中所有的" + "变为" · "，" · "变为" + "，"0"变为"1"，"1"变为"0"，而变量保持不变、原函数的运算先后顺序保持不变，那么就可以得到一个新函数，这个新函数就是对偶函数 F'。

对偶函数与原函数具有如下特点：①原函数与对偶函数互为对偶函数；②任两个相等的函数，其对偶函数也相等。这两个特点即是逻辑函数的对偶规则。

例 8 - 14　试求 $L = \bar{A}C + B\bar{D}$ 的反函数。

解
$$\bar{L} = (A + \bar{C}) \cdot (\bar{B} + D)$$

例 8 - 15　试求 $L = A \cdot \bar{B} + C + \bar{D}$ 的反函数。

解
$$\bar{L} = \bar{A} + \overline{\bar{B} \cdot \bar{C} \cdot D}$$

8.5 逻辑代数化简法

根据逻辑表达式可以画出相应的逻辑图，但是根据某种逻辑要求归纳出来的逻辑表达式往往不是最简形式，这就需要对逻辑表达式进行化简。逻辑函数的化简方法有两种，即代数法（公式法）和卡诺图法（图解法）。

8.5.1 代数法化简逻辑函数

1. 逻辑函数的最简表达式

所谓"最简"，指的是项数最少、变量也最少的表达式，这样的表达式可以有多种不同的形式，例如与一或表达式、与非一与非表达式、或一与表达式、或非一或非表达式以及与一或一非表达式等。

下面以最常见的"与一或表达式"为例讲解，在若干个逻辑关系相同的与一或表达式中，将其中包含的与项数最少，且每个与项中变量数最少的表达式称为最简与一或表达式。例如有一个逻辑函数表达式为 $L = AC + \bar{A}B$，式中 AC 和 $\bar{A}B$ 两项都是由与（逻辑乘）运算把变量连接起来的，故称为与项（乘积项），然后由或运算将这两个与项连接起来，这种类型的表达式称为与一或逻辑表达式，或称为逻辑函数表达式的"积之和"形式。

一个与一或表达式可以转换为其他类型的函数式，例如：

$$L = AC + \bar{A}B \qquad\qquad 与一或$$
$$= (\bar{A} + C)(A + B) \qquad\qquad 或一非$$
$$= \overline{\overline{AC} \cdot \overline{\bar{A}B}} \qquad\qquad 与非一与非$$
$$= \overline{\overline{\bar{A} + C} + \overline{\overline{A} + B}} \qquad\qquad 或非一或非$$
$$= \overline{\overline{A}\,\overline{C} + \overline{A}\,\overline{B}} \qquad\qquad 与一或一非$$

2. 逻辑函数的代数化简法

代数法主要是运用逻辑代数基本定律和恒等式进行化简，常用的方法有以下几种。

1）并项法

利用公式 $A + \bar{A} = 1$，将两项合并成一项，并消去一个变量，如：

$$L = AB\bar{C} + ABC = AB(\bar{C} + C) = AB \qquad\qquad (8-3)$$

2）吸收法

运用吸收律 $A + AB = A$ 消去多余的与项，如：

$$L = AB + AB(C + DE) = AB \qquad\qquad (8-4)$$

3）消去法

运用吸收律 $A + \bar{A}B = A + B$ 消去多余的因子，如：

$$L = A + \bar{A}B + \bar{B}E = A + B + \bar{B}E = A + B + E \qquad\qquad (8-5)$$

4）配项法

先通过乘以 $A + \bar{A} = 1$ 或加上 $A\bar{A} = 0$，增加必要的乘积项，再用以上方法化简，如：

$$L = AB + \overline{A}C + BCD$$
$$= AB + \overline{A}C + BCD(A + \overline{A})$$
$$= AB + \overline{A}C + ABCD + \overline{A}BCD$$
$$= AB + \overline{A}C \tag{8-6}$$

8.5.2 最小项及卡诺图

代数法化简逻辑函数具有不受变量数目限制的优点，但是结果不唯一且没有固定的步骤可循，需要熟练运用各种公式和定理以及一定的技巧及经验，有时很难判定化简结果是否已经达到最简，如果掌握不好还有可能出现越化越烦琐的情况，介于上述代数化简法的缺点，下面介绍一种更简便、直观的化简方法。它是一种图形法，是由美国工程师卡诺（Karnaugh）发明的，所以称为卡诺图化简法。

1. 最小项

设 A、B、C 是三个逻辑变量，若由这三个逻辑变量按以下规则构成乘积项：

（1）每个乘积项都含三个变量；

（2）每个变量都以反变量或以原变量的形式出现一次，且仅出现一次。

那么，称这些乘积项为最小项，在三个变量的情况下，满足以上要求的乘积项共八个，这八个乘积项均为三变量 A、B、C 函数的最小项，见表 8-13。

表 8-13　三变量函数的最小项

最小项	变量取值			编号
	A	B	C	
$\overline{A}\,\overline{B}\,\overline{C}$	0	0	0	m_0
$\overline{A}\,\overline{B}\,C$	0	0	1	m_1
$\overline{A}\,B\,\overline{C}$	0	1	0	m_2
$\overline{A}\,B\,C$	0	1	1	m_3
$A\,\overline{B}\,\overline{C}$	1	0	0	m_4
$A\,\overline{B}\,C$	1	0	1	m_5
$A\,B\,\overline{C}$	1	1	0	m_6
$A\,B\,C$	1	1	1	m_7

推广：n 变量逻辑函数的全部最小项共有 2^n 个，为了分析最小项的性质，以三变量为例，列出三变量全部最小项的真值表，见表 8-14。从表中可看出最小项具有以下几个性质：

（1）对于任意一个最小项，只有一组变量取值使它的值为 1，而变量取其余各组值时，该最小项均为 0；

（2）任意两个不同的最小项之积恒为 0；

（3）变量全部最小项之和恒为 1。

表 8 - 14   三变量函数的最小项真值表

序号	A	B	C	m_0 $\overline{A}\,\overline{B}\,\overline{C}$	m_1 $\overline{A}\,\overline{B}\,C$	m_2 $\overline{A}\,B\,\overline{C}$	m_3 $\overline{A}\,B\,C$	m_4 $A\,\overline{B}\,\overline{C}$	m_5 $A\,\overline{B}\,C$	m_6 $A\,B\,\overline{C}$	m_7 $A\,B\,C$
0	0	0	0	1	0	0	0	0	0	0	0
1	0	0	1	0	1	0	0	0	0	0	0
2	0	1	0	0	0	1	0	0	0	0	0
3	0	1	1	0	0	0	1	0	0	0	0
4	1	0	0	0	0	0	0	1	0	0	0
5	1	0	1	0	0	0	0	0	1	0	0
6	1	1	0	0	0	0	0	0	0	1	0
7	1	1	1	0	0	0	0	0	0	0	1

2. 最小项表达式

任何一个逻辑函数都可以表示为最小项之和的形式——标准与或表达式，而且这种形式是唯一的，即一个逻辑函数只有一种最小项表达式。

例 8 - 16   将 $L(A, B, C) = AB + \overline{A}\,C$ 转化为最小项表达式。

解
$$L(A, B, C) = AB + \overline{A}\,C$$
$$= AB(C + \overline{C}) + \overline{A}\,C(B + \overline{B})$$
$$= ABC + AB\,\overline{C} + \overline{A}BC + \overline{A}\,\overline{B}C$$
$$= m_7 + m_6 + m_3 + m_1$$
$$= \sum m(1, 3, 6, 7)$$

例 8 - 17   将 $L(A, B, C) = \overline{(AB + \overline{A}\,\overline{B} + \overline{C})\,AB}$ 化成最小项表达式。

解
$$L(A, B, C) = \overline{(AB + \overline{A}\,\overline{B} + \overline{C})\,AB}$$
$$= \overline{(AB + \overline{A}\,\overline{B} + \overline{C})} + \overline{AB}$$
$$= (\overline{AB} \cdot \overline{\overline{A}\,\overline{B}} \cdot C) + AB \quad \text{去非号}$$
$$= (\overline{A} + \overline{B})(A + B)C + AB$$
$$= \overline{A}BC + A\,\overline{B}C + AB \quad \text{去括号}$$
$$= \overline{A}BC + A\,\overline{B}C + AB(C + \overline{C}) \quad \text{补齐变量}$$
$$= \overline{A}BC + A\,\overline{B}C + ABC + AB\,\overline{C}$$
$$= m_3 + m_5 + m_7 + m_6$$
$$= \sum m(3, 5, 6, 7) \quad \text{写成简式}$$

3. 相邻最小项

如果两个最小项中只有一个变量互为反变量，其余变量均相同，则称这两个最小项为逻辑相邻，简称相邻，例如最小项 ABC 和 $A\,\overline{B}C$ 就是相邻最小项。

4. 卡诺图

卡诺图是逻辑函数的一种图形表示。一个逻辑函数的卡诺图就是将此函数的最小项表达式中的各最小项相应地填入一个方格图内，此方格图称为卡诺图。

卡诺图的构造特点使卡诺图具有一个重要性质：可以从图形上直观地找出相邻最小项。两个相邻最小项可以合并为一个与项并消去一个变量。

1）一变量 $L(A)$ 的卡诺图

由于 n 个变量的逻辑函数有 2^n 个最小项，那么一变量的逻辑函数应该有 2 个最小项，即 $\overline{A}$ 与 A，分别记为 m_0、m_1，则逻辑函数的最小项表达式为 $L(A) = A + \overline{A}$。这两个最小项可用两个相邻的方格表示，即一变量卡诺图，如图 8－22 所示。

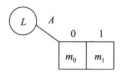

图 8－22　一变量卡诺图

2）两变量 $L(A, B)$ 的卡诺图

同理，两变量的逻辑函数应有 4 个最小项，即 $\overline{A}\,\overline{B}$、$\overline{A}B$、$A\,\overline{B}$、$AB$，分别记为 m_0、m_1、m_2、m_3，则逻辑函数的最小项表达式为 $L(A) = \overline{A}\,\overline{B} + \overline{A}B + A\,\overline{B} + AB$。根据相邻性，其卡诺图如图 8－23 所示，根据因变量位置的不同，可以有两种画法。

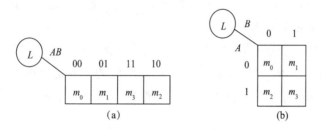

图 8－23　两变量卡诺图

（a）方法一　（b）方法二

3）三变量 $L(A, B, C)$ 的卡诺图

三变量逻辑函数应有 8 个最小项，需要注意的是 A、B、C 及其反变量对应的卡诺图区域，往往反变量可以不标出，如图 8－24 所示。根据相邻性，其卡诺图如图 8－25 所示。根据因变量位置不同，可以有两种画法。

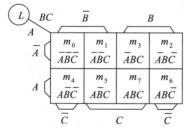

图 8－24　三变量对应卡诺图区域

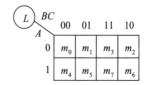

图 8－25　三变量卡诺图

4）四变量 $L(A, B, C, D)$ 的卡诺图

四变量逻辑函数应有 16 个最小项，根据相邻性，其卡诺图如图 8－26 所示。更多变量的卡诺图都可以以此类推。

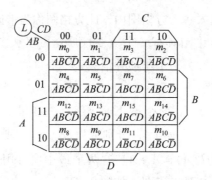

图 8-26   四变量卡诺图

5. 既定函数画卡诺图

上面讲的是 n 变量函数对应的卡诺图，那么对于同变量的不同函数，它所对应的卡诺图也将有所不同。我们需要将构成该逻辑函数的最小项在卡诺图上相应的方格中填 1，其余的方格填 0（0 也可以省略），就可以得到该函数的卡诺图。也就是说，任何一个逻辑函数都等于其卡诺图上填 1 的那些最小项之和。

例 8-18   画出一变量逻辑函数 $L(A) = \overline{A}$ 的卡诺图。

解   该函数是一变量函数，$\overline{A}$ 是 m_0，所以在对应的一变量卡诺图中 m_0 方格填 1，剩下的即 m_1 方格填 0，得到 $L(A) = \overline{A}$ 的卡诺图如图 8-27 所示。

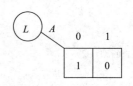

图 8-27   例 8-18 图

例 8-19   画出三变量逻辑函数 $L(A, B, C) = \overline{A}\,\overline{B}\,\overline{C} + \overline{A}\,B\,\overline{C} + A\,\overline{B}\,\overline{C} + ABC$ 的卡诺图。

解
$$L(A, B, C) = \overline{A}\,\overline{B}\,\overline{C} + \overline{A}\,B\,\overline{C} + A\,\overline{B}\,\overline{C} + ABC$$

$$= \sum m(0, 2, 4, 7)$$

在对应的卡诺图方格 m_0，m_2，m_4，m_7 中填 1，其余的填 0，得到的卡诺图如图 8-28 所示。

例 8-20   用卡诺图表示逻辑函数 $L(A, B, C, D) = A\,\overline{B} + B\,\overline{C}\,D$。

解   卡诺图如图 8-29 所示。

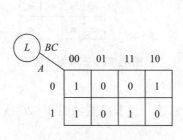

图 8-28   例 8-19 图

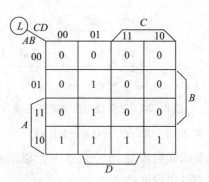

图 8-29   例 8-20 图

8.5.3　逻辑函数的卡诺图化简法

1. 卡诺图"相邻"的判断原则

相邻最小项：任意两个最小项中只有一个变量不同（同一变量名，但一个为原变量，另一个为反变量），其余变量完全相同，在图上反映为只隔一条边界的两个相邻的小方格（几何相邻）。

同一幅卡诺图中分别处于行（或列）两端的小方格为相对相邻。

在相邻两幅卡诺图中，处于相同位置的两个小方格为相重相邻。

例 8 – 21　尝试指出图 8 – 29 中 1000 的相邻小方格。

解　1100、1001、0000、1010

值得注意的是 1100 和 1001 比较好判断，0000 与 1010 容易遗漏，这两个小格属于相对相邻。

2. 合并最小项原则（画圈原则）

寻找相邻块的目的是为了在图上进行函数化简，通过原理可知，化简就是将相邻的最小项合并，但是这种合并不是随意的，而是有一定的原则，即最小项原则，也叫画圈原则。

画圈可以圈 1 也可以圈 0，主要看哪个更简便。值得注意的是，圈 1 得到的是原变量 L；而圈 0 得到的是 $\bar{L}$，需要再取反得到 L。下面以圈 1 为例进行讲解。

1）圈要尽量大，圈的个数尽量少

任何 2^i 个（$i \leq n$）标 1 的相邻小方格均可画在一个卡诺圈内，包含的最小项数目越多，所形成的圈越大，消去的变量也就越多，从而所得到的逻辑表达式就越简单。

任何 2^i 个标 1 的非相邻的小方格不能画入一个卡诺圈内，它们至少画在两个圈内。

2）每个圈内只能含有 2^i（$i = 0$，1，2，3，…）个相邻项。

2^i 个相邻的最小项合并，就可以消去 i 个取值不同的变量。要特别注意，对边和四角也具有相邻性（几何相邻）。

3）不能漏下取值为 1 的方格

也就是说，卡诺图中所有取值为 1 的最小项，即填 1 的方格均要被圈过。

4）避免多余的圈

新的包围圈中至少要含有 1 个未被圈过的取值为 1 方格，否则该包围圈是多余的。

如图 8 – 24 所示的卡诺图中，方格 0 和方格 4 的逻辑加是 $\bar{A}\,\bar{B}\,\bar{C} + A\,\bar{B}\,\bar{C} = (A + \bar{A})\bar{B}\,\bar{C} = \bar{B}\,\bar{C}$，消去了变量 A，即消去两方格中不相同的变量，就可以使逻辑表达式得到简化，这就是利用卡诺图化简逻辑函数的基本原理。

3. 卡诺图化简法步骤

(1)将函数式化为最小项表达式的形式。

(2)画出表示该逻辑函数的卡诺图，含有的最小项对应方格填 1，其余填 0。

(3)找出可以合并的最小项，即根据前述的画圈原则将相邻的最小项圈在一起。

(4)根据包围圈写出化简后的乘积项。

每一个圈写一个最简与项，即得最简与或表达式。规则是包围圈跨区变量不写，只写整区变量，所谓跨区变量指的是圈内含有某一个变量的正、反两个变量。

例 8－22 求 $L=\sum m(1,3,4,5,10,11,12,13)$ 的最简与或式。

解 (1)该式已经是最小项表达式，因此首先画出该逻辑表达式的卡诺图，如图 8－30 所示。

(2)按最小项的合并原则画圈，应选择尽可能大的圈和最少的圈覆盖所有的 1 格，如图 8－30 所示。

(3)写出最简式。

注意，此题所画自变量是 AB 在上，CD 在下。中圈的整区选择只有 $B\overline{C}$，剩下 4 个格(m_1，m_3，m_{10}，m_{11})用两个圈覆盖，得

$$L=B\overline{C}+\overline{A}\,\overline{B}D+A\overline{B}C$$

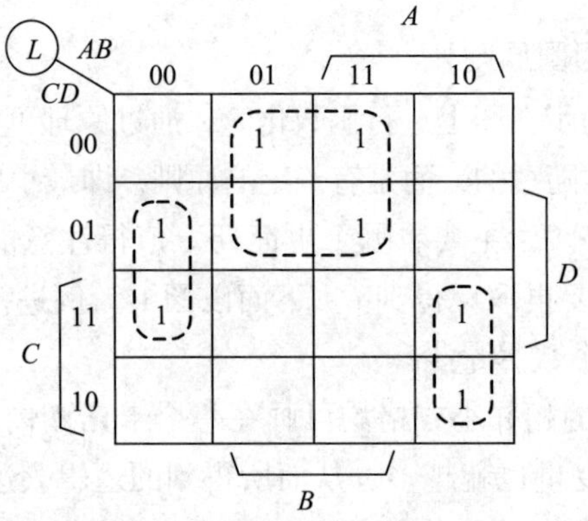

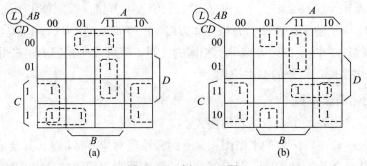

图 8－30 例 8－22 图

例 8－23 求 $L=\overline{B}CD+\overline{A}B\overline{D}+\overline{B}C\overline{D}+AB\overline{C}+ABCD$ 的最简与或式。

解 (1)由题得：

$$\begin{aligned}L&=(A+\overline{A})\overline{B}CD+\overline{A}B\overline{D}(C+\overline{C})+(A+\overline{A})\overline{B}C\overline{D}+AB\overline{C}(D+\overline{D})+ABCD\\&=\sum m(3,11,4,6,2,10,12,13,15)\end{aligned}$$

画出该逻辑表达式的卡诺图，如图 8－31 所示。

图 8－31 例 8－23 图

(a)方法一 (b)方法二

(2)按最小项的合并原则画圈。

(3)写出最简式。

本例有两种圈法,都可以得到最简式。

按图 8-31(a)得到的最简式为

$$L = \overline{B}C + \overline{A}C\,\overline{D} + B\,\overline{C}\,\overline{D} + ABD$$

按图 8-31(b)得到的最简式为

$$L = \overline{B}C + \overline{A}B\,\overline{D} + AB\,\overline{C} + ACD$$

该例说明,逻辑函数的最简式不是唯一的。

例 8-24 用卡诺图化简 $L(A,B,C,D) = \sum m(0 \sim 3,5 \sim 11,13 \sim 15)$ 的最简与或式。

解 (1)该式已经是最小项表达式,因此首先画出该逻辑表达式的卡诺图,如图8-32所示。

(2)按最小项的合并原则画圈,如图 8-32 所示。

(3)写出最简式。

本例有圈 1 和圈 0 两种圈法,都可以得到最简式。

按图 8-32(a)得到的最简式为

$$L = \overline{B} + C + D$$

按图 8-32(b)得到的最简式为

$$\overline{L} = B\,\overline{C}\,\overline{D}$$

对 $\overline{L}$ 求非得

$$L = \overline{B} + C + D$$

两种方法结果相同。

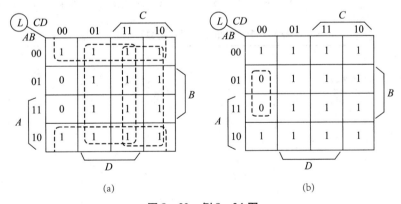

图 8-32 例 8-24 图

(a)圈 1 法   (b)圈 0 法

4. 无关项

逻辑问题分为完全描述和非完全描述两种。对输入变量的每一组取值，逻辑函数都有确定的值，则这类函数称为完全描述逻辑函数；对于输入变量的某些取值组合，逻辑函数值不确定的函数，称为非完全描述的逻辑函数。其中非完全描述的逻辑函数有两种情况，可能是由于某种条件的限制，输入变量的某些组合不可能出现，因而在这些取值下对应的函数值是"无关紧要"的，它可以为1，也可以为0，也有可能是某些输入变量取值可能出现，但是所产生的输出并不影响整个系统的功能，因此可以不必考虑其输出是0还是1。

因此，在实际情况中，类似这种对应于输入变量的某些取值下，输出函数的值可以是任意的（随意项、任意项），或者这些输入变量的取值根本不会（也不允许）出现，通常把这些输入变量取值所对应的最小项称为无关项或任意项。

例如，当8421BCD码作为输入变量时，禁止码1010～1111这六种状态所对应的最小项就是无关项。这些无关项在卡诺图中用符号"×"表示，在标准与或表达式中用 $\sum d(\ )$ 表示。化简具有无关项的逻辑函数时，要充分利用无关项可以当0也可以当1的特点，即采用卡诺图化简函数时，可以利用×（或∅）来尽量扩大卡诺圈，使逻辑函数更简单。

例 8 - 25 在十字路口有红、绿、黄三色交通信号灯，规定红灯亮停，绿灯亮行，黄灯亮要注意（即黄灯一亮，未过停车线的车辆也须停车），试分析车行与三色信号灯之间的逻辑关系。

解 若以变量 A、B、C 分别表示红、黄、绿灯的状态，且以灯亮为1、灯灭为0，用 L 表示停车与否，且以停车为1、通行为0，则 L 是 A、B、C 的函数。由于不可能有两个或两个以上的灯同时亮，则 A、B、C 三个变量的取值组合只可能是000、001、010、100，而不应出现011、101、110、111这四种情况，即 A 与 B、A 与 C、B 与 C、A 与 B 和 C 不可能同时为1，其相互约束关系可以表示为 $AB=0$、$BC=0$、$AC=0$、$ABC=0$，即 $AB+BC+AC+ABC=0$，或写成 $\sum d(3, 5, 6, 7)=0$，这些最小项就是无关项，其真值表见表8 - 15。

表 8 - 15 交通停车逻辑函数真值表

A	B	C	L
0	0	0	×
0	0	1	0
0	1	0	1
0	1	1	×
1	0	0	0
1	0	1	×
1	1	0	×
1	1	1	×

可见，当约束条件满足时，这些无关项的值恒为 0，如果将这些恒为 0 的最小项加到逻辑函数式中或从函数式中消去，都不会影响函数的逻辑功能和函数值，因此我们可以将无关项对应的输出函数值视为×。

该逻辑函数表达式可以写成

$$\begin{cases} L = \overline{A}B\,\overline{C} + A\,\overline{B}\,\overline{C} \\ AB + BC + AC = 0 \end{cases}$$

即

$$L = \sum m(2,4) + \sum d(3,5,6,7)$$

例 8-26 对例 8-25 的结果进行卡诺图化简。

解 根据交通灯逻辑函数的真值表画出该函数的卡诺图如图 8-33 所示，化简得 $L = A + B$。

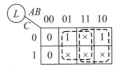

图 8-33 例 8-26 图

例 8-27 要求设计一个逻辑电路，能够判断一位十进制数(8421BCD 码)是奇数还是偶数，为奇数时电路输出为 1，为偶数时电路输出为 0。

解 (1)输入变量设为 A、B、C、D，输出变量设为 L，根据逻辑要求列出真值表，见表 8-16。

表 8-16 奇偶数判别函数真值表

ABCD	L	ABCD	L
0000	0	1000	0
0001	1	1001	1
0010	0	1010	×
0011	1	1011	×
0100	0	1100	×
0101	1	1101	×
0110	0	1110	×
0111	1	1111	×

(2)根据表 8-16 画出卡诺图，如图 8-34 所示，并采用圈 1 法化简。

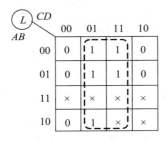

图 8-34 例 8-27 图

(3)化简得 $L = D$。

习 题 8

1. 举例说明什么是数字信号，什么是模拟信号，并说明数字逻辑电路的主要特点。

2. 把下列不同进制数写成按权展开形式。

　①$(123.56)_{10}$　　②$(426.744)_8$　　③$(10111.0101)_2$　　④$(5E6.87)_{16}$

3. 将下列二进制数转换成十进制数、八进制数和十六进制数。

　①1101.11　　　②0.110111　　　③11101.11101

4. 将下列十进制数转换成二进制数、八进制数和十六进制数。（精确到小数点后4位）

　①25　　　②0.37　　　③22.22

5. 将下列八进制数转换为十进制数、二进制数和十六进制数。

　①56　　　②4328　　　③26.657　　　④198.532

6. 将下列十六进制数转换为十进制数、二进制数和八进制数。

　①6E67　　　②5B785A　　　③7D3.A18　　　④1C3.B45

7. 写出下列各数的源码、反码和补码。

　①1101.11　　　②－110111

8. 完成下列二进制表达式的运算。

　① 111 011 011 011 + 101 001 111 111　　② 111 011 011 110 － 101 101 101 111

9. 使用8421码和格雷码分别表示下列各数。

　①$(1010111)_2$　　　②$(1101110)_2$

10. 试用开关(A、B、C、D)和指示灯(L)画出下列关系为 $L = (A + B)(C + D)$ 的电路图。

11. 求下图中逻辑电路图的逻辑表达式。

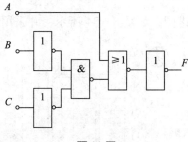

题 11 图

12. 列出上题中逻辑电路图的真值表。

13. 试用列真值表的方法证明下列运算公式：

（1）$A(B\oplus C)=AB\oplus AC$；

（2）$A\oplus B'=(A\oplus B)'=A\oplus B\oplus 1$。

14. 逻辑电路图及输入 A、B 的波形如下图所示，试分别画出输出 F_1、F_2 的波形。

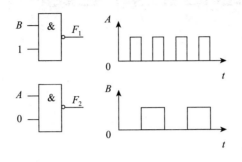

题 14 图

15. 使用反相器、与门和或门，实现逻辑表达式 $F=\overline{A}BC+A\overline{B}C+\overline{AB}\,\overline{C}$，并画出电路图。

16. 用逻辑代数的公理、定理和规则证明下列表达式：

（1）$\overline{AB+\overline{A}\,C}=A\,\overline{B}+\overline{A}\,\overline{C}$；

（2）$AB+A\,\overline{B}+\overline{A}\,B+\overline{A}\,\overline{B}=1$。

17. 用卡诺图化简法求出下列逻辑函数的最简"与或"表达式和最简"或与"表达式：

（1）$F(A,B,C,D)=\overline{A}\,\overline{B}+\overline{A}\,\overline{C}\,D+AC+B\,\overline{C}$；

（2）$F(A,B,C,D)=BC+D+\overline{D}(\overline{B}+\overline{C})(AD+B)$。

第 9 章 组合逻辑电路

本章重点

1. 组合逻辑电路的分析。
2. 常用组合逻辑电路简单设计。

9.1 组合逻辑电路的分析与设计

9.1.1 组合逻辑电路的分析

逻辑电路分为组合逻辑电路和时序逻辑电路两种。本章主要讲解组合逻辑电路，时序逻辑电路将在后续章节中介绍。组合逻辑电路在逻辑功能上的特点是任意时刻的输出仅仅取决于该时刻的输入，与电路原来的状态无关。而时序逻辑电路在逻辑功能上的特点是任意时刻的输出不仅取决于当时的输入信号，而且还取决于电路原来的状态，或者说还与以前的输入有关。组合逻辑电路由门电路组合而成，无反馈延迟环路，也无记忆单元，组合逻辑电路的特点可归纳如下：

（1）输入、输出之间没有反馈延迟通道；

（2）电路中无记忆单元。

组合电路的逻辑功能可用一组逻辑函数表达式进行描述，函数表达式可表示为

$$F_i = f_i(X_1, X_2, \cdots, X_n) \qquad n = 1, 2, 3, \cdots, m$$

所谓逻辑电路分析，是指对一个给定的逻辑电路，找出其输出与输入之间的逻辑关系。

对于组合逻辑电路的分析步骤大致如下。

1. 根据逻辑电路图写出输出函数表达式

写输出函数表达式时，一般从输入端开始往输出端逐级推导，直至得到所有与输入变量相关的输出函数表达式为止。

2. 化简输出函数表达式

为了简单、清晰地反映输入和输出之间的逻辑关系，应对逻辑表达式进行化简。描述一个电路功能的逻辑表达式是否达到最简，是评定该电路经济技术指标的依据。

3. 列出输出函数真值表

根据输出函数最简表达式，列出输出函数真值表。真值表详尽地给出了输入和输出的取值关系，直观地描述了电路的逻辑功能。

4. 功能评述

根据真值表和化简后的函数表达式，概括出对电路逻辑功能的文字描述，并对原电路的设计方案进行评定，必要时提出改进意见和改进方案。这最后一步是整个分析过程中的难点。

例 9 - 1 分析图 9 - 1 中组合逻辑电路的逻辑功能。

解 （1）根据给出的逻辑图，逐级推导出输出端的逻辑函数表达式为

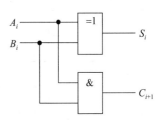

$$S_i = A_i \oplus B_i$$

$$C_i = A_i B_i$$

（2）列真值表，见表 9 - 1。

图 9 - 1 逻辑电路

表 9 - 1 函数真值表

A_i	B_i	C_{i+1}	S_i
0	0	0	0
0	1	0	1
1	0	0	1
1	1	1	0

（3）分析功能。由真值表知，当两个输入变量 A_i、B_i 中有一个为 1 时，输出 $S_i = 1$，而两个变量同时为 1 时，输出 $C_{i+1} = 1$，它正好实现了 A_i、B_i 两个 1 位二进制数进行求和并向高位进位的逻辑关系，该电路称为半加器。

电路中 A_i、B_i 是被加数和加数，S_i 是本位和值，C_i 是向高位的进位数。半加器是只考虑两个 1 位二进制数的相加，而不考虑来自低位进位数的运算电路，其国际逻辑符号如图 9 - 2 所示。

例 9 - 2 分析图 9 - 3 中组合逻辑电路的逻辑功能。

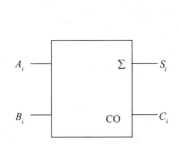

图 9 - 2 半加器国际逻辑符号

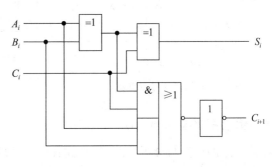

图 9 - 3 例 9 - 2 图

解 （1）根据给出的逻辑图，逐级推导出输出端的逻辑函数表达式为

$$S_i = A_i \oplus B_i \oplus C_i$$

$$C_{i+1} = (A_i \oplus B_i) C_i + A_i B_i$$

（2）列真值表，见表9-2。

表9-2　函数真值表

A_i	B_i	C_i	C_{i+1}	S_i
0	0	0	0	0
0	0	1	0	1
0	1	0	0	1
0	1	1	1	0
1	0	0	0	1
1	0	1	1	0
1	1	0	1	0
1	1	1	1	1

（3）分析功能。由真值表可见，当三个输入变量 A_i、B_i、C_i 中有一个为1或三个同时为1时，输出 $S_i = 1$；而当三个变量中有两个或两个以上同时为1时，输出 $C_{i+1} = 1$，它正好实现了 A_i、B_i、C_i 三个1位二进制数的加法运算功能，这种电路称为1位全加器。

电路中，C_i 为低位向本位的进位，C_{i+1} 是本位向高位的进位。全加器考虑了来自低位进位数的运算电路，其国际逻辑符号如图9-4所示。图9-5也是全加器，分析方法类似于上述两题，不再赘述。

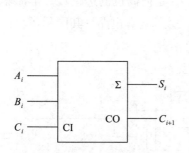

图9-4　全加器国际逻辑符号

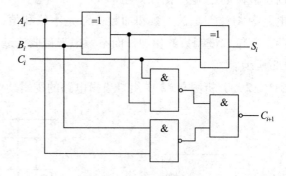

图9-5　全加器逻辑电路

9.1.2　组合逻辑电路的设计

逻辑电路的设计与分析是两个相反的过程，根据问题要求完成的逻辑功能，求出在特定条件下实现给定功能的逻辑电路，称为逻辑设计。显然，逻辑设计是逻辑分析的逆

过程。

对于组合逻辑电路的设计步骤大致如下。

1. 建立给定问题的逻辑描述

这一步的关键是正确理解设计要求，弄清楚与给定问题相关的变量及函数，即电路的输入和输出，建立函数与变量之间的逻辑关系，得到描述给定问题的逻辑表达式。求逻辑表达式有两种常用方法，即真值表法和分析法。

2. 求出逻辑函数的最简表达式

为了使逻辑电路中包含的逻辑门最少且连线最少，要对逻辑表达式进行化简，求出描述设计问题的最简表达式。

3. 选择逻辑门类型，并将逻辑函数变换成相应形式

根据简化后的逻辑表达式及问题的具体要求，选择合适的逻辑门，并将逻辑表达式变换成与所选逻辑门对应的形式。

4. 根据逻辑表达式画出逻辑图

将化简后的最简表达式变换为逻辑图。从输入到输出逐级画出，根据关系式的逻辑关系用相应的门实现。

例 9 - 3　设计一个三人表决电路，结果按"少数服从多数"的原则决定。

解　(1)根据逻辑要求列真值表，见表 9 - 3。

(2)根据真值表画卡诺图，如图 9 - 6(a)所示。

表 9 - 3　三人表决真值表

A	B	C	L
0	0	0	0
0	0	1	0
0	1	0	0
0	1	1	1
1	0	0	0
1	0	1	1
1	1	0	1
1	1	1	1

(3)通过卡诺图(图 9 - 6(a))化简得最简与或表达式为为

$$L = AB + BC + AC$$

(4)根据最简表达式画出逻辑图，如图 9 - 6(b)所示。

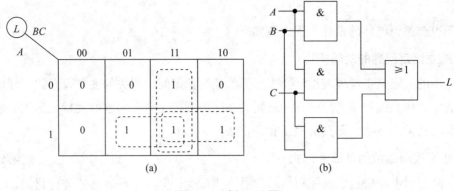

图 9-6 例 9-3 图

(a)卡诺图 (b)逻辑图

9.2 常用组合逻辑电路简单设计

前面介绍了组合逻辑电路的分析与设计方法。随着微电子技术的发展，许多常用的组合逻辑电路都会直接做成现成的集成模块，不需要进行再次设计。常用组合电路均有中规模集成电路(MSI)产品。MSI 组合部件具有功能强、兼容性好、体积小、功耗低、使用灵活等优点，因此得到广泛应用。本节主要介绍几种典型 MSI 组合逻辑部件的功能及应用。常用组合逻辑电路种类很多，主要有加法器、编码器、译码器、数值比较器、数据选择器等。

9.2.1 编码器

将输入信号(事件)用一个代码表示(输出)的过程，称为编码。如身份证号码用 18 位阿拉伯数字表示居民、用姓名表示人等。实现编码操作的电路就是编码器，按编码方式不同，编码器可分为普通编码器和优先编码器两种。

普通编码器在同一个时刻只能允许有一个输入(单个事件)。优先编码器允许多个事件同时发生，按照事先设定的优先级，确定输出代码。按输出代码种类可分为二进制编码器、二—十进制编码器等，这里主要介绍二进制编码器。

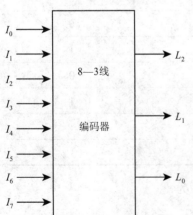

图 9-7 3 位二进制编码器的框图

1. 二进制编码器原理

用 n 位二进制代码对 $N = 2^n$ 个一般信号进行编码的电路，叫作二进制编码器。常见的二进制编码器有 2 位二进制编码器、3 位二进制编码器和 4 位二进制编码器等。现以 3 位二进制编码器为例，分析二进制编码器的工作原理。

图 9-7 是 3 位二进制编码器的框图，它的输入是 $I_0 \sim I_7$ 共 8 位信号，输出是二进制代码 L_2、L_1、L_0 共 3

位。为此，又把它叫作 8—3 线编码器。

编码器有效输入信号有两种方式：一种是 I_0 加高电平，其他输入端加低电平时，输出该位的编码，称为"输入高电平有效"，如当 I_4 取 1，其他位为 0 时，输出的 3 位编码便是 4；另一种则为"输入低电平有效"，即当 I_4 取 0，其他位为 1 时，输出编码 4。

输入信号有 8 个，那么是不是输出共有 $2^8 = 256$ 个呢？理论上应该是的，但这种编码器还有一个特点，即任何时刻只允许输入一个有效信号，不允许同时出现两个或两个以上的有效信号，因而其输入是一组有约束的变量，所以只有 8 种。假设输入端信号为高电平有效，则可得到表 9-4 所示的真值表。

表 9-4　3 位二进制编码器真值表

输　入								输　出		
I_0	I_1	I_2	I_3	I_4	I_5	I_6	I_7	L_2	L_1	L_0
1	0	0	0	0	0	0	0	0	0	0
0	1	0	0	0	0	0	0	0	0	1
0	0	1	0	0	0	0	0	0	1	0
0	0	0	1	0	0	0	0	0	1	1
0	0	0	0	1	0	0	0	1	0	0
0	0	0	0	0	1	0	0	1	0	1
0	0	0	0	0	0	1	0	1	1	0
0	0	0	0	0	0	0	1	1	1	1

由于 $I_0 \sim I_7$ 是一组互相排斥的变量，所以真值表可以进行简化，见表 9-5。

表 9-5　3 位二进制编码器简化真值表

输　入	输　出		
I	L_2	L_1	L_0
I_0	0	0	0
I_1	0	0	1
I_2	0	1	0
I_3	0	1	1
I_4	1	0	0
I_5	1	0	1
I_6	1	1	0
I_7	1	1	1

这样只需要将输出端为 1 的变量加起来，便可得到输出端的最简与或表达式：

$$L_2 = I_4 + I_5 + I_6 + I_7$$

$$L_1 = I_2 + I_3 + I_6 + I_7$$
$$L_0 = I_1 + I_3 + I_5 + I_7$$

根据表达式画出逻辑图，如图9-8(a)所示，显然这是高电平有效的逻辑电路图，将与或式进行变形：

$$L_2 = I_4 + I_5 + I_6 + I_7 = \overline{\overline{I_4 + I_5 + I_6 + I_7}} = \overline{\overline{I_4} \cdot \overline{I_5} \cdot \overline{I_6} \cdot \overline{I_7}}$$
$$L_1 = I_2 + I_3 + I_6 + I_7 = \overline{\overline{I_2 + I_3 + I_6 + I_7}} = \overline{\overline{I_2} \cdot \overline{I_3} \cdot \overline{I_6} \cdot \overline{I_7}}$$
$$L_0 = I_1 + I_3 + I_5 + I_7 = \overline{\overline{I_1 + I_3 + I_5 + I_7}} = \overline{\overline{I_1} \cdot \overline{I_3} \cdot \overline{I_5} \cdot \overline{I_7}}$$

以低电平有效的逻辑图，如图9-8(b)所示。

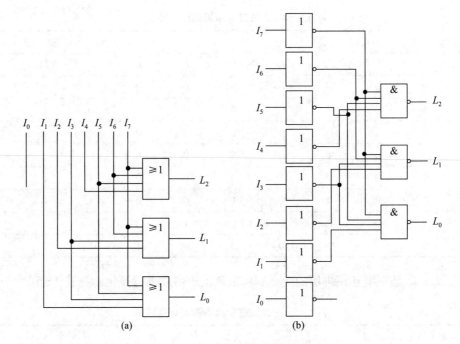

图9-8　3位二进制编码器逻辑图

(a)高电平有效　(b)低电平有效

2. 优先编码器

优先编码器是一种二进制编码器，与普通编码器不同，当输入端同时有信号到来，编码器自动按优先权排队，先对优先权级别最高的输入信号进行编码，然后按优先权顺序分别对其他输入信号进行编码，常用于优先中断系统和键盘编码。下面以8—3线(74LS148)为例讲解二进制优先编码器的原理和功能。

74LS148是共有16个引脚的集成芯片，各引脚对应的逻辑功能如图9-9(a)所示，图中半圆缺口用于区别芯片的正反，$I_0 \sim I_7$为输入信号，L_2，L_1，L_0为三位二进制编码器输出信号，IE是使能输入端，OE是使能输出端，GS为片优先编码输出端，8脚与16脚分别为用于接地和接高电位的电源脚；图9-9(b)是74LS148的实物外观图。

然而，在设计逻辑图时不可能将芯片直接画在电路图中，同样需要通过逻辑符号来代表集成芯片，如图 9-10 所示，图中小圆圈表示低电平有效。

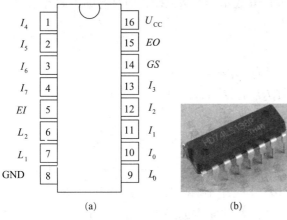

图 9-9　74LS148 芯片引脚图及外观图
（a）外部引脚图　（b）外观图

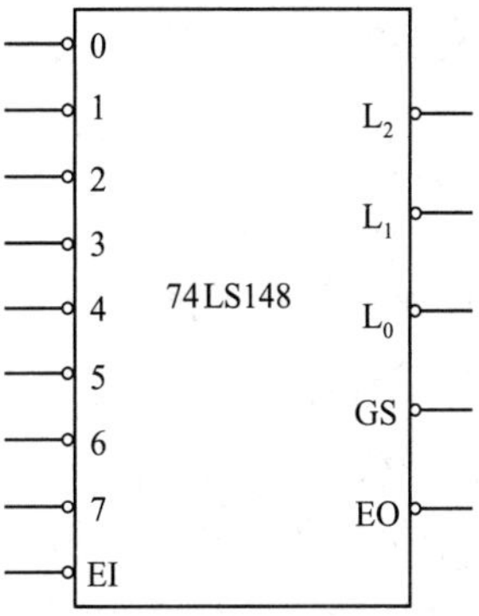

图 9-10　74LS148 芯片逻辑符号

表 9-6　74LS148 真值表

编号	输入									输出				
	EI	7	6	5	4	3	2	1	0	L_2	L_1	L_0	GS	EO
1	1	×	×	×	×	×	×	×	×	1	1	1	1	1
2	0	1	1	1	1	1	1	1	1	1	1	1	1	0
3	0	0	×	×	×	×	×	×	×	0	0	0	0	1
4	0	1	0	×	×	×	×	×	×	0	0	1	0	1
5	0	1	1	0	×	×	×	×	×	0	1	0	0	1
6	0	1	1	1	0	×	×	×	×	0	1	1	0	1
7	0	1	1	1	1	0	×	×	×	1	0	0	0	1
8	0	1	1	1	1	1	0	×	×	1	0	1	0	1
9	0	1	1	1	1	1	1	0	×	1	1	0	0	1
10	0	1	1	1	1	1	1	1	0	1	1	1	0	1

根据 74LS148 真值表可看出以下信息。

1）EI 的功能

当使能输入 $EI=1$ 时，禁止编码，输出全为 1。

当使能输入 $EI=0$ 时，允许编码，在 $I_0 \sim I_7$ 输入中，输入 I_7 优先级最高，I_0 优先级最低。

2）EO 的功能

使能输出端 EO 的逻辑方程为

$$EO = I_0 \cdot I_1 \cdot I_2 \cdot I_3 \cdot I_4 \cdot I_5 \cdot I_6 \cdot I_7 \cdot EI$$

表明 EO 为使能输出端，它只在允许编码（$EI=0$），而本片又没有编码输入时为 0。

3）GS 的功能

扩展片优先编码输出端 GS 的逻辑方程为

$$GS = (I_0 + I_1 + I_2 + I_3 + I_4 + I_5 + I_6 + I_7) \cdot EI$$

在允许编码($EI = 0$)，且有编码输入信号时，为 0；在允许编码而无编码输入信号时，为 1；在不允许编码($EI = 1$)时，也为 1。$GS = 0$ 表示"电路工作，而且有编码输入"。

4）输出逻辑方程

$$L_2 = (I_4 + I_5 + I_6 + I_7) \cdot EI$$
$$L_1 = (I_2I_4I_5 + I_3I_4I_5 + I_6 + I_7) \cdot EI$$
$$L_0 = (I_1I_2I_4I_6 + I_3I_4I_6 + I_5I_6 + I_7) \cdot EI$$

3. 编码器的扩展

多个编码器的使能输出 EO 和使能输入 EI 配合可实现多级编码器之间的优先级别的控制，扩展线数。使两片 74LS148 优先编码器串接，如图 9-11 所示，将高位片的使能输出 EO 接低位片的使能输入 EI 就可以扩展成 16—4 线优先编码器。它共有 16 个编码输入端，用 $I_0 \sim I_{15}$ 表示；两片编码器的输出端分别相与，构成 4 个编码输出端，用 $L_0 \sim L_3$ 表示。进行分析，可知电路的工作原理如下。

1）当 $EI = 1$ 时，高位片不工作

$EO' = 1$，即 $EI'' = 1$，因此低位片也不工作。由此可以看出，EI 成为扩展模块总的输入使能端。

2）当 $EI = 0$ 时，高位片工作

当高位片 $I_8 \sim I_{15}$ 无有效信号输入时，输出 L_2'、L_1'、L_0' 全为高电平，$GS' = 1$（即 $L_3 = 1$），且 $EO' = 0$（即 $EI'' = 0$），允许低位片进行编码。假设此时 $I_5 = 0$，则 $L_0''L_1''L_2''$ 为 010，由于 $L_2'L_1'L_0' = 111$，所以总输出 $L_3L_2L_1L_0 = 1010$。

当高位片 $I_8 \sim I_{15}$ 有有效信号输入时，$EO' = 1$（即 $EI'' = 1$），低位片禁止工作，L_2'、L_1'、L_0' 输出信号全部为高电平。假设此时 I_{13} 有输入信号，对高位片自身来说就相当于对 5 脚进行编码，则 $L_2'L_1'L_0'$ 为 010，而 $L_0''L_1''L_2''$ 为 111，所以经过与门之后总输出 $L_3L_2L_1L_0 = 0010$。

将所有情况进行分析会得到 16—4 线编码器的真值表见表 9-7。

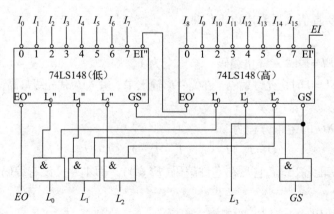

图 9-11　74LS148 扩展图

表 9 - 7 74LS148 扩展真值表

EI	I_0	I_1	I_2	I_3	I_4	I_5	I_6	I_7	I_8	I_9	I_{10}	I_{11}	I_{12}	I_{13}	I_{14}	I_{15}	L_3	L_2	L_1	L_0	EO	GS
1	×	×	×	×	×	×	×	×	×	×	×	×	×	×	×	×	1	1	1	1	1	1
0	1	1	1	1	1	1	1	1	1	1	1	1	1	1	1	1	1	1	1	1	0	1
0	×	×	×	×	×	×	×	×	×	×	×	×	×	×	×	0	0	0	0	0	1	0
0	×	×	×	×	×	×	×	×	×	×	×	×	×	×	0	1	0	0	0	1	1	0
0	×	×	×	×	×	×	×	×	×	×	×	×	×	0	1	1	0	0	1	0	1	0
0	×	×	×	×	×	×	×	×	×	×	×	×	0	1	1	1	0	0	1	1	1	0
0	×	×	×	×	×	×	×	×	×	×	×	0	1	1	1	1	0	1	0	0	1	0
0	×	×	×	×	×	×	×	×	×	×	0	1	1	1	1	1	0	1	0	1	1	0
0	×	×	×	×	×	×	×	×	×	0	1	1	1	1	1	1	0	1	1	0	1	0
0	×	×	×	×	×	×	×	×	0	1	1	1	1	1	1	1	0	1	1	1	1	0
0	×	×	×	×	×	×	×	0	1	1	1	1	1	1	1	1	1	0	0	0	1	0
0	×	×	×	×	×	×	0	1	1	1	1	1	1	1	1	1	1	0	0	1	1	0
0	×	×	×	×	×	0	1	1	1	1	1	1	1	1	1	1	1	0	1	0	1	0
0	×	×	×	×	0	1	1	1	1	1	1	1	1	1	1	1	1	0	1	1	1	0
0	×	×	×	0	1	1	1	1	1	1	1	1	1	1	1	1	1	1	0	0	1	0
0	×	×	0	1	1	1	1	1	1	1	1	1	1	1	1	1	1	1	0	1	1	0
0	×	0	1	1	1	1	1	1	1	1	1	1	1	1	1	1	1	1	1	0	1	0
0	0	1	1	1	1	1	1	1	1	1	1	1	1	1	1	1	1	1	1	1	1	0

9.2.2 译码器

译码是编码的反过程，它是把具有特定含义的二进制代码"翻译"成数字或字符等特定的输出信号，实现译码操作的逻辑电路称为译码器，译码器是编码器的逆过程，即将输入的每个二进制代码翻译成对应的输出高、低电平。译码器与编码器一样，常用的译码器也可以以集成芯片即组合逻辑电路的形式使设计和使用更加方便，常用的译码器按功能分为以下几种。

（1）变量译码器：表示输入状态的组合逻辑网络。

（2）码制变换译码器：功能是将一种码制转换为另一种码制。

（3）数字显示译码器：功能是将数字量翻译成数字显示器所能识别的信号。

本节主要介绍二进制译码器、二—十进制译码器和显示译码器等。

1. 二进制译码器原理

图 9 - 12 中，二进制译码器有 n 个输入端（即 n 位二进制码）和 $M = 2^n$ 个输出端，分别对应输入端不同代码所表示的信息。当输入端输入一组 n 位二

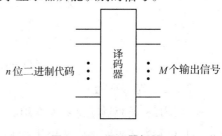

图 9 - 12 译码器框图

进制代码时，M 个输出端中就有一个且仅有一个输出端有效。常见的二进制译码器有 2—4 线译码器、3—8 线译码器和 4—16 线译码器等。

现以 3 位二进制译码器(3—8 线)为例，分析二进制译码器的工作原理。它有 3 个输入端 A_2、A_1、A_0，那么可以产生 $Y_0 \sim Y_7$ 共 8 种互斥的输出信号，所有情况具体的对应关系见表9-8。通过这个真值表可以发现它以输出端的逻辑高电平来识别不同的输入代码，称为"输出高电平有效"，反之则为"输出低电平有效"。

表 9-8　3 位二进制译码器真值表

A_2	A_1	A_0	Y_0	Y_1	Y_2	Y_3	Y_4	Y_5	Y_6	Y_7
0	0	0	1	0	0	0	0	0	0	0
0	0	1	0	1	0	0	0	0	0	0
0	1	0	0	0	1	0	0	0	0	0
0	1	1	0	0	0	1	0	0	0	0
1	0	0	0	0	0	0	1	0	0	0
1	0	1	0	0	0	0	0	1	0	0
1	1	0	0	0	0	0	0	0	1	0
1	1	1	0	0	0	0	0	0	0	1

根据真值表可得逻辑表达式

$$Y_0 = \overline{A_2}\,\overline{A_1}\,\overline{A_0} \qquad Y_1 = \overline{A_2}\,\overline{A_1}A_0 \qquad Y_2 = \overline{A_2}A_1\,\overline{A_0} \qquad Y_3 = \overline{A_2}A_1A_0$$

$$Y_4 = A_2\,\overline{A_1}\,\overline{A_0} \qquad Y_5 = A_2\,\overline{A_1}A_0 \qquad Y_6 = A_2A_1\,\overline{A_0} \qquad Y_7 = A_2A_1A_0$$

根据逻辑表达式可画出由门电路构成的 3 位二进制译码器的逻辑电路图，如图 9-13 所示。

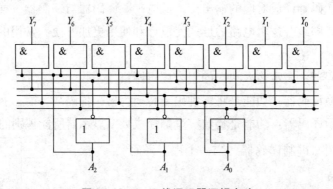

图 9-13　3—8 线译码器逻辑电路

2. 二进制译码器

74LS138 译码器就是一种常用的 3—8 线二进制译码器，其逻辑电路图如图 9-14 所示。74LS138 译码器集成芯片共有 16 个引脚，其引脚图与外观图如图 9-15 所示，其工作原理是当一个选通端 G_1 为高电平，另两个选通端 G_{2A} 和 G_{2B} 为低电平时，可将地址端 A_2、A_1、A_0 的二进制编码在一个对应的输出端以低电平译出。译码器在电路中也有对应的逻辑符号，如图 9-16 所示。

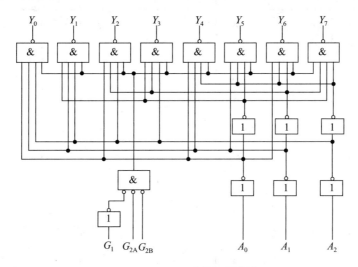

图 9-14　74LS138 芯片逻辑电路图

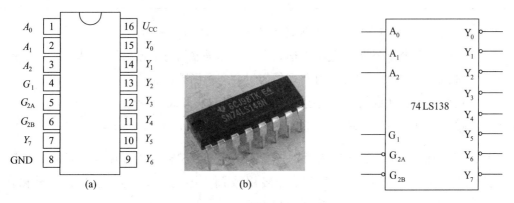

图 9-15　74LS138 芯片引脚图及外观图

（a）外部引脚图　（b）外观图

图 9-16　74LS138 芯片逻辑符号

该译码器的真值表见表 9-9，结合真值表可知各引出端功能如下。

（1）A_2、A_1、A_0：地址输入端，其中 A_2 为高位。

（2）$Y_0 \sim Y_7$：状态信号输出端，其中 Y_7 为高位，低电平有效。

（3）G_1 和 G_{2A}、G_{2B}：使能端。由真值表可看出，只有当 $G_1 = 1$，$G_{2A} + G_{2B} = 0$ 时，该译码器才有有效状态信号输出；若有一个条件不满足，则译码器禁止工作，输出全为高电平。利用 G_1、G_{2A} 和 G_{2B}，其可级联扩展成 24 线译码器；若外接一个反相器，还可级联扩展成 32 线译码器；若将选通端中的一个作为数据输入端，74LS138 还可作为数据分配器。

表 9 - 9　74LS138 译码器真值表

输入						输出							
G_1	G_{2A}	G_{2B}	A_2	A_1	A_0	Y_0	Y_1	Y_2	Y_3	Y_4	Y_5	Y_6	Y_7
×	1	×	×	×	×	1	1	1	1	1	1	1	1
×	×	1	×	×	×	1	1	1	1	1	1	1	1
0	×	×	×	×	×	1	1	1	1	1	1	1	1
1	0	0	0	0	0	0	1	1	1	1	1	1	1
1	0	0	0	0	1	1	0	1	1	1	1	1	1
1	0	0	0	1	0	1	1	0	1	1	1	1	1
1	0	0	0	1	1	1	1	1	0	1	1	1	1
1	0	0	1	0	0	1	1	1	1	0	1	1	1
1	0	0	1	0	1	1	1	1	1	1	0	1	1
1	0	0	1	1	0	1	1	1	1	1	1	0	1
1	0	0	1	1	1	1	1	1	1	1	1	1	0

例 9 - 4　试用译码器和门电路实现逻辑函数 $L = AB + BC + AC$。

解　通过 74LS138 译码器的逻辑表达式可见，译码器的每个输出端分别与一个最小项相对应，因此辅以适当的门电路便可实现任何组合逻辑函数。

(1)将逻辑函数转换成最小项表达式，再转换成与非形式。

$$L = \overline{A}BC + A\overline{B}C + AB\overline{C} + ABC = m_3 + m_5 + m_6 + m_7 = \overline{\overline{m_3} \cdot \overline{m_5} \cdot \overline{m_6} \cdot \overline{m_7}} = \overline{\overline{Y_3} \cdot \overline{Y_5} \cdot \overline{Y_6} \cdot \overline{Y_7}}$$

(2)该函数有三个变量，所以选用 3—8 线译码器 74LS138。用一片 74LS138 加一个与非门就可实现逻辑函数 L，注意不要直接用或门，因为 74LS138 芯片是反码输出，如图 9 - 17 所示。

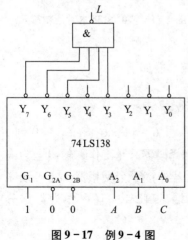

图 9 - 17　例 9 - 4 图

3. 译码器的扩展

译码器也可以进行扩展，原理与编码器类似，利用译码器的使能端可以将多个译码器串接，方便地扩展译码器的容量。图 9 - 18 是将两片 74LS138 扩展为 4—16 线译码器，其工作原理如下。

(1)当 $E = 1$ 时，两个译码器都禁止工作，输出全 1。

(2)当 $E = 0$ 时，译码器工作。这时，如果 $A_3 = 0$，高位片禁止，低位片工作，输出 $Y_0 \sim Y_7$ 由输入二进制代码 $A_2{}' A_1{}' A_0{}'$ 决定；如果 $A_3 = 1$，低位片禁止，输出 $Y_0 \sim Y_7$

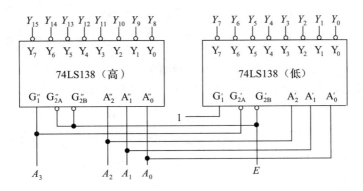

图 9 - 18　译码器的扩展

全部为 1，同时高位片工作，输出 $Y_8 \sim Y_{15}$ 由输入二进制代码 $A_2'' A_1'' A_0''$ 决定，从而实现了 4—16 线译码器功能。

4. 构成数据分配器

数据分配器是将一路输入数据根据地址选择码分配给多路数据输出中的某一路输出。它的作用与图 9 - 19 所示的单刀多掷开关相似。

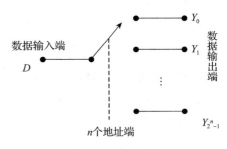

图 9 - 19　数据分配器示意图

市场上没有集成数据分配器产品，由于译码器和数据分配器的功能非常接近，所以当需要数据分配器时，可以用译码器改接。译码器一个很重要的应用就是构成数据分配器。以 1—4 路分配器为例，根据数据分配器的特点将所有情况列出，得到真值表，见表 9 - 10。

表 9 - 10　1—4 路分配器真值表

输　　入			输　　出			
G	A_1	A_0	Y_0	Y_1	Y_2	Y_3
1	×	×	1	1	1	1
0	0	0	D	1	1	1
0	0	1	1	D	1	1
0	1	0	1	1	D	1
0	1	1	1	1	1	D

将译码器的使能端 G_{2A} 作为数据输入端，二进制代码输入端 A_2、A_1、A_0 作为地址输入端使用时，则译码器便成为一个数据分配器。由 74LS138 构成的 1—8 路数据分配器如图 9 - 20 所示。

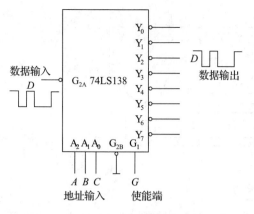

图 9 - 20　1—8 路数据分配器

5. 显示译码器

在数字测量仪表和各种数字系统中，都需要将数字量直观地显示出来，一方面供人们直接读取测量和运算的结果，另一方面用于监视数字系统的工作情况。为了便于人们读取数字、字母、符号等信息，需要将这些信息通过某些器件显示出来，这种器件称为数字显示器。数字显示电路是数字设备不可缺少的部分，数字显示电路通常由显示译码器、驱动器和显示器等部分组成，其中显示器按显示方式分，有字形重叠式显示器、点阵式显示器、分段式显示器等；按发光物质分，有发光二极管(LED)显示器、荧光显示器、液晶显示器、气体放电管显示器等。本节主要讨论发光二极管数码管，它具有许多优点，例如工作电压低($1.5 \sim 3$ V)、体积小、寿命长、可靠性高等，除此之外响应速度快($\leqslant 100$ ns)、亮度比较高。一般 LED 的工作电流选在 $5 \sim 10$ mA，但不允许超过最大值(通常为 50 mA)。LED 可以直接由门电路驱动，当门电路驱动输出为低电平时，LED 发光，称为低电平驱动；当门电路驱动输出为高电平时，LED 发光，称为高电平驱动，采用高电平驱动方式的 TTL 门最好选用 OC 门。

目前，应用最广泛的是 LED 七段数字显示器。七分段数字显示器就是将七个发光二极管(a、b、c、d、e、f、g)按一定的方式排列起来，每一段包含一个发光二极管，外加正向电压时二极管导通，发出清晰的光，有多种颜色。只要按规律控制各发光段的亮、灭，就可以显示各种字形或符号。有的显示器多一个发光二极管，即小数点(DP)，如图 9 - 21 所示。下面介绍常用的七段显示译码器 74LS48。

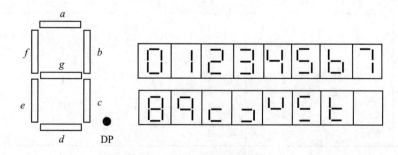

图 9 - 21　七段数字显示器

七段显示译码器 74LS48 是一种集成译码器，它的外部引脚图与逻辑符号如图 9 - 22 所示。

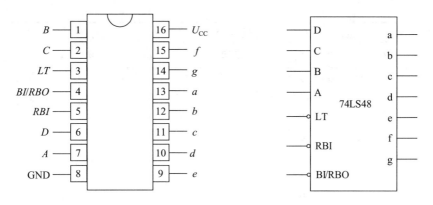

图 9 - 22 **74LS48 外部接线图及逻辑符号图**

其中，$A \sim D$ 是四个输入端，$a \sim g$ 是译码输出端，另外还有 3 个辅助控制端，即 LT、RBI、BI/RBO。

1）试灯输入端 LT

LT 低电平有效。当 $LT = 0$ 时，无论输入怎样，$a \sim g$ 输出全 1，即数码管的七段应全亮，而与输入信号无关。本输入端用于测试数码管的好坏。

2）动态灭零输入端 RBI

RBI 低电平有效。当 $LT = 1$，处于非试灯状态时，若 $RBI = 0$ 且输入全为 0，译码器的 $a \sim g$ 输出全为 0，即显示器全灭；若 $RBI = 1$，则输出正常，显示 "0"。本输入端常用于消隐无效的 0。在多位十进制数码显示时，整数前和小数后的 0 是无意义的，称为 "无效 0"。如数据 00304.50 可令其显示为 304.5。值得注意的是，如果输入不全为 0，输出是正常显示的。

3）灭灯输入和动态灭零输出端 BI/RBO

BI/RBO 低电平有效，这是一个特殊的端钮，有时用作输入（BI），有时用作输出（RBO）。

当作为输入使用时，如果 $BI = 0$，不管其他输入端为何值，$a \sim g$ 均输出 0，显示器全灭，因此 BI 称为灭灯输入端。当作为输出使用时，受控于 LT 和 RBI。当 $RBI = 0$，输入为 0 的二进制码全为 0 时，$RBO = 0$，用以指示该片正处于灭零状态，所以 RBO 称为灭零输出端。将 BI/RBO 和 RBI 配合使用，可以实现多位数显示时的 "无效 0 消隐" 功能。

4）正常译码显示

当 $LT = 1$，$BI/RBO = 1$，$RBI = 1$（即三个控制端均无效）时，对输入为十进制数 $1 \sim 9$ 的二进制码（0001 ~ 1001）进行译码，产生对应的七段显示码，见表 9 - 11。

表 9 - 11 **74LS48 真值表**

功能（输入）	输入						输入/输出	输出							显示字形
	LT	RBI	A	B	C	D	BI/RBO	a	b	c	d	e	f	g	
0	1	1	0	0	0	0	1	1	1	1	1	1	1	0	0
1	1	×	0	0	0	1	1	0	1	1	0	0	0	0	1

功能 （输入）	输入						输入/输出	输出							显示 字形
	LT	*RBI*	*A*	*B*	*C*	*D*	*BI/RBO*	*a*	*b*	*c*	*d*	*e*	*f*	*g*	
2	1	×	0	0	1	0	1	1	1	0	1	1	0	1	2
3	1	×	0	0	1	1	1	1	1	1	1	0	0	1	3
4	1	×	0	1	0	0	1	0	1	1	0	0	1	1	4
5	1	×	0	1	0	1	1	1	0	1	1	0	1	1	5
6	1	×	0	1	1	0	1	0	0	1	1	1	1	1	6
7	1	×	0	1	1	1	1	1	1	1	0	0	0	0	7
8	1	×	1	0	0	0	1	1	1	1	1	1	1	1	8
9	1	×	1	0	0	1	1	1	1	1	0	0	1	1	9
10	1	×	1	0	1	0	1	0	0	0	1	1	0	1	c
11	1	×	1	0	1	1	1	0	0	1	1	0	0	1	コ
12	1	×	1	1	0	0	1	0	1	0	0	0	1	1	U
13	1	×	1	1	0	1	1	1	0	0	1	0	1	1	c
14	1	×	1	1	1	0	1	0	0	0	1	1	1	1	t
15	1	×	1	1	1	1	1	0	0	0	0	0	0	0	
灭灯	×	×	×	×	×	×	0	0	0	0	0	0	0	0	
灭零	1	0	0	0	0	0	0	0	0	0	0	0	0	0	
试灯	0	×	×	×	×	×	1	1	1	1	1	1	1	1	8

9.2.3 加法器

在数字电路中，对二进制数进行加、减、乘、除的运算都是转化成加法运算完成的，所以加法器是运算电路的基本单元。

1. 半加器

两个 1 位二进制数进行相加得到和及进位的电路称为半加器。按照二进制数运算规则得到表 9 – 12 所示的真值表，其中 A、B 是加数，S 是和，C 是进位。

由真值表可以得到如下逻辑表达式：

$$S = \overline{A}\,B + A\,\overline{B} = A \oplus B$$

$$C = AB$$

由表达式可以得到半加器逻辑图及符号，如图 9 – 22 所示。

表 9 – 12　半加器真值表

输入		输出	
A	*B*	*S*	*C*
0	0	0	0
0	1	1	0
1	0	1	0
1	1	0	1

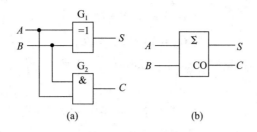

图 9-23 半加器逻辑图及符号

（a）逻辑图　（b）符号

2. 全加器

两个 1 位二进制数相加并考虑低位来的进位，计算得到和及进位的逻辑电路称为全加器。全加器真值表见表 9-13，表中 C_I 为低位来的进位，A、B 是两个加数，S 是全加和，C_O 是进位，从真值表可得到如下表达式：

$$S = 6\ m(1,\ 2,\ 4,\ 7)$$
$$C_O = 6\ m(3,\ 5,\ 6,\ 7)$$

表 9-13 全加器真值表

输入			输出	
C_I	A	B	S	C_O
0	0	0	0	0
0	0	1	1	0
0	1	0	1	0
0	1	1	0	1
1	0	0	1	0
1	0	1	0	1
1	1	0	0	1
1	1	1	1	1

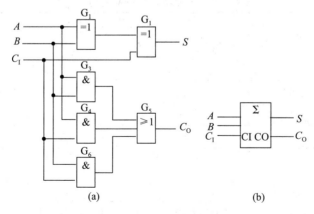

图 9-24 全加器逻辑图及符号

（a）逻辑图　（b）符号

$$S = A \oplus B \oplus C_I$$
$$C_O = AB + AC_I + BC_I$$

由逻辑表达式可画出逻辑图，如图 9-24 所示。下面以全加器 CD14560 为例讲解二进制全加器的原理和功能。

CD14560 是一块十进制全加器集成电路，为 16 脚双列直插封装结构，可以完成一位十进制数的全加运算，输入、输出都是 BCD 码中的自然数，称为 NBCD 全加器。如图 9-25 所示为 CD14560 全加器的封装，各引脚的功能如下。

加数 A 输入：⑤为 A_4；③为 A_3；①为 A_2；⑮为 A_1。

加数 B 输入：⑥为 B_4；④为 B_3；②为 B_2；⑭为 B_1。

和数 F 输入：⑩为 F_4；⑪为 F_3；⑫为 F_2；⑬为 F_1。

⑦为 CO，低位进位输入。

⑨为 FC_4，进位输出。

⑯为 V_{CC}，电源正极。

⑧为 V_SS，电源负极。

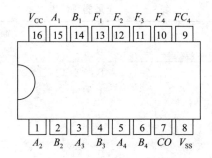

图 9-25　CD14560 封装

全加器 CD14560 功能表见表 9-14。

表 9-14　全加器 CD14560 的功能表

输入									输出				
A_4	A_3	A_2	A_1	B_4	B_3	B_2	B_1	C_0	FC_4	F_4	F_3	F_2	F_1
0	0	0	0	0	0	0	0	0	0	0	0	0	0
0	0	0	0	0	0	0	1	0	0	0	0	0	1
0	1	0	0	0	0	0	1	0	0	0	1	0	1
0	1	0	0	0	0	1	1	0	0	0	1	1	1
0	1	0	1	0	0	1	1	0	0	1	0	0	0
		⋮				⋮					⋮		
0	1	1	1	0	1	0	0	0	1	0	0	0	1

输入								输出				
A_4	A_3	A_2	A_1	B_4	B_3	B_2	B_1	C_0	FC_4	F_4	F_3	F_2	F_1
0	1	1	1	0	1	0	0	1	1	0	0	1	0
1	0	0	0	0	1	0	1	0	1	0	0	1	1
0	0	1	0	1	0	0	0	0		1		0	1
1	0	0	1	1	0	0	1	1	1	1	0	0	1

当和数大于 9(1001) 时，将做加 6(0110) 修正。例如 $7+5=12$，运算过程为

$$0\ 1\ 1\ 1(7)$$
$$+\quad 0\ 1\ 0\ 1(5)$$
$$\overline{\qquad\qquad\qquad}$$
$$1\ 1\ 0\ 0(12)>9$$
$$+0\ 1\ 1\ 0\ \text{加}\ 6$$
$$1\ 0\ 0\ 1\ 0\quad(13)\text{向高位进}\ 1，\text{和为}\ 2$$

9.2.4 比较器

在数字系统中，特别是计算机中都需要具有运算功能，一种简单的运算就是比较两个数 A 和 B 的大小。数值比较器可以对两个位数相同的二进制整数进行数值比较，并判定其大小关系。比较器按比较位数可分为 1 位数值比较器和多位数值比较器。1 位数值比较器用于比较输入的两个 1 位二进制数 A、B 的大小。多位数值比较器用于比较输入的两个多位二进制数 A、B 的大小，比较时需要从高位到低位进行逐位比较。

比较器工作原理：有两组输入变量，将输入的两组逻辑变量看成是两个二进制数 A 与 B，然后对这两个二进制数进行数值比较。比较的结果有三种情况：$A>B$、$A<B$ 和 $A=B$。

1. 1 位数值比较器

1 位数值比较器是比较两个 1 位二进制数，如 A 和 B 的大小，比较结果只有三种情况，即 $A>B$、$A<B$、$A=B$。根据可能出现的情况列真值表，见表 9-15。

表 9-15　1 位比较器真值表

输入		输出		
A	B	$F_{A>B}$	$F_{A<B}$	$F_{A=B}$
0	0	0	0	1
0	1	0	1	0
1	0	1	0	0
1	1	0	0	1

由真值表写出逻辑表达式为

$$F_{A>B} = A\,\overline{B} \qquad F_{A<B} = \overline{A}\,B \qquad F_{A=B} = \overline{A}\,\overline{B} + AB$$

由逻辑表达式可以画出逻辑功能图，如图 9-26 所示。

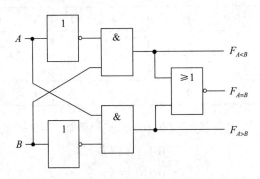

图 9-26　1 位比较器逻辑图

2. 集成数值比较器

上面介绍的 1 位数值比较器只能对两个 1 位二进制数进行比较。当遇到两位及两位以上二进制数比较时情况就不会这么简单了。下面以 2 位和 4 位为例说明这种数值比较器的结构及工作原理。

1) 2 位数值比较器

根据可能出现的情况，列真值表见表 9-16。

表 9-16　2 位数值比较器真值表

数值输入		级联输入			输出		
$A_1\,B_1$	$A_0\,B_0$	$I_{A>B}$	$I_{A<B}$	$I_{A=B}$	$F_{A>B}$	$F_{A<B}$	$F_{A=B}$
$A_1 > B_1$	× ×	×	×	×	1	0	0
$A_1 < B_1$	× ×	×	×	×	0	1	0
$A_1 = B_1$	$A_0 > B_0$	×	×	×	1	0	0
$A_1 = B_1$	$A_0 < B_0$	×	×	×	0	1	0
$A_1 = B_1$	$A_0 = B_0$	1	0	0	1	0	0
$A_1 = B_1$	$A_0 = B_0$	0	1	0	0	1	0
$A_1 = B_1$	$A_0 = B_0$	0	0	1	0	0	1

A_1、B_1 与 A_0、B_0 为数值输入，即需要比较的数；$I_{A>B}$、$I_{A<B}$、$I_{A=B}$ 为级联输入端，是为了输入低位片比较结果而设置的，以便组成更多位数的数值比较器；$F_{A>B}$、$F_{A<B}$、$F_{A=B}$ 为本位片的比较结果输出端。

由此可写出如下逻辑表达式：

$$F_{A>B} = (A_1 > B_1) + (A_1 = B_1) \cdot (A_0 > B_0) + (A_1 = B_1) \cdot (A_0 = B_0) \cdot I_{A>B}$$

$$F_{A<B} = (A_1 < B_1) + (A_1 = B_1) \cdot (A_0 < B_0) + (A_1 = B_1) \cdot (A_0 = B_0) \cdot I_{A<B}$$

$$F_{A=B} = (A_1 = B_1) \cdot (A_0 = B_0) \cdot I_{A=B}$$

根据表达式，利用两个 1 位数值比较器分别将 A_1 与 B_1 比较，A_0 与 B_0 比较，然后将中间结果再进行比较，画出逻辑电路图，这样做的好处是逻辑关系比较明确，如图 9 - 27 所示。

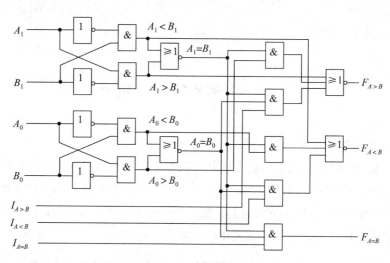

图 9 - 27　2 位比较器逻辑图

2）4 位数值比较器

4 位甚至更多位的数值比较器原理都与 2 位比较器原理一样，最常见的就是 74LS85 芯片，其真值表见表 9 - 17。

表 9 - 17　74LS85（4 位）数值比较器真值表

数值输入				级联输入			输出		
A_3　B_3	A_2　B_2	A_1　B_1	A_0　B_0	$I_{A>B}$	$I_{A<B}$	$I_{A=B}$	$F_{A>B}$	$F_{A<B}$	$F_{A=B}$
$A_3 > B_3$	×	×	×	×	×	×	1	0	0
$A_3 < B_3$	×	×	×	×	×	×	0	1	0
$A_3 = B_3$	$A_2 > B_2$	×	×	×	×	×	1	0	0
$A_3 = B_3$	$A_2 < B_2$	×	×	×	×	×	0	1	0
$A_3 = B_3$	$A_2 = B_2$	$A_1 > B_1$	×	×	×	×	1	0	0
$A_3 = B_3$	$A_2 = B_2$	$A_1 < B_1$	×	×	×	×	0	1	0
$A_3 = B_3$	$A_2 = B_2$	$A_1 = B_1$	$A_0 > B_0$	×	×	×	1	0	0
$A_3 = B_3$	$A_2 = B_2$	$A_1 = B_1$	$A_0 < B_0$	×	×	×	0	1	0
$A_3 = B_3$	$A_2 = B_2$	$A_1 = B_1$	$A_0 = B_0$	1	0	0	1	0	0
$A_3 = B_3$	$A_2 = B_2$	$A_1 = B_1$	$A_0 = B_0$	0	1	0	0	1	0
$A_3 = B_3$	$A_2 = B_2$	$A_1 = B_1$	$A_0 = B_0$	0	0	1	0	0	1

其逻辑符号及引脚图如图 9 - 28 所示。

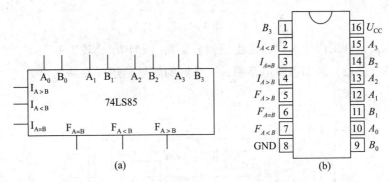

图9-28 74LS85的逻辑符号及引脚图

(a)逻辑符号 (b)引脚图

3. 数值比较器扩展

如果二进制数的位数比较多，就需将几片数值比较器连接进行扩展，数值比较器的扩展方式有并联和串联两种。图9-29(a)为2片4位二进制数值比较器串联扩展为8位数值比较器，图9-29(b)为5片4位二进制数值比较器并联扩展为16位数值比较器。相同位数的二进制数进行比较，采用并联方式比串联方式的速度快。

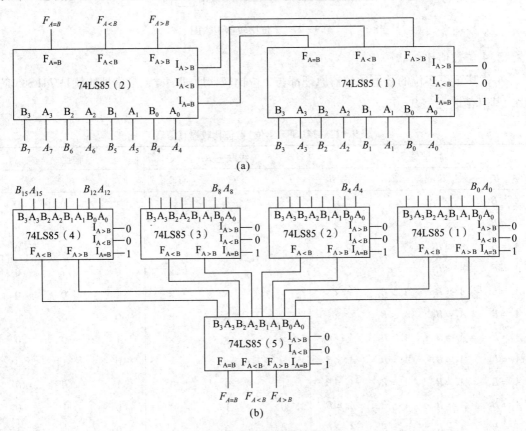

(a)

(b)

图9-29 比较器扩展

(a)8位数值比较器 (b)16位数值比较器

9.2.5 数据选择器

数据选择器恰与数据分配器相反，它是在地址输入端控制下，从多路输入数据中选择一路送到输出端，又叫多路开关或多路选择器，如图 9-30 所示。

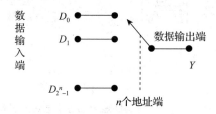

图 9-30 数据选择器示意图

2^n 个数据输入端的数据选择器必有 n 位地址输入端，称为"2^n 选一"数据选择器，常用的数据选择器有 2 选 1 数据选择器 74LS157、4 选 1 数据选择器 74LS153、8 选 1 数据选择器 74LS151、16 选 1 数据选择器 74LS150 等多种类型。下面以 4 选 1 数据选择器为例介绍数据选择器的基本功能、工作原理及设计方法。

根据逻辑要求列出 4 选 1 数据选择器真值表，见表 9-18。

表 9-18 4 选 1 数据选择器真值表

输入							输出
G	A_1	A_0	D_3	D_2	D_1	D_0	Y
1	×	×	×	×	×	×	0
0	0	0	×	×	×	0	0
			×	×	×	1	1
	0	1	×	×	0	×	0
			×	×	1	×	1
	1	0	×	0	×	×	0
			×	1	×	×	1
	1	1	0	×	×	×	0
			1	×	×	×	1

D_0、D_1、D_2、D_3 为数据输入端；A_1、A_0 为地址输入端。地址变量 A_1、A_0 的取值决定从 4 路输入中选择哪一路输出，保证每次只有一个开通，其余与门关闭，这样只有一路输入端数据传送到输出。分析真值表可得 4 选 1 数据选择器的输出逻辑表达式为

$$Y = D_0 \overline{A_1}\,\overline{A_0} + D_1 \overline{A_1}A_0 + D_2 A_1 \overline{A_0} + D_3 A_1 A_0 = \sum_{i=0}^{3} D_i \cdot m_i$$

根据逻辑表达式画出 4 选 1 数据选择器内部逻辑电路及逻辑符号，如图 9-31 所示。

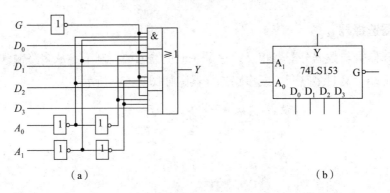

图 9-31 4 选 1 数据选择器内部逻辑电路及逻辑符号

(a)内部逻辑电路 (b)逻辑符号

9.3 组合逻辑电路中的险象

前面分析组合逻辑电路时，只研究了输入和输出稳定状态之间的关系，而没有考虑门电路的延迟时间对电路产生的影响。实际上，从信号输入到稳定输出需要一定的时间。由于这个原因，可能会使逻辑电路产生错误输出，通常把这种现象称为竞争冒险。

竞争：在组合电路中，信号经由不同的途径达到某一会合点的时间有先有后，这种现象称为竞争。

冒险：由于竞争而引起电路输出发生瞬间错误的现象称为冒险，表现为输出端出现了原设计中没有的尖脉冲，常称其为毛刺。这个尖脉冲可能对后面的电路产生干扰。

竞争与冒险的关系：有竞争不一定会产生冒险，但有冒险就一定有竞争。

9.3.1 竞争冒险的概念及其产生的原因

大多数组合电路都存在竞争，但所有竞争不一定都产生错误的干扰脉冲。竞争是产生冒险的必然条件，而冒险并非竞争的必然结果。

由以上分析可知，只要两个互补的信号送入同一门电路，有 $Y_1 = A \bar{A} = 0$，$Y_2 = A + \bar{A} = 1$，就可能出现竞争冒险，因此把冒险现象分为两种。

1."0"型冒险

$A + \bar{A}$ 冒险在理想情况下输出电平为"1"，由于竞争输出产生低电平窄脉冲。

2."1"型冒险

$A \cdot \bar{A}$ 冒险在理想情况下输出电平为"0"，由于竞争输出产生高电平窄脉冲。

9.3.2 消除竞争冒险的方法

1.修改逻辑设计法

通过代数法进行逻辑变换消去互补量，或通过增加乘积项消除竞争冒险，也可通过卡诺图法将卡诺图中相切的圈用一个多余的圈连接起来，即可消除冒险现象。

2. 引入封锁脉冲

为了消除竞争冒险产生的干扰脉冲，可引入封锁脉冲。封锁脉冲要与信号转换时间同步，而且封锁脉冲宽度不应小于电路从一个稳态转换到另一个稳态的过渡时间。

3. 引入选通脉冲

选通法是当有冒险脉冲时，利用选通脉冲把输出级封锁住，使冒险脉冲不能输出；而当冒险脉冲消失之后，选通脉冲又允许正常输出。它出现的时间应与输入信号变化的时间错开，从而避开冒险，且在干扰脉冲消失之后才加入，这样电路的输出不再是电位信号，而是一个脉冲信号。

4. 输出端并联电容——滤波电容

因为竞争冒险所产生的干扰脉冲一般很窄，所以当电路工作频率不很高时，在输出端并接一个电容，可以吸收掉干扰脉冲，将尖峰脉冲的幅度减小到不起影响的程度。但应注意电容量不能太大，否则会使波形变坏，影响电路的工作速度。

习 题 9

1. 简述分析组合逻辑电路的分析步骤，并举例说明。

2. 下表所示真值表所对应的输出逻辑函数表达式为 $F =$ _____。

题 2 表 真值表

A	B	C	F
0	0	0	0
0	0	1	0
0	1	0	1
0	1	1	1
1	0	0	1
1	0	1	1
1	1	0	0
1	1	1	1

3. 简述 74LS148 引脚 EI 和引脚 EO 功能。

4. 74LS138 要进行正常译码，必须满足 $G_1 =$ _____，$G_{2A} =$ _____，$G_{2B} =$ _____。

5. 当 74LS138 的输入端 $G_1 = 1$，$G_{2A} = 0$，$G_{2B} = 0$，$A_2 A_1 A_0 = 110$ 时，它的输出端 _____ ($Y_0 \sim Y_7$) 为 0。

6. 半加器有 _____ 个输入端，_____ 个输出端；全加器有 _____ 个输入端，_____ 个输出端。

7. 两个 4 位二进制数 1101 和 1011 分别输入到 4 位加法器 CD14560 的输入端，并且其低位的进位输入信号为 1，则该加法器的输出和值为 _____。

8. 写出下图的逻辑表达式，并说明电路实现哪种逻辑门的功能。

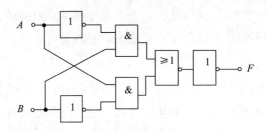

题 8 图

9. 分析下图，写出输出函数 F。

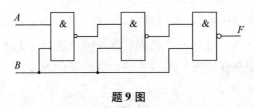

题 9 图

10. 试分析下图的逻辑功能，并用最少的与非门实现。

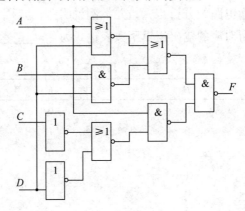

题 10 图

11. 已知某组合逻辑电路的输入 A、B、C 和输出 F 的波形如下图所示，试写出 F 的最简与或表达式。

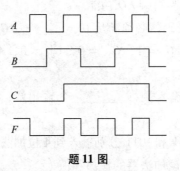

题 11 图

12. 用红、黄、绿、蓝四个按钮和若干 74LS138 译码器构成 16 通路选择器。列出控制电路真值表，并画出电路图来。

13. 试用 74LS138 译码器和最少的与非门实现逻辑函数。

$$F_1(A,B,C) = \sum m(0,2,6,7)$$

14. 74LS138 芯片构成的数据分配器电路和脉冲分配器电路如下图所示。

（1）下图（a）电路中，数据从 G_1 端输入，分配器的输出端得到的是什么信号？

（2）下图（b）电路中，G_{2A} 端加脉冲，芯片的输出端应得到什么信号？

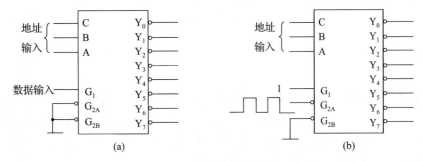

题 14 图

15. 试用 74LS151 数据选择器分别实现下列逻辑函数。

（1）$F_1(A,B,C) = \sum m(1,2,4,7)$。

（2）$F_2(A,B,C,D) = \sum m(1,5,6,7,9,11,12,13,14)$。

（3）$F_3(A,B,C,D) = \sum m(0,2,3,5,6,7,8,9) + \sum d(10,11,12,13,14,15)$。

16. 用 8 选 1 数据选择器 74LS151 构成如下图所示。

（1）写出输出 F 的逻辑表达式。

（2）用与非门实现该电路。

（3）用译码器 74LS138 和与非门实现该电路。

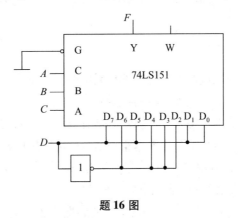

题 16 图

17. 简述组合逻辑电路的竞争和冒险的消除办法。

第10章 时序逻辑电路

•••
本章重点

1. 触发器。
2. 常用时序逻辑电路。

逻辑电路分为组合逻辑电路和时序逻辑电路两种，时序电路在日常生活中有着十分广泛的应用，本章主要讲解时序逻辑电路。任何一个时刻的输出状态不仅取决于当时的输入信号，还与电路的原状态有关的电路称为时序逻辑电路，时序电路具有以下特点：

（1）含有记忆元件（最常用的是触发器）；

（2）具有反馈通道。

根据时序电路的特点，分析时序逻辑电路的一般步骤如下。

（1）确认电路的输入、输出变量，判断是同步电路还是异步电路。

（2）由逻辑图写出下列各逻辑方程式：

①各触发器的时钟方程；

②时序电路的输出方程；

③各触发器的驱动方程。

（3）将驱动方程代入相应触发器的特性方程，求得时序逻辑电路的状态方程。

（4）根据状态方程和输出方程，列出该时序电路的状态表，画出状态图或时序图。

（5）根据电路的状态表或状态图，用文字描述给定时序逻辑电路的逻辑功能。

10.1 触发器

触发器是能够存储一位二进制信息的基本单元电路。它是由门电路加上适当的反馈而构成的逻辑部件。触发器输出端有两种可能的稳定状态：0、1。触发器的输出状态不只取决于当时的输入，还与以前的输出状态有关。触发器是有记忆功能的逻辑部件，它是构成时序逻辑电路的基本单元。将触发器与组合逻辑电路相结合就可以构成各种时序逻辑电路。

触发器按触发方式分，有电位触发方式、主从触发方式及边沿触发方式，按逻辑功能分，有 RS 触发器、D 触发器、JK 触发器和 T 触发器。

这一节将结合前面所学知识，详细介绍一些常见的触发器，如 RS 触发器、JK 触发器、D 触发器等。

10.1.1 RS 触发器

1. 基本 RS 触发器

RS 触发器可以用两个与非门或两个或非门的输入、输出端交叉连线构成,可用于消除机械开关震动引起的脉冲。图 10-1 是用两个与非门构成的基本 RS 触发器。

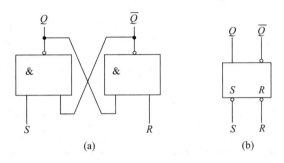

图 10-1　用两个与非门构成的基本 RS 触发器

(a)逻辑图　(b)逻辑符号

根据逻辑图得到它的逻辑表达式为

$$\left.\begin{array}{l} Q = \overline{S\overline{Q}} \\ \overline{Q} = \overline{RQ} \end{array}\right\} \tag{10-1}$$

其中,Q 和 $\overline{Q}$ 是两个互补输出端,一般用 Q 端的逻辑值来表示触发器的状态。当 $Q=1$,$\overline{Q}=0$ 时,称触发器处于 1 状态;当 $Q=0$,$\overline{Q}=1$ 时,称触发器处于 0 状态,所以它是具有两个稳定状态的双稳态触发器。此外,还有两个输入端(或称激励端)R、S,都是低电平有效。当输入信号变化时,触发器可以从一个稳定状态转换到另一个稳定状态。

式(10-1)中等号两端的 Q 含义是不同的,右边的 Q 表示输入信号作用前的状态,左边的 Q 表示作用后新的状态。为了区分两种状态,把前者称为现在状态(或现态),用 Q^n 和 $\overline{Q^n}$ 表示;把后者称为下一状态(或次态),用 Q^{n+1} 和 $\overline{Q^{n+1}}$ 表示,故式(10-1)可以改写为

$$\left.\begin{array}{l} Q^{n+1} = \overline{S\overline{Q^n}} \\ \overline{Q^{n+1}} = \overline{RQ^n} \end{array}\right\} \tag{10-2}$$

根据式(10-2)可以看出,当 S、R 同时为 0 时,输出 Q^{n+1} 与 $\overline{Q^{n+1}}$ 均为 1(高电平),此时破坏了触发器的互补输出关系,使触发器的次态不确定,即 Q^{n+1} 实际是无效的,这种情况是不允许的。一一分析剩下的状态,可以列出真值表,见表 10-1。通过真值表可以知道以下结果。

(1)当 $R=0$,$S=0$ 时,$Q^{n+1}=Q=1$,不符合触发器的逻辑关系。且由于与非门延迟时间不可能完全相等,在两输入端的 0 同时撤除后,将不能确定触发器是处于 1 状态还是 0 状态。所以,触发器不允许出现这种情况,这就是基本 RS 触发器的约束条件。

(2)当 $R=0$,$S=1$ 时,由于 $R=0$,不论原来 Q^n 为 0 还是 1,都有 $\overline{Q^{n+1}}=1$;再由 $S=$

1、$\overline{Q^n} = 1$，可得 $Q^{n+1} = 0$，即不论触发器原来处于什么状态都将变成 0 状态，这种情况称将触发器置 0 或复位。R 端称为触发器的置 0 端或复位端。

表 10 - 1　RS 触发器真值表

$R\ \ S$	Q^n	Q^{n+1}	功能说明
0　0	0 1	× ×	不稳定状态
0　1	0 1	0 0	置 0（复位）
1　0	0 1	1 1	置 1（置位）
1　1	0 1	0 1	保持原状态

（3）当 $R = 1$，$S = 0$ 时，由于 $S = 0$，不论原来 Q^n 为 0 还是 1，都有 $Q^{n+1} = 1$；再由 $R = 1$、$Q^n = 1$ 可得 $\overline{Q^{n+1}} = 0$，即不论触发器原来处于什么状态都将变成 1 状态，这种情况称将触发器置 1 或置位。S 端称为触发器的置 1 端或置位端。

（4）当 $R = 1$，$S = 1$ 时，根据与非门的逻辑功能不难推知，触发器保持原有状态不变，即原来的状态被触发器存储起来，这体现了触发器具有记忆能力。触发器状态不变，即 $Q^{n+1} = Q^n$，$\overline{Q^{n+1}} = \overline{Q^n}$，称触发器处于保持（记忆）状态。

综上所述，基本 RS 触发器具有置 0、置 1 和保持的逻辑功能，通常 S 端称为置 1 端或置位（SET）端，R 端称为置 0 端或复位（RESET）端，因此该触发器又称为置位 – 复位触发器。

通过真值表画出 Q^{n+1} 的卡诺图，如图 10 - 2 所示。

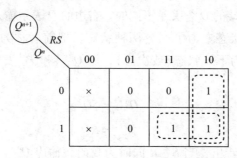

图 10 - 2　RS 触发器卡诺图

化简后可得其特征方程为

$$\left. \begin{array}{l} Q^{n+1} = \overline{S} + RQ^n \\ S + R = 1（约束条件） \end{array} \right\} \tag{10 - 3}$$

为了能更形象地表述状态的转移规律，往往使用状态转移图来进行描述。图 10 - 3 为基本 RS 触发器的状态转移图。图中两个圆圈分别表示触发器的两个稳定状态，箭头表示在输入信号作用下状态转移的方向，箭头旁的标注表示转移条件。

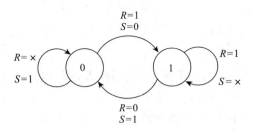

图 10 - 3　基本 RS 触发器的状态转移图

基本 RS 触发器的特点：

(1)结构简单，仅由两个与非门或者或非门交叉连接构成；

(2)具有置 0、置 1 和保持功能；

(3)由电平直接控制，即由输入信号直接控制触发器的输出，电路抗干扰能力下降；

(4) R、S 之间存在约束，即两个输入不能同时为高电平。

2. 同步触发器

在数字系统中，如果要求某些触发器在同一时刻动作，就必须给这些触发器引入时间控制信号。时间控制信号也称同步信号，或时钟信号，或时钟脉冲，简称时钟，用 CP（Clock Pulse）表示。CP 控制时序电路工作节奏的固定频率的脉冲信号，一般是矩形波。具有时钟脉冲 CP 控制的触发器称为同步触发器，或时钟触发器，触发器状态的改变与时钟脉冲同步。同步触发器是在基本 RS 触发器基础上加两个与非门构成的，其逻辑图及逻辑符号如图 10 - 4 所示。

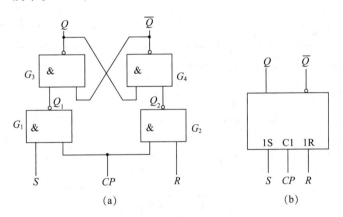

图 10 - 4　同步触发器的逻辑图及逻辑符号

（a）逻辑图　（b）逻辑符号

其中，G_1、G_2 构成触发引导电路，R 为置 0 端，S 为置 1 端，CP 为时钟输入端。根据逻辑图可以得到

$$\left.\begin{array}{l} Q_1 = \overline{S \cdot CP} = \overline{S} \\ Q_2 = \overline{R \cdot CP} = \overline{R} \end{array}\right\} \tag{10 - 4}$$

根据逻辑表达式可知：

（1）当 $CP=0$ 时，控制门 G_1、G_2 关闭，这时不管 R 端和 S 端的信号如何变化，都输出 1，触发器的状态保持不变；

（2）当 $CP=1$ 时，G_1、G_2 打开，R、S 端的输入信号能控制基本 RS 触发器的状态翻转，其输出状态由 R、S 端的输入信号决定。

因此，同步 RS 触发器的状态转换分别由 R、S 和 CP 控制，其中 R、S 控制转换为何种次态，CP 控制何时发生转换。

G_1、G_2 以上的部分就是一个基本 RS 触发器，将式（10-4）代入式（10-2）即可以得到

$$\left. \begin{array}{l} Q^{n+1} = \overline{\overline{S}\,\overline{Q^n}} \\ \overline{Q^{n+1}} = \overline{\overline{R}\,Q^n} \end{array} \right\} \tag{10-5}$$

从式（10-5）可以看出，当 S、R 同时为 1 时，输出 Q^{n+1} 与 $\overline{Q^{n+1}}$ 均为 1，Q^{n+1} 是无效的，这种情况是不允许的，——分析剩下的状态，可以列出真值表，见表 10-2。

表 10-2　同步触发器真值表

R	S	Q^n	Q^{n+1}	功能说明
0	0	0 1	0 1	保持原状态
0	1	0 1	1 1	置 1（置位），输出状态与 S 状态一致
1	0	0 1	0 0	置 0（复位），输出状态与 S 状态一致
1	1	0 1	× ×	不稳定状态

根据真值表画出同步 RS 触发器的卡诺图，如图 10-5 所示。

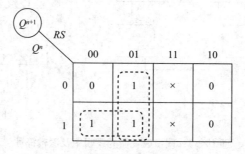

图 10-5　同步 RS 触发器卡诺图

化简后可得其特征方程为

$$\left. \begin{array}{l} Q^{n+1} = S + \overline{R}Q^n \\ S \cdot R = 0（约束条件） \end{array} \right\} \tag{10-6}$$

其状态转换图如图 10-6 所示。

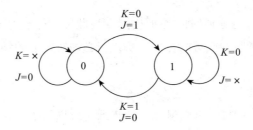

图10-6 同步触发器状态转换图

触发器除了使用表达式、真值表、特征方程、状态转换图来表示其特性以外，还可以使用波形图，如图10-7所示。

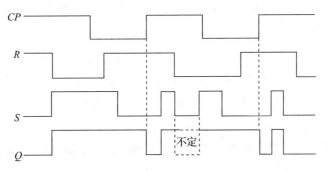

图10-7 同步触发器波形图

同步触发器有个缺陷就是空翻。如果在 $CP=1$ 期间，输入信号多次变化会引起触发器输出状态多次变化(翻转)。在一个时钟脉冲作用下($CP=1$ 期间)，输入信号变化使触发器状态多次变化的现象，称为空翻。对于 RS 同步触发器，由于在 $CP=1$ 期间，G_1、G_2 门都是开着的，都能接收 R、S 信号，如果这个期间 R、S 发生多次变化，触发器的状态也可能发生多次翻转。这种在一个时钟脉冲周期中，RS 触发器发生多次翻转的现象就是空翻，如图10-8所示。

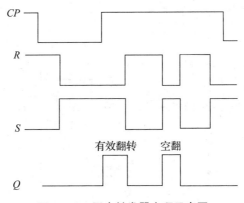

图10-8 同步触发器空翻示意图

空翻是一种有害的现象，它使得时序电路不能按时钟节拍工作，造成系统的误动作。但是，如果要求每来一个 CP 触发器仅发生一次翻转，对钟控信号 $CP=1$ 的宽度要求是极为苛刻的。尤其是每个门的延迟时间各不相同，因此在一个包括许多触发器的数字系统中，实际上无法确定时钟脉冲应有的宽度。所以，必须对以上的钟控触发器在电路结构上加以改进。

同步触发器的特点如下。

（1）时钟电平控制。$CP=1$ 期间触发器接收输入信号，$CP=0$ 期间触发器保持状态不变。与基本 RS 触发器相比，其对触发器状态的转变增加了时间控制。多个这样的触发器可以在同一个时钟脉冲控制下同步工作，这给用户的使用带来了方便，而且由于这种触发器只在 $CP=1$ 时工作，$CP=0$ 时被禁止，所以其抗干扰能力也要比基本 RS 触发器强得多。

（2）RS 之间有约束。同步 RS 触发器在使用过程中，如果违反了 $RS=0$ 的约束条件，则可能出现下列四种情况：

① $CP=1$ 期间，若 $R=S=1$，则将出现 Q 端和 $\overline{Q}$ 端均为高电平的不正常情况。

② $CP=1$ 期间，若 R、S 分时撤销，则触发器的状态决定于后撤销者。

③ $CP=1$ 期间，若 R、S 同时从 1 跳变到 0 则会出现竞态现象，而竞争结果是不能预先确定的。

④ 若 $R=S=1$ 时 CP 突然撤销，即从 1 跳变到 0，也会出现竞态现象，而竞争结果也是不能预先确定的。

3. 主从 RS 触发器

为了解决空翻的问题，这里介绍另外一种触发器——主从 RS 触发器。

主从 RS 触发器是由两个同步 RS 触发器组成的。主触发器接收信号，其状态直接由输入信号决定。从触发器的输入与主触发器的输出相连，其状态由主触发器的状态决定。从触发器的输出状态为主从触发器的状态。其逻辑图及逻辑符号如图 10-9 所示。

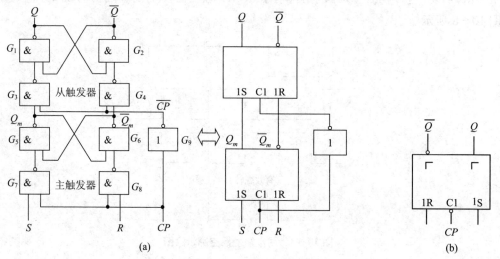

图 10-9　主从 RS 触发器的逻辑图及逻辑符号

（a）逻辑图　（b）逻辑符号

主从触发器的触发翻转分为两个节拍。

（1）当 $CP=1$ 时，$\overline{CP}=0$，从触发器被封锁，保持原状态不变。这时，G_7、G_8 打开，主触发器工作，接收 R 和 S 端的输入信号。其输出状态按照同步触发器的特性方程变化。

$$\left.\begin{array}{l} Q_m^{n+1}=S+\overline{R}Q_m^n \\ S\cdot R=0(\text{约束条件}) \end{array}\right\} \tag{10-7}$$

此时，主触发器还存在"空翻"，但从触发器保持输出状态不变。

（2）当 CP 由 1 变为 0 时，即 CP 下降沿到来，主触发器保持 $CP=1$ 期间的最后输出状态不变，并作为从触发器的初始输入，输入信号 R、S 不再影响主触发器的状态。同时，$\overline{CP}=1$，G_3、G_4 打开，从触发器工作。由于主触发器输出 Q_m 与 $\overline{Q}_m$ 一定是相反的，所以根据同步 RS 触发器真值表可知，$Q^{n+1}=S=Q_m^{n+1}$，即

$$\left.\begin{array}{l} Q^{n+1}=Q_m^{n+1}=S+\overline{R}Q_m^n=S+\overline{R}Q^n \\ S\cdot R=0(\text{约束条件}) \end{array}\right\} \tag{10-8}$$

主从 RS 触发器的真值表，见表 10-3。

表 10-3 主从 RS 触发器真值表

CP	$R \quad S$	Q^n	Q^{n+1}	功能说明
×	× ×	×	×	保持原状态
⌐_	0　0	0 1	0 1	保持原状态
⌐_	0　1	0 1	1 1	置1（置位），输出状态与 S 状态一致
⌐_	1　0	0 1	0 0	置0（复位），输出状态与 S 状态一致
⌐_	1　1	0 1	× ×	不稳定状态

从真值表中可以看到，主从触发器的翻转是在 CP 由 1 变 0 时刻（即 CP 下降沿）发生的，CP 一旦变为 0 后，主触发器被封锁，其状态不再受 R、S 影响，即只在 CP 由 1 变 0 的时刻触发翻转，可能造成空翻的时间大大缩短，因此不会有空翻现象。

主从 RS 触发器的特点如下。

（1）主从 RS 触发器的动作分两步完成。首先，在 $CP=1$ 期间，主触发器接收输入驱动 R、S 信号进行主触发器的状态修改，但从触发器不动作。其次，在 CP 下降时刻，从触发器按照此时主触发器的状态进行动作。

（2）由于主触发器本身是一个同步 RS 触发器，所以在 $CP=1$ 的全部时间里，输入 R、S 信号都将对主触发器起控制作用，而且 R、S 信号在 $CP=1$ 时仍然有约束条件。

(3)主从触发器状态的更新只发生在 CP 脉冲的下降沿,触发器的新状态由 CP 脉冲下降沿到来之前的 R、S 信号决定。

综上所述,在一个时钟周期内,主触发器可能发生多次翻转,但从触发器只发生一次翻转,故整个主从 RS 触发器克服了空翻现象,但它的输入信号 R、S 仍然存在约束条件。

10.1.2 *JK* 触发器

1. 主从 *JK* 触发器

RS 触发器使用时有约束条件 $RS = 0$,即在工作时,不允许输入信号 R、S 同时为 1,这使得 RS 触发器在使用时不方便。主从 RS 触发器解决了空翻现象,但在 $CP = 1$ 期间,RS 存在约束,为解决这个问题引入主从 JK 触发器。JK 触发器的原理就是利用主从 RS 触发器的两个输出端 Q、$\overline{Q}$ 互补的特性来消除约束条件。因此,如果把这两个信号通过反馈线分别引到输入端的 G_7、G_8 门,就一定有一个门被封锁,输入信号就不会同时为 1。再把原来的 S 端改为 J 端,把原来的 R 端改为 K 端即构成 JK 触发器,如图 10-10 所示。逻辑符号中,">"表示 CP 为边沿触发,以区别于电平触发,"。"表示下降沿触发和低电平有效或者反输出。通过反馈线得到

$$\left.\begin{array}{l} S = J\overline{Q^n} \\ R = KQ^n \end{array}\right\} \tag{10-9}$$

将式(10-9)代入式(10-8)得主从 JK 触发器的特征方程为

$$Q^{n+1} = J\overline{Q^n} + \overline{K}Q^n \tag{10-10}$$

JK 触发器由两个同步 RS 触发器构成,其中 $G_1 \sim G_4$ 门组成从触发器,$G_5 \sim G_8$ 门组成主触发器。结合特征方程,分析其工作过程如下。

(1)当 $CP = 1$ 时,主触发器工作,此时由于输入 S、R 自动满足约束条件,主触发器只发生一次翻转,原因将在例 10-1 中讲述。当 $\overline{CP} = 0$ 时,从触发器禁止工作。

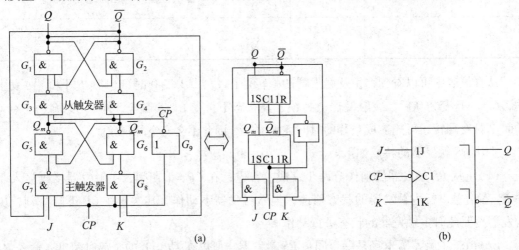

图 10-10 主从 *JK* 触发器的逻辑图及逻辑符号

(a)逻辑图 (b)逻辑符号

（2）当 CP 由 1 变为 0 时，主触发器被封锁，输入 J、K 的变化不会引起主触发器状态变化；$\overline{CP}=1$，从触发器输入门被打开，以主触发器的最后状态（即主触发器维持在 CP 下降沿前一瞬间的状态）作为从触发器的初始状态，开始工作。在 CP 下降沿时从触发器的输出才改变一次状态。

JK 触发器的真值表，见表 10-4。

表 10-4　JK 触发器真值表

CP	$J\quad K$	Q^n	Q^{n+1}	功 能 说 明
×	×　×	×	×	保持原状态
⌐↓	0　0	0 1	0 1	保持原状态
⌐↓	0　1	0 1	0 0	置 0（复位），输出状态与 J 状态一致
⌐↓	1　0	0 1	1 1	置 1（置位），输出状态与 J 状态一致
⌐↓	1　1	0 1	0 1	$Q^{n+1}=\overline{Q^n}$

JK 触发器波形图，如图 10-11 所示。JK 触发器状态图，如图 10-12 所示。

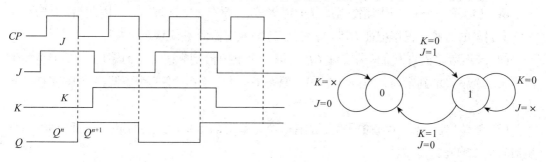

图 10-11　JK 触发器波形图　　　　　　图 10-12　JK 触发器状态图

综上所述，JK 触发器输出状态变化的时刻只是时钟的下降沿到来的时刻；而输出状态如何变化，则由时钟 CP 下降沿到来前一瞬间的 J、K 值，按 JK 触发器的特征方程来决定。

2. 一次翻转现象

主从触发器有效克服了空翻现象，但主从 JK 触发器还存在一次空翻现象，因而限制了它的应用。所谓一次空翻，即在 $CP=1$ 期间，输入信号发生了变化，主触发器只能翻转一次（0→1 或 1→0 不含保持状态），此后若输入信号再发生变化，主触发器状态也不会变化。

前面分析主从 JK 触发器的过程中没有出现差错，那是因为都假定在 $CP=1$ 期间 J、K

信号不变，因此当 CP 的下降沿到来时，从触发器所达到的状态就是 $CP=1$ 期间主触发器所接收的状态。但有时在 $CP=1$ 期间，J、K 信号不会一成不变，这样就可能导致主触发器的状态发生变化。

例 10-1 根据时钟 CP 和输入信号 J、K 的波形图画出 Q 端的输出波形，其中信号 J 的波形图中有一个干扰信号，即虚线的部分，如图 10-13 所示。

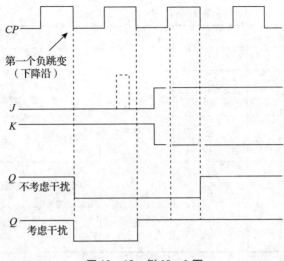

图 10-13　例 10-1 图

解 （1）第一个 CP 下降沿之前，$J=0$，$K=1$，原态 $Q=1$（即 Q^n），因此当 CP 第一个下降沿到来的时候，根据特征方程（或真值表）知触发器的 Q 应输出为 0。

（2）若不考虑 J 的干扰信号，在 CP 的第二个下降沿到来时，Q 的输出应该继续为 0，但是第三个下降沿到来前，$J=1$，$K=0$，原态 $Q=0$，当 CP 第三个下降沿到来时 Q 应输出 1。

（3）在 CP 处于第二个高电平时，J 有一个正跳变的干扰（如虚线所示），此时对 JK 触发器有何影响呢？

第一个下降沿状态不变，影响主要出现在第二个下降沿。在跳变发生之前，主触发器原态 $Q_m=0$，$\overline{Q_m}=1$，次触发器原态 $Q=0$，$\overline{Q}=1$；跳变发生后，$G_7=0$，令 $Q_m=1$，$\overline{Q_m}=0$，而次触发器由于处于禁止状态仍然保持输出 $Q=0$，$\overline{Q}=1$，因此 J 的跳变影响的是主触发器的状态，即干扰信号令主触发器状态由 0 变成 1。

干扰信号在 CP 第三个下降沿到来之前就消失了，那么主触发器状态是否可以恢复到原来的状态呢？

由于 $\overline{Q_m}=0$，G_7 的输出信号不会影响 G_5 的值，Q_m 的状态不会变化，即 J 端的干扰信号的消失不会使 Q_m 的值恢复到 0。主触发器状态能根据输入信号改变一次，这种现象称为一次翻转现象。Q_m 相当于次触发器的 S，$\overline{Q_m}$ 相当于次触发器的 R，根据 RS 触发器的特性方程可知 $Q=1$。由 JK 触发器的对称性可知，在 $CP=1$ 的期间，信号 K 由 0 变为 1 也会产生一次翻转现象。

通过例 10-1 可知，一次变化现象只有在下面两种情况下会发生：①触发器状态为 0 时，J 信号的变化；②触发器状态为 1 时，K 信号的变化。因此，为避免产生一次变化现象，必须保证在 $CP=1$ 期间，J、K 信号保持不变。在实际使用中，干扰信号有时不可避免，为了减少接收干扰的机会，应使 $CP=1$ 的宽度尽可能窄。但若在 $CP=1$ 期间，J、K 信号发生了变化，就不能根据 JK 触发器真值表或特性方程来决定输出 Q，可按以下方法来处理。

（1）原态 $Q=0$，此时由 J 信号决定其次态，与 K 无关。只要 $CP=1$ 期间出现过 $J=1$，当 CP 下降沿到来时 Q 为 1，否则 Q 仍为 0。

（2）原态 $Q=1$，此时由 K 信号决定其次态，与 J 无关。只要 $CP=1$ 期间出现过 $K=1$，当 CP 下降沿到来时 Q 为 0，否则 Q 仍为 1。

3. 边沿 JK 触发器

同步触发方式存在空翻，为了克服空翻，边沿触发器只在时钟脉冲 CP 上升沿或下降沿时刻接收输入信号，电路状态才发生翻转，从而提高了触发器工作的可靠性和抗干扰能力，且没有空翻现象。边沿触发器主要有维持阻塞 D 触发器、边沿 JK 触发器、$CMOS$ 边沿触发器等。

下面以边沿 JK 触发器为例介绍如何解决一次翻转问题。边沿 JK 触发器结构如图 10-14 所示，图中用两个与或非门构成基本 RS 触发器，两个与非门作为输入信号引导门，保证引导门的延时时间大于基本 RS 触发器的传输延时时间。

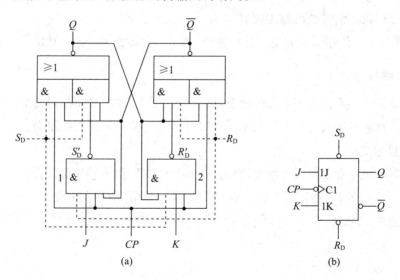

图 10-14　边沿 JK 触发器的逻辑图及逻辑符号

（a）逻辑图　（b）逻辑符号

图中，R_D、S_D 为直接置0、置1端，不工作时使 $S_D R_D = 11$，其工作过程如下。

(1) $CP = 0$ 时，输入信号 J、K 被封锁，$S_D' = R_D' = 1$，触发器的状态保持不变。

(2) $CP = 1$ 时，可从以下的推导式中看出，触发器的输出也不会变。

$$\left.\begin{array}{l} Q^{n+1} = \overline{\overline{Q^n} \cdot CP + \overline{Q^n} S_D'} = Q^n \\ \overline{Q^{n+1}} = \overline{Q^n \cdot CP + Q^n R_D'} = \overline{Q^n} \end{array}\right\} \qquad (10-11)$$

由此可见，在稳定的 $CP = 0$ 及 $CP = 1$ 期间，触发器状态均维持不变，这时触发器处于一种"自锁"状态。

(3) CP 由1变为0时，即下降沿到来时，由于 CP 信号是直接加到与或非门的其中一个与门输入端，首先解除了"自锁"，但是 S_D'、R_D' 由于延时，因此仍然保持0没有变，此时

$$\left.\begin{array}{l} S_D' = \overline{J\,\overline{Q^n}} \\ R_D' = \overline{KQ^n} \end{array}\right\} \qquad (10-12)$$

代入基本 RS 触发器特征方程之后不难发现，边沿 JK 触发器的特征方程与主从 JK 触发器完全相同。

由以上分析可知，只有时钟下降沿前的 J、K 值才能对触发器起作用，实现了边沿触发的功能，所以边沿 JK 触发器既没有空翻现象也没有一次翻转现象，大大增加了抗干扰的能力。

边沿 JK 触发器的特点如下。

(1) CP 边沿（上升沿或下降沿）触发。在 CP 脉冲上升沿（或下降沿）时刻，触发器按照特性方程的规定转换状态，其他时间里 J、K 不起作用。

(2) 抗干扰能力强。因为只在触发沿甚短的时间内触发，其他时间输入信号对触发器不起作用，故可保证信号的可靠接收。

(3) 功能齐全，使用灵活方便，具有置1、置0、保持、翻转四种功能。

10.1.3　D 触发器

D 触发器是一种不存在不定态的触发器，适宜用作计数器和锁存器，是使用量很大的一种触发器。D 触发器只有一个输入端，所以也只有两种输入状态的组合，其真值表与波形的绘制都较为简单。

D 触发器有电平触发及边沿触发两种。在 $CP = 1$ 时间段内控制触发器的状态变化，称为电平触发，如同步 RS 触发器、同步 D 触发器等。在 CP 信号发生变化的瞬间（上升沿或下降沿）控制触发器的状态变化，称为边沿触发，如 JK 触发器、维持－阻塞边沿 D 触发器等。

D 触发器的特点如下。

(1) D 触发器的输出总跟输入是一样的，所以 D 触发器的特征方程可写成 $Q^{n+1} = D$。

(2) D 触发器亦是利用 CP 时钟脉冲的边沿触发的。

(3) 因为 D 触发器的输出总与输入相同，所以通常作为贮存器使用。

1. 同步 D 触发器

同步 D 触发器即在同步 RS 触发器的基础上，将其 R 端接至 G_3 门的输出端，并将 S 改为 D，如图 $10-15(a)$ 所示；或者加两个门 G_5、G_6，将输入信号 D 变成互补的两个信号分别送给 R、S 端，如图 $10-15(b)$ 所示，就构成了同步 D 触发器。与同步 RS 触发器相同，同步 D 触发器也有空翻现象。同步 D 触发器的逻辑符号如图 $10-15(c)$ 所示。

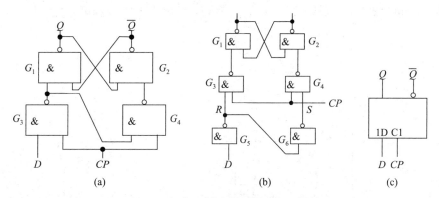

图 10-15　同步 D 触发器逻辑图及逻辑符号

(a)逻辑图1　(b)逻辑图2　(c)逻辑符号

根据逻辑图知，当 $CP=1$ 时，$S=D$，$R=\overline{D}$，代入同步 RS 触发器特征方程得 D 触发器的特征方程为

$$Q^{n+1} = D \tag{10-13}$$

由此可见，在时钟脉冲的作用下，D 触发器的次状态只取决于输入信号 D，与原状态无关，因此常把它称为数据锁存器或延迟(Delay)触发器，其真值表见表 $10-5$。

表 10-5　D 触发器真值表

D	Q^n	Q^{n+1}	功 能 说 明
0	0	0	
0	1	0	输出状态与 D 状态相同
1	0	1	
1	1	1	

其状态转换图如图 $10-16$ 所示。

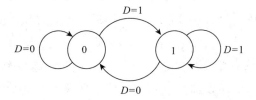

图 10-16　同步 D 触发器状态转换图

2. 维持－阻塞边沿 D 触发器

为了解决空翻现象，在同步 D 触发器电路中引入三根反馈线 L_1、L_2、L_3，如图 10－17 所示。它在时钟脉冲的上升沿或下降沿时刻改变输出状态，并且只在边沿前一瞬间的输入信号有效，这样不仅将触发器的触发翻转控制在 CP 触发沿到来的一瞬间，而且将接收输入信号的时间也控制在 CP 触发沿到来的前一瞬间。所以，维持－阻塞边沿 D 触发器既没有空翻现象，也没有一次翻转问题，从而大大提高了触发器工作的可靠性和抗干扰能力。

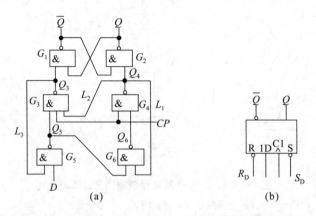

图 10－17　维持－阻塞边沿 D 触发器逻辑图及逻辑符号
（a）逻辑图　（b）逻辑符号

维持－阻塞 D 触发器工作过程如下。

（1）当 $D=1$ 时，若 $CP=0$，G_3、G_4 被封锁，$Q_3=1$、$Q_4=1$，G_1、G_2 组成的基本 RS 触发器保持原状态不变。因 $D=1$，$L_3=G_3=1$，经过 G_5，输出 $Q_5=0$，代入 D 触发器特征方程，得 $Q_3=1$，$Q_6=1$。

若 CP 由 0 变 1 时，G_4 输入全 1，输出 Q_4 变为 0。继而，Q 翻转为 1，完成了使触发器翻转为 1 状态的全过程。同时，一旦 Q_4 变为 0，通过反馈线 L_1 封锁了 G_6 门，这时如果 D 信号由 1 变为 0，只会影响 G_5 的输出，不会影响 G_6 的输出，维持了触发器的 1 状态。因此，称 L_1 线为置 1 维持线。同理，Q_4 变 0 后，通过反馈线 L_2 也封锁了 G_3 门，从而阻塞了置 0 通路，故称 L_2 线为置 0 阻塞线。

（2）当 $D=0$ 时，若 $CP=0$，G_3、G_4 被封锁，$Q_3=1$、$Q_4=1$，G_1、G_2 组成的基本 RS 触发器保持原状态不变。因 $D=0$，$Q_5=1$，G_6 输入全 1，输出 $Q_6=0$。当 CP 由 0 变 1 时，G_3 输入全 1，输出 Q_3 变为 0。继而，$\bar{Q}$ 翻转为 1，Q 翻转为 0，完成了使触发器翻转为 0 状态的全过程。同时，一旦 Q_3 变为 0，通过反馈线 L_3 封锁了 G_5 门，这时无论 D 信号再怎么变化，也不会影响 G_5 的输出，从而维持了触发器的 0 状态。因此，称 L_3 线为置 0 维持线。

可见，维持－阻塞边沿触发器是利用维持线和阻塞线，将触发器的触发翻转控制在 CP 上升沿到来的一瞬间，并接收 CP 上升沿到来前一瞬间的 D 信号。维持－阻塞触发器因此而得名。

10.1.4 触发器的转换

通过以上的学习可知,在触发器中,D 触发器和 JK 触发器是比较完善的,实际中最常用的集成触发器大多数也是 D 触发器和 JK 触发器。触发器的逻辑功能和电路结构无对应关系。同一功能的触发器可用不同结构实现,同一结构触发器可做成不同的逻辑功能。因此这两者可以相互转化,方法就是根据"已有触发器和待求触发器的特征方程相等"的原则,转换步骤一般如下:

(1)写出已有触发器和待求触发器的特征方程;

(2)变换待求触发器的特征方程,使其形式与已有触发器的特征方程一致;

(3)比较已有和待求触发器的特征方程,根据两个方程相等的原则求出转换逻辑;

(4)根据转换逻辑画出逻辑电路图。

在转换过程中应注意现有触发器的特征方程不能变换,主要是变换待求触发器的特征方程,变换的难点是解决已有触发器的输入端的接法。下面以 D 触发器转换成 JK 触发器为例进行介绍。

1. D 触发器转换成 JK 触发器

写出 D 触发器和 JK 触发器的特征方程为

$$\left.\begin{array}{l} Q^{n+1} = D \\ Q^{n+1} = J\,\overline{Q^n} + \overline{K}Q^n \end{array}\right\} \qquad (10-14)$$

将两者进行比较,可得

$$D = J\,\overline{Q^n} + \overline{K}Q^n \qquad (10-15)$$

根据式(10-15)及 D 触发器逻辑图,可得如图 10-18 所示的 JK 触发器电路。

2. JK 触发器转换为 D 触发器

写出待求 D 触发器的特征方程进行变换,使其形式与 JK 触发器的特征方程一致:

$$Q^{n+1} = D = D\overline{Q^n} + DQ^n \qquad (10-16)$$

将其与 JK 触发器的特征方程 $Q^{n+1} = J\,\overline{Q^n} + \overline{K}Q^n$ 进行比较,可得

$$\left.\begin{array}{l} J = D \\ \overline{K} = D \end{array}\right\} \qquad (10-17)$$

所以,D 触发器的电路如图 10-19 所示。

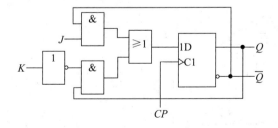

图 10-18 D 触发器转换成的 JK 触发器

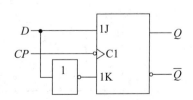

图 10-19 JK 触发器转换成的 D 触发器

10.2 常用时序逻辑电路

用常用时序逻辑电路中规模集成模块设计数字电路仍是目前组成数字系统的主要设计方法，熟悉和掌握时序中规模集成模块的基本工作原理及其应用也是数字电子的主要任务。本节通过计数器和寄存器这两种计算机及其他数字系统中比较常用的逻辑功能器件教学，帮助学生认识时序模块的国标符号、逻辑符号和时序电路模块的功能表，进而掌握用时序模块和其他电路组成的应用电路。

10.2.1 计数器

计数器是用来计算输入脉冲数目的时序逻辑电路，是数字系统中应用最广泛的基本单元之一。它是用电路的不同状态来表示输入脉冲的个数。计数器所能计算脉冲数目的最大值（即电路所能表示状态数目的最大值）称为计数器的模（M）。按进位方式，计数器可分为同步和异步两类。同步计数器的所有触发器共用一个时钟脉冲，时钟脉冲就是计数的输入脉冲。异步计数器只有部分触发器的时钟信号是计数脉冲，而另一部分触发器的时钟信号是其他触发器或组合电路的输出信号，因而各级触发器的状态更新不是同时发生的。

按进位制方式，计数器可分为二进制和非二进制（包括十进制）。

按逻辑功能方式，计数器可分为加法计数器、减法计数器和可逆计数器等。加法计数器的状态变化和数的依次累加相对应。减法计数器的状态变化和数的依次递减相对应。可逆计数器由控制信号控制实现累加或递减，可实现加法或减法计数。

若计数脉冲为一周期性信号，则模为 M 的计数器输出信号的频率为计数脉冲频率的 $1/M$，也就是说，计数器具有分频的功能，可作为数字分频器使用。

工程中经常用到的序列信号发生器，也可由计数器设计而成。

下面以同步二进制加法计数器为例进行讨论。

1. 同步 4 位二进制计数器

同步 4 位二进制加法计数器电路是由 4 个边沿 JK 触发器构成的。第一个触发器 FF_0 的 J、K 输入信号连接高电平 1，第二个触发器 FF_1 的 J、K 输入信号连接到第一个触发器 FF_0 的 Q 输出端，第三个触发器 FF_2 的 J、K 输入信号连接 FF_0 与 FF_1 输出值的与值，依此类推，如图 10 - 20 所示。

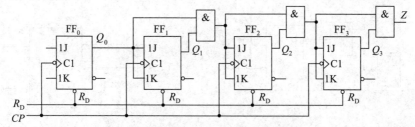

图 10 - 20　同步 4 位二进制计数器逻辑图

根据逻辑图可知

$Z = Q_3 Q_2 Q_1 Q_0$ $J_0 = K_0 = 1$ $J_1 = K_1 = Q_0$ $J_2 = K_2 = Q_1 Q_0$ $J_3 = K_3 = Q_2 Q_1 Q_0$

将这些关系式代入边沿 JK 触发器的特征方程可得

$Q_0^{n+1} = \overline{Q_0}$ $Q_1^{n+1} = Q_0 \oplus Q_1$ $Q_2^{n+1} = (Q_1 Q_0) \oplus Q_2$ $Q_3^{n+1} = (Q_2 Q_1 Q_0) \oplus Q_3$

若为 n 位计数器，依此类推即可。

结合它的逻辑图与真值表(表 10-6)分析其工作过程如下。

表 10-6　同步 4 位二进制计数器真值表

CP	Q_3	Q_2	Q_1	Q_0	Q_3^{n+1}	Q_2^{n+1}	Q_1^{n+1}	Q_0^{n+1}	Z
0	0	0	0	0	0	0	0	1	0
1	0	0	0	1	0	0	1	0	0
2	0	0	1	0	0	0	1	1	0
3	0	0	1	1	0	1	0	0	0
4	0	1	0	0	0	1	0	1	0
5	0	1	0	1	0	1	1	0	0
6	0	1	1	0	0	1	1	1	0
7	0	1	1	1	1	0	0	0	0
8	1	0	0	0	1	0	0	1	0
9	1	0	0	1	1	0	1	0	0
10	1	0	1	0	1	0	1	1	0
11	1	0	1	1	1	1	0	0	0
12	1	1	0	0	1	1	0	1	0
13	1	1	0	1	1	1	1	0	0
14	1	1	1	0	1	1	1	1	0
15	1	1	1	1	0	0	0	0	1

(1)根据边沿 JK 触发器的特征方程知，由于 FF_0 的 J、K 端都为高电平，所以对于 FF_0 来说，从第 0 个 CP 到来之后，每来一个时钟脉冲(CP_0，CP_1，CP_2，…)，Q_0 就翻转一次。

(2)对于 FF_1，其输出 Q_1 在每次 Q_0 为 1 之后，再来一个时钟脉冲才能翻转一次，因此这种翻转从第 1 个 CP 到来之后，每隔一个脉冲发生一次(CP_1，CP_3，CP_5，…)，而当 Q_0 为 0 时，保持状态不变。

(3)对于 FF_2，当 Q_0、Q_1 都为高电平时，通过与门输出使 $J_2 = K_2 = 1$，则在下一个时钟脉冲到来时输出发生翻转，因此这种翻转从第 3 个 CP 到来之后，每隔四个脉冲发生一次(CP_3，CP_7，CP_{11}，…)，在所有其他时间，FF_2 的输入都被与门输出保持为低电平，状态不变。

（4）同理可得 FF_3 是从第 7 个 CP 到来之后，每隔八个脉冲翻转一次，由此可发现与真值表是相符的，该计数器的输出波形如图 10 – 21 所示。

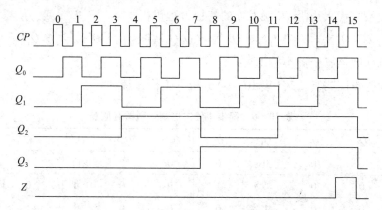

图 10 – 21　同步 4 位二进制计数器波形图

2. 集成计数器

在实际数字系统中，集成计数器有着更广泛的应用。它们具有体积小、功能灵活、可靠性高等优点。集成计数器种类很多，时钟脉冲的引入有同步或异步方式，计数进制主要以二进制和十进制为主。下面以集成计数器 74LS161 为例进行介绍。

74LS161 是一种 4 位二进制同步计数器，具有计数、保持、预置、清零功能，其引脚图及传统逻辑符号如图 10 – 22 所示。它由 4 个 JK 触发器和一些控制门组成，Q_3、Q_2、Q_1、Q_0 是计数输出，Q_3 为最高位。RCO 为进位输出端，$RCO = Q_3Q_2Q_1Q_0(ET)$，仅当 $ET = 1$ 且计数状态为 1111 时，RCO 才变高电平，产生进位信号。

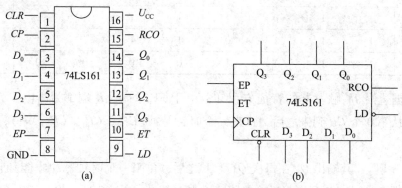

图 10 – 22　集成计数器 74LS161

（a）引脚图　（b）逻辑符号

由表 10 – 7 可知，74LS161 具有以下功能。

（1）异步清零。当 $CLR = 0$ 时，无论其他输入信号的状态如何，计数器输出将立即被置零。

（2）同步置数。当 $CLR=1$（清零无效）、$LD=0$ 时，如果有一个时钟脉冲的上升沿到来，则计数器输出端数据 $Q_3 \sim Q_0$ 等于计数器的预置端数据 $D_3 \sim D_0$。

（3）加法计数。当 $CLR=1$、$LD=1$（置数无效），且 $ET=EP=1$ 时，每来一个时钟脉冲上升沿，计数器按照4位二进制码进行加法计数，计数变化范围为 0000～1111。该功能为它的最主要功能。

（4）数据保持。当 $CLR=1$、$LD=1$，且 $ET \cdot EP=0$ 时，无论有没有时钟脉冲，计数器状态均保持不变。

表 10-7　集成计数器 74LS161 功能表

清零	置数	使能		时钟	预置数据输入				输出				工作模式
CLR	LD	ET	EP	CP	D_3	D_2	D_1	D_0	Q_3	Q_2	Q_1	Q_0	
0	×	×	×	×	×	×	×	×	0	0	0	0	异步清零
1	0	×	×	↑	d_3	d_2	d_1	d_0	d_3	d_2	d_1	d_0	同步置数
1	1	0	×	×	×	×	×	×	保持				数据保持
1	1	×	0	×	×	×	×	×	保持				数据保持
1	1	1	1	↑	×	×	×	×	计数				加法计数

图 10-23 是 74LS161 的时序波形图，由此可以清楚地理解 74LS161 的逻辑功能和各个信号之间的时序关系。

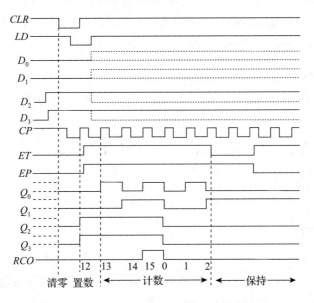

图 10-23　集成计数器 74LS161 时序波形图

10.2.2 寄存器

寄存器就是在数字电路中，用来存放二进制数据或代码的电路，它由具有存储功能的触发器构成。一个触发器可以存储1位二进制代码，存放 n 位二进制代码的寄存器需用 n 个触发器来构成。

寄存器与移位寄存器均是数字系统中常见的逻辑模块。寄存器用来存放二进制数码，移位寄存器除具有寄存器的功能外，还可将数码移位。寄存器用来存放二进制数码。事实上每个触发器就是一位寄存器。74175是由四个具有公共清零端的上升沿 D 触发器构成的中规模集成电路。移位寄存器具有移位功能，即除了可以存放数据以外，还可将所存数据向左或向右移位。移位寄存器有单向移位和双向移位之分，还常带有并行输入端。74195是带有并行存取功能的4位单向移位寄存器。74LS194是可并行存取的4位双向移位寄存器，是一种功能比较齐全的移位寄存器，它具有左移、右移、并行输入数据、保持以及清除等五种功能。利用移位寄存器可以很方便地将串行数据变换为并行数据，也可以将并行数据变换为串行数据。计算机中外部设备与主机之间的信息交换常常需要这种变换。移位寄存器还常用来做成环形计数器和扭环形计数器，在序列控制中要用到这些类型的电路。与计数器一样，移位寄存器也可用于设计序列信号发生器。

1. 4位寄存器

图10-24所示的寄存器中，无论原来的内容是什么，只要时钟脉冲 CP 上升沿到来，加在数据输入端的数据 $D_0 \sim D_3$ 就立即被送进寄存器中，输出数据可以并行从 $Q_0 \sim Q_3$ 引出，也可以从 $\overline{Q_0} \sim \overline{Q_3}$ 引出反码输出，而在 CP 上升沿以外时间，寄存器内容将保持不变，直到下一个 CP 上升沿到来，故寄存时间为一个时钟周期。

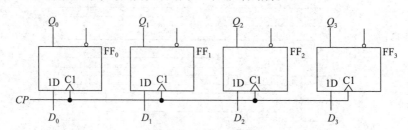

图10-24 4位寄存器

2. 集成移位寄存器

移位寄存器除了数据保存外，还可以在移位脉冲作用下依次逐位右移或左移，数据既可以并行输入、并行输出，也可以串行输入、串行输出，还可以并行输入、串行输出以及串行输入、并行输出，如图10-25所示。

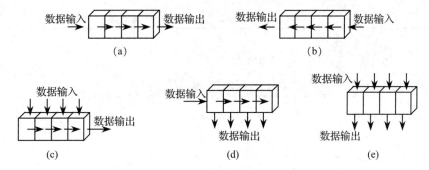

图 10 - 25　移位寄存器示意图

（a）串行输入/右移/串行输出　（b）串行输入/左移/串行输出　（c）并行输入/串行输出

（d）串行输入/并行输出　（e）并行输入/并行输出

74LS194 四位通用移存器，具有左移、右移、串行、并行输入输出及双向移位、保持、清除等功能。其引脚图及逻辑符号如图 10 - 26 所示。

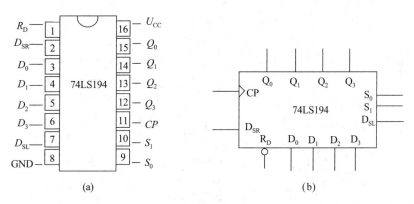

图 10 - 26　移位寄存器 74LS194

（a）引脚图　（b）逻辑符号

74LS194 各引出端功能如下：D_{SL} 和 D_{SR} 分别是左移和右移串行输入端；D_0、D_1、D_2 和 D_3 是并行输入端；Q_0、Q_1、Q_2 和 Q_3 为并行输出端，其中 Q_0 和 Q_3 分别是左移和右移时的串行输出端；R_D 是异步清零端，低电平有效；S_1、S_0 是工作方式控制端。其真值表见表 10 - 8。

表 10 - 8　集成计数器 74LS194 真值表

输　　入					输　　出	工 作 模 式
清零	控制	串行输入	时钟	并行输入		
R_D	$S_1\ S_0$	$D_{SL}D_{SR}$	CP	$D_0\ D_1\ D_2\ D_3$	$Q_0\ Q_1\ Q_2\ Q_3$	
0	× ×	× ×	×	× × × ×	0　0　0　0	异步清零
1	0 0	× ×	×	× × × ×	$Q_0^n\ \ Q_1^n\ \ Q_2^n\ \ Q_3^n$	保持
1	0 1	× 1	↑	× × × ×	1　$Q_0^n\ \ Q_1^n\ \ Q_2^n$	右移，D_{SR} 为串行输入，
1	0 1	× 0	↑	× × × ×	0　$Q_0^n\ \ Q_1^n\ \ Q_2^n$	Q_3 为串行输出

输 入					输 出				工 作 模 式
清零	控制	串行输入	时钟	并行输入					
R_D	$S_1 S_0$	$D_{SL} D_{SR}$	CP	$D_0 D_1 D_2 D_3$	$Q_0 Q_1 Q_2 Q_3$				
1	1 0	1 ×	↑	× × × ×	Q_1^n	Q_2^n	Q_3^n	1	左移，D_{SL} 为串行输入，
1	1 0	0 ×	↑	× × × ×	Q_1^n	Q_2^n	Q_3^n	0	Q_0 为串行输出
1	1 1	× ×	↑	$D_0 D_1 D_2 D_3$	D_0	D_1	D_2	D_3	并行置数

移位寄存器74LS194 时序图如图 10－27 所示，再根据真值表可以看出，只要 $R_D = 0$，移存器无条件清零；只有当 $R_D = 1$，CP 上升沿到达时，电路才可能按 S_1、S_0 设置的方式执行移位或置数操作；当 $S_1 S_0 = 11$，并行置数；当 $S_1 S_0 = 01$，右移，$S_1 S_0 = 10$，左移，时钟无效或虽然时钟有效，但 $S_1 S_0 = 00$，则电路保持原态。

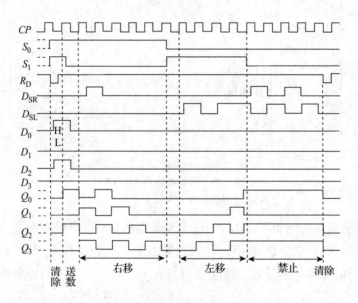

图 10－27　移位寄存器 74LS194 时序波形图

10.3　应用举例

数字钟是人们常见并且常用的一种电子器件，它具有时、分、秒数字显示，准确计时和校时功能，并且可以扩展闹钟系统和整点报时。

数字钟电路的原理框图如图 10－28 所示，由主体电路和扩展电路构成，分别完成数字钟的基本功能和扩展功能。

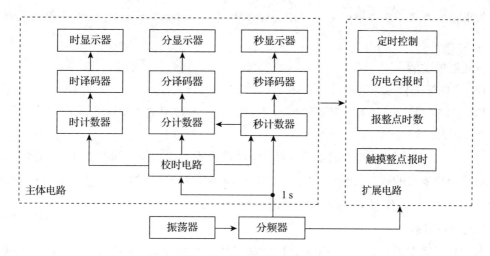

图 10 - 28　数字钟的原理框图

主体电路由石英晶体振荡器、分频器、计数器、译码器、显示器和校时电路等组成。石英晶体振荡器产生的信号经过分频器得到标准的秒脉冲，全为数字钟的时间基准，送入计数器计数，计数结果通过时、分、秒译码器显示时间，计时出现误差时可通过校时电路调整时钟。扩展电路在基本电路运行正常后才能进行扩充实现，采用译码器或采用与非门接到分计数器和秒计数器相应的输出端，使计数器运行到差十秒整点时，利用分频器输出的 500 Hz 和 1 000 Hz 的信号加到音响电路中，用于模仿电台报时频率，前四响为低音，后一响为高音。

1. 石英晶体振荡电路

振荡器是数字钟的核心，石英晶体振荡器的特点是振荡频率准确、电路结构简单、频率易于调整。

图 10 - 29 为晶体振荡器电路，常取晶体振荡器的频率为 32 768 Hz，因其内部有 15 级二二分频集成电路，所以输出端正好可得到 1 Hz 的标准脉冲。

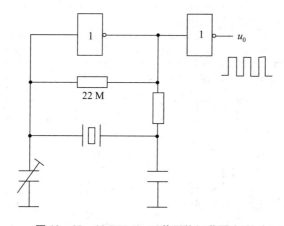

图 10 - 29　32 768 Hz 石英晶体振荡器电路

如果精度要求不高，也可考虑采用集成逻辑门或定时器 555 组成的 *RC* 多谐振荡器。

2. 分频电路

分频器的功能主要有两个：

(1)产生标准秒脉冲信号；

(2)提供功能扩展电路所需要的信号，如仿电台报时用的 1 kHz 的高音频信号和 500 Hz 的低音频信号等。

选用三片中规模集成电路计数器 74LS90 可以完成上述功能，每片为 1/10 分频，3 片级联可获得所需的频率信号，即第一片的 Q_0 端输出频率为 500 Hz，第二片的 Q_3 端输出频率为 10 Hz，第三片的 Q_3 端输出频率为 1 Hz。

3. 计数电路

分和秒计数器都是模数 $M = 60$ 的计数器，其计数规律为 00—01—…—58—59—00…选 74LS92 作为十位计数器，74LS90 作为个位计数器，再将它们级联即可组成模数 $M = 60$ 的计数器。

时计数器是一个"12 翻 1"的特殊进制计数器，当数字钟运行到 12 时 59 分 59 秒时，秒的个位计数器再输入一个秒脉冲时，数字钟应自动显示为 01 时 00 分 00 秒，实现日常生活中习惯用的计时规律，选用 74LS191 和 74LS74 实现。

4. 校时电路

当数字钟接通电源或者计时出现误差时，需要校正时间，校时是数字钟应具备的基本功能。为使电路简单，只进行时和分的调校。

图 10-30 为校时电路。S_1 是校"分"用的控制开关，S_2 是校"时"用的控制开关。当 S_1 或 S_2 分别为"0"时可进行"快校时"，校时脉冲采用分频器输出的 1 Hz 脉冲。

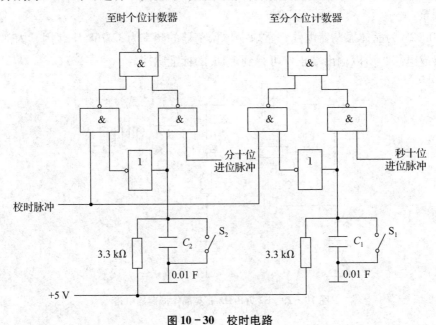

图 10-30 校时电路

需要注意的是，校时电路是由与非门构成的组合逻辑电路，开关 S_1 或 S_2 为 "0" 或 "1" 时，可能会产生抖动，接电容 C_1、C_2 可以缓解抖动。必要时还应将其改为去抖动开关电路。

图 10-31 是数字钟的整机电路。

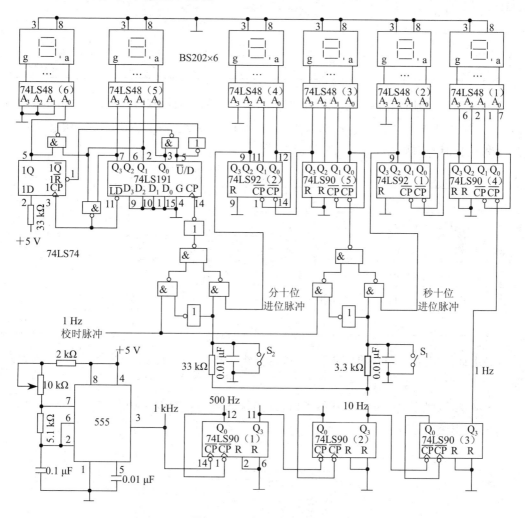

图 10-31　数字钟整机电路

习题 10

1. 试用 JK 触发器设计五进制同步加法计数器，写出设计过程和激励方程，可以不画逻辑图。

2. 试用 JK 触发器设计一个 5421BCD 码七进制加法计数器，由零开始计数。5421BCD 码编码表见下表。

十进制数	D	C	B	A	十进制数	D	C	B	A
0	0	0	0	0	5	1	0	0	0
1	0	0	0	1	6	1	0	0	1
2	0	0	1	0	7	1	0	1	0
3	0	0	1	1	8	1	0	1	1
4	0	1	0	0	9	1	1	0	0

3. 试分析下表所示由 4 位同步二进制计数器构成的计数分频电路：(1)试分析 D 触发器输出 Y 与其时钟信号 CP 分频比；(2)画出 74161 – 2 组成的计数电路的状态转换图；(3)分析计算时钟信号 CP 与 Y 的分频比。

题 3 表

CP	Cr	S_1	S_0	S_R	S_L	Q_3	Q_2	Q_1	Q_0
φ	0	φ	φ	φ	φ	0	0	0	0
φ	1	0	0	φ	φ	保持			
$\uparrow$	1	0	1	$\times$	φ	$\times$	Q_3	Q_2	Q_1
$\uparrow$	1	1	0	φ	$\times$	Q_2	Q_1	Q_0	$\times$
$\uparrow$	1	1	1	φ	φ	D_3	D_2	D_1	D_0

4. 由移位寄存器 74LS194 和 3 – 8 译码器组成的时序电路如下图所示，试分析该电路，并

(1)列出该时序电路的状态迁移表(设起始状态为 $Q_3Q_2Q_1Q_0 = 0110$)；

(2)指出该电路输出端 Z 产生什么序列。

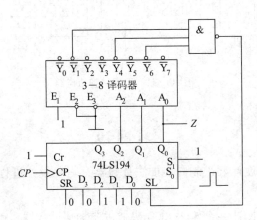

题 4 图

5. 试分析下图所示由 4 位同步二进制计数器构成的计数分频电路：(1)分别写出两个计数器各自的状态循环图和各自的计数长度；(2)求 CP 和 Y 的分频比。

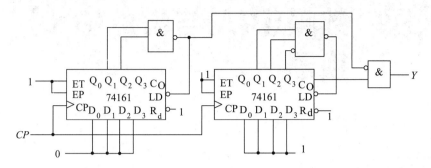

题 5 图

6. 位双向移位寄存器 74194 功能表见下表。设初始状态为 1001，分析电路，写出状态转换表，并画各 Q 端波形。

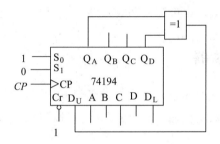

题 6 图

第11章 数模(D/A)与模数(A/D) 转换器

本章重点

1. 数模(D/A)转换器。
2. 模数(A/D)转换器。

能将数字量转换为模拟量的电路称为数模转换器,简称 D/A 转换器或 DAC;能将模拟量转换为数字量的电路称为模数转换器,简称 A/D 转换器或 ADC。ADC 和 DAC 是连通模拟电路和数字电路的桥梁,也可称为两者之间的接口。

11.1 数模(D/A)转换器

D/A 转换器的基本原理是将输入的每一位二进制代码按其权的大小转换成相应的模拟量,然后将代表各位的模拟量相加,所得的总模拟量就与数字量成正比,这样便实现了从数字量到模拟量的转换。

转换特性:D/A 转换器的转换特性是指其输出模拟量和输入数字量之间的转换关系。理想的 D/A 转换器的转换特性,应是输出模拟量与输入数字量成正比。

D/A 转换器由数码寄存器、模拟电子开关、解码网络、求和电路及基准电压几部分组成。数字量以串行或并行方式输入并存储于数码寄存器中,寄存器输出的每位数码驱动对应的数位上的电子开关将在电阻解码网络中获得的相应数位权值送入求和电路。求和电路将各位权值相加便得到与数字量对应的模拟量。目前,常见的 D/A 转换器有二进制权电阻网络 D/A 转换器、倒 T 形电阻网络 D/A 转换器、权电流型 D/A 转换器、权电容网络 D/A 转换器以及开关树型 D/A 转换器等几种类型。下面以倒 T 形电阻网络 D/A 转换器为例进行介绍。

11.1.1 倒 T 形电阻网络 D/A 转换器

倒 T 形电阻网络 D/A 转换器如图 11-1 所示。由图可知,电阻网络中只有 R 和 $2R$ 两种阻值的电阻,分析十分方便。当数字量为"1"时,开关接集成运放反向输入端,有支路电流 I_i 流向求和放大电路;当数字量为"0"时,开关接地,支路电流 I_i 为零。

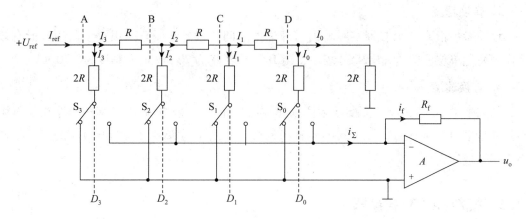

图 11-1　倒 T 形电阻网络 D/A 转换器

假设从参考电压端输入的总电流为 $I_{ref} = \dfrac{U_{ref}}{R}$，那么流过各开关支路（从左到右）的电流分别是 $I/2$，$I/4$，$I/8$，$I/16$。那么将其相加可得总电流 i_f，则输出电压为

$$u_o = -R_f i_f = -R_f i = -\frac{U_{ref}R_f}{2^4 R}(2^3 \cdot D_3 + 2^2 \cdot D_2 + 2^1 \cdot D_1 + 2^0 \cdot D_0) \qquad (11-1)$$

上式说明，输出的模拟电压正比于输入的二进制数，故实现了数字量与模拟量的转换。

11.1.2　D/A 转换器的主要技术指标

1. 分辨率

该参数是描述 D/A 转换对输入变量变化的敏感程度，具体指 D/A 转换器能分辨的最小电压值，分辨率有两种表示方式。

（1）最小输出电压与最大输出电压之比。

当用 D/A 转换器的最小输出电压 U_{LSB}（输入数字只有最低位为 1）与最大输出电压 U_{FSR}（输入数字全为 1）的比值来表示。如 10 位 D/A 转换器的分辨率为

$$\frac{U_{LSB}}{U_{FSR}} = \frac{1}{2^{10}-1} = \frac{1}{1\,023} \approx 0.001 \qquad (11-2)$$

位数 n 越大，其输出模拟电压的取值个数越多（2^n 个）或取值间隔（2^n-1 个）越多，则 D/A 转换器输出模拟电压的变化量越小，所以分辨率用于表征 D/A 转换器对输出电压的细微变化敏感程度。

（2）待进行转换的二进制数的位数，位数越多，分辨率越高。

分辨率 $= U_{ref}/2$ 位数或分辨率 $= (U_{+ref} + U_{-ref})/2$ 位数，例如若 $U_{ref} = 5$ V，8 位的 D/A 转换器分辨率为 $5/256 = 20$ mV。

2. 转换精度

该项参数指 D/A 转换器实际输出与理论值之间的误差，一般采用数字量的最低有效位作为衡量单位，例如 ±1/2LSB 表示，当 D/A 分辨率为 20 mV 时，精度为 ±10 mV。

3. 转换速度

从数字量输入到模拟量输出达到稳定所需的时间。一般电流型 D/A 转换器在几百微秒到几秒之内；而电压型 D/A 转换器转换较慢，取决于运算放大器的响应时间。转换速率用模拟量的变化率来表示。

11. 2 模数(A/D)转换器

A/D 转换是将模拟信号转换为数字信号，转换过程通过采样、保持、量化和编码四个步骤完成。

1. 采样—保持

所谓采样，就是将一个时间上连续变化的模拟量转换为时间上离散的模拟量，即将时间上连续变化的模拟量转换为一系列等间隔的脉冲，脉冲的幅度取决于输入模拟量。采样后的值必须保持不变，直到下一次采样。因为 A/D 转换必须有时间处理采样值，采样和保持操作的结果是近似输入模拟信号的"阶梯状"的波形，如图 11 - 2 所示。

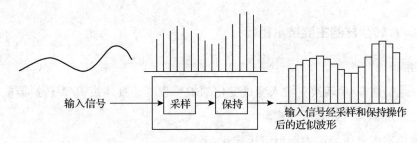

输入信号 ——→ 采样 ——→ 保持 ——→ 输入信号经采样和保持操作后的近似波形

图 11 - 2 采样—保持示意图

2. 量化— 编码

采样保持后的值都表示成某个"最小数量单位"的整数倍，这一过程称为量化。规定的最小数量单位称为量化单位或量化间隔，用"δ"表示。量化的方法一般有两种：四舍五入法和舍去小数法。采用不同量化方式所得的结果与采样值之间存在差异，这个差异称为量化误差。

把上述量化结果用代码表示，称为编码。2 位代码可表示 $0 \sim 3\delta$ 共 4 个值，3 位代码可表示 $0 \sim 7\delta$ 共 8 个值，即 n 位代码可表示 $0 \sim (2^n - 1)\delta$ 个共 2^n 个值。下面以图 11 - 3 中采样—保持后的近似波形为例，说明将它进行量化和编码的过程。

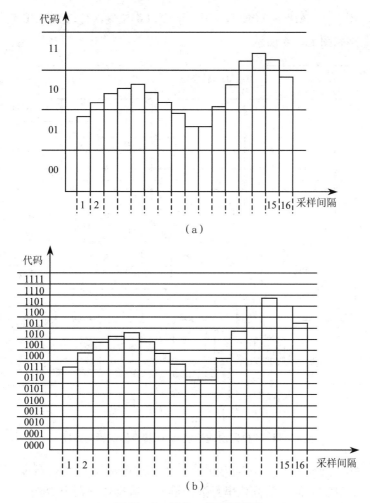

图 11 - 3 量化—编码示意图
(a)2 位代码量化编码   (b)3 位代码量化编码

从图中可知，编码位数越多，纵向越细腻，量化误差越小，越趋近于采样值，准确度越高。

11. 2. 1 逐次逼近型 A/D 转换器

A/D 转换器按照工作原理的不同可分为直接 A/D 转换器和间接 A/D 转换器。常用的直接 A/D 转换器有并联比较型 A/D 转换器和逐次逼近型 A/D 转换器。常用的间接 A/D 转换器有中间量为时间的双积分型 A/D 转换器和中间量为频率的电压—频率转换型 A/D 转换器。下面主要讲解逐次比较型 A/D 转换器。

逐次逼近转换过程与用天平称重非常相似。按照天平称重的思路，逐次逼近型 A/D 转换器就是将输入模拟信号与不同的参考电压做多次比较，使转换所得的数字量在数值上逐次逼近输入模拟量的对应值。常用的集成逐次逼近型 A/D 转换器有 ADC0808/0809 系列

（8）位、AD575（10 位）、AD574A（12 位）等。下面以 4 位逐次比较型 A/D 转换器为例讲解其原理，逻辑电路如图 11－4 所示。

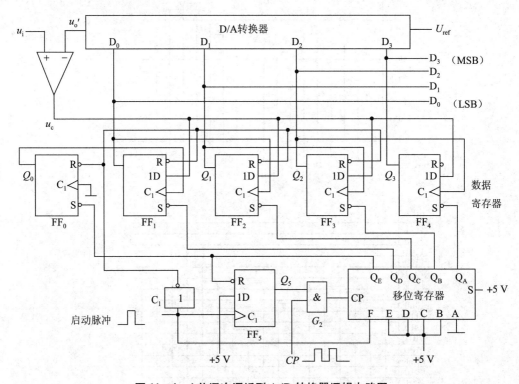

图 11－4　4 位逐次逼近型 A/D 转换器逻辑电路图

图中 5 位移位寄存器可进行并入/并出或串入/串出操作，其输入端 F 为并行置数使能端，高电平有效；其输入端 S 为高位串行数据输入。数据寄存器由 D 边沿触发器组成，数字量从 $Q_4 \sim Q_1$ 输出。电路工作过程如下。

当启动脉冲上升沿到达后，$FF_0 \sim FF_4$ 被清零，Q_5 置 1，与门 G_2 开启，时钟脉冲 CP 进入移位寄存器。

在第一个 CP 脉冲作用下，由于移位寄存器的置数使能端 F 由 0 变 1，并行输入数据 $ABCDE$ 置入，$Q_A Q_B Q_C Q_D Q_E = 01111$，$Q_A$ 的低电平使数据寄存器的最高位（Q_4）置 1，即 $Q_4 Q_3 Q_2 Q_1 = 1000$。D/A 转换器将数字量 1000 转换为模拟电压 u_o'，送入比较器与输入模拟电压 u_i 比较，若 $u_i' > u_o'$，则比较器输出 u_c 为 1，否则为 0。比较结果送 $D_4 \sim D_1$。

在第二个 CP 脉冲到来后，移位寄存器的串行输入端 S 为高电平，Q_A 由 0 变 1，同时最高位 Q_A 的 0 移至次高位 Q_B。于是数据寄存器的 Q_3 由 0 变 1，这个正跳变作为有效触发信号加到 FF_4 的 CP 端，使 u_c 的电平得以在 Q_4 保存下来。此时，由于其他触发器无正跳变触发脉冲，u_c 的信号对它们不起作用。Q_3 变 1 后，建立了新的 D/A 转换器的数据，输入电压再与其输出电压 u_o' 进行比较，比较结果在第三个时钟脉冲作用下存于 Q_3。

如此进行，直到 Q_E 由 1 变 0 时，使触发器 FF_0 的输出端 Q_0 产生由 0 到 1 的正跳变，

做触发器 FF_1 的 CP 脉冲，使上一次 A/D 转换后的 u'_o 电平保存于 Q_1。同时使 Q_5 由 1 变 0 后将 G_2 封锁，一次 A/D 转换过程结束。于是电路的输出端 $D_3D_2D_1D_0$ 得到与输入电压 u_i 成正比的数字量。

由以上分析可见，逐次比较型 A/D 转换器完成一次转换所需时间与其位数和时钟脉冲频率有关，位数越少，时钟频率越高，转换所需时间越短。这种 A/D 转换器具有转换速度快、精度高的特点。

11.2.2　A/D 转换器的主要技术指标

A/D 转换器的主要技术指标有分辨率、转换精度、转换速度等。选择 A/D 转换器时，除考虑这三项技术指标外，还应注意满足其输入电压的范围、输出数字的编码、工作温度范围和电压稳定度等方面的要求。

1. 分辨率

A/D 转换器的分辨率以输出二进制（或十进制）数的位数来表示。它说明 A/D 转换器对输入信号的分辨能力。A/D 转换器的分辨率用输出二进制数的位数 n 表示，位数越多，对输入模拟信号的分辨能力越强。例如，输入模拟电压的变化范围为 0~5 V，输出 8 位二进制数可以分辨的最小输入模拟电压为 5×2^{-8} V $= 20$ mV；输出 12 位二进制数可以分辨的最小输入模拟电压为 5×2^{-12} V ≈ 1.22 mV。

2. 转换误差

转换误差通常是以输出误差的最大值形式给出。它表示 A/D 转换器实际输出的数字量和理论上的输出数字量之间的差别，常用最低有效位的倍数表示。

例如给出相对误差 $\leqslant \pm \text{LSB}/2$，这就表明实际输出的数字量和理论上应得到的输出数字量之间的误差小于最低位的半个字。

3. 转换时间

转换时间是指 A/D 转换器从转换控制信号到来开始，到输出端得到稳定的数字信号所经过的时间。A/D 转换器的转换时间与转换电路的类型有关。不同类型的转换器转换速度相差甚远。其中，并行比较 A/D 转换器的转换速度最高，8 位二进制输出的单片集成 A/D 转换器转换时间可达到 50 ns 以内，逐次逼近型 A/D 转换器次之，它们多数转换时间在 10~50 μs 及以内，间接 A/D 转换器的速度最慢，如双积分 A/D 转换器的转换时间大都在几十毫秒至几百毫秒。在实际应用中，应从系统数据总的位数、精度要求、输入模拟信号的范围以及输入信号极性等方面综合考虑 A/D 转换器的选用。

11.3　数模(D/A)与模数(A/D)转换器芯片介绍

1. 典型芯片 DAC0832

DAC0830 系列包括 DAC0830、DAC0831 和 DAC0832，是 8 位乘法 D/A 转换器，可直

接与其他微处理器连接，该芯片能应用于多个 D/A 转换器同时工作的场合，其数据输入能以双缓冲、单缓冲或直接三种方式工作。DAC0830 系列各电路的原理、结构及功能都基本相同，参数指标略有不同，现在使用较多的为 DAC0832，其主要参数如下：

（1）分辨率为 8 位；

（2）电流稳定时间 1 μs；

（3）可单缓冲、双缓冲或直接数字输入；

（4）只需在满量程下调整其线性度；

（5）单一电源供电（ +5 ~ +15 V）；

（6）低功耗，20 mW。

DAC0832 的逻辑功能框图和引脚图如图 11 - 5 所示，各引脚的功能说明如下。

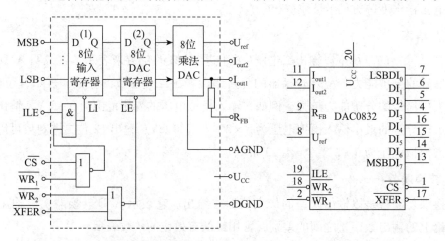

图 11 - 5　DAC0832 的逻辑功能框图和引脚图

$\overline{\text{CS}}$：片选信号，输入低电平有效。

ILE：输入锁存允许信号，输入高电平有效。

$\overline{\text{WR}_1}$：输入寄存器写信号，输入低电平有效。

$\overline{\text{WR}_2}$：DAC 寄存器写信号，输入低电平有效。

$\overline{\text{XFER}}$：数据传送控制信号，输入低电平有效。

$\text{DI}_0 \sim \text{DI}_7$：8 位数据输入端，$\text{DI}_0$ 为最低位，DI_7 为最高位。

I_{out1}：DAC 电流输出 1。此输出信号一般作为运算放大器的一个差分输入信号（通常接反相端）。

I_{out2}：DAC 电流输出 2，$\text{I}_{out1} + \text{I}_{out2} =$ 常数。

R_{FB}：反馈电阻。

U_{ref}：参考电压输入，可在 -10 ~ +10 V 选择。

U_{CC}：数字部分的电源输入端，可在 +5 ~ +15 V 范围内选取， +15 V 时为最佳工作状态。

AGND：模拟地。

DGND：数字地。

2. 典型芯片 ADC0809

ADC0809 是美国国家半导体公司生产的 CMOS 工艺 8 通道 8 位逐次逼近型 A/D 转换器，其内部有一个 8 通道多路开关，它可以根据地址码锁存译码后的信号，只选通 8 路模拟输入信号中的一个进行 A/D 转换，是目前国内应用最广泛的 8 位通用 A/D 芯片，其主要参数如下：

（1）8 路输入通道，8 位 A/D 转换器，即分辨率为 8 位；

（2）具有转换启停控制端；

（3）转换时间为 100 μs（时钟为 640 kHz 时），130μs（时钟为 500 kHz 时）；

（4）单个 + 5 V 电源供电；

（5）模拟输入电压范围 0 ~ + 5 V，无须零点和满刻度校准；

（6）工作温度范围为 − 40 ~ + 85℃；

（7）低功耗，约 15 mW。

ADC0809 的逻辑功能框图和引脚图如图 11 − 6 所示，各引脚的功能说明如下。

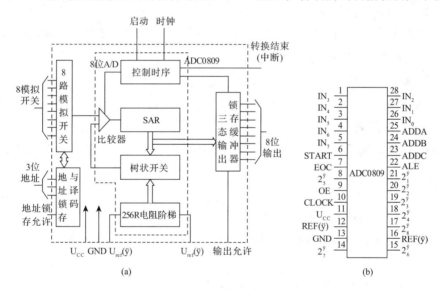

图 11 − 6　ADC0809 逻辑功能框图和引脚图

（a）功能框图　（b）引脚图

IN_0 ~ IN_7：8 路模拟量输入端。

$2-1$ ~ $2-8$：8 位数字量输出端。

ADDA、ADDB、ADDC：3 位地址输入线，用于选通 8 路模拟输入中的一路。

ALE：地址锁存允许信号输入端，产生一个正脉冲以锁存地址。

START：A/D 转换启动脉冲输入端，输入一个正脉冲（至少 100 ns 宽）使其启动（脉冲上升沿使 0809 复位，下降沿启动 A/D 转换）。

EOC：A/D 转换结束信号输出端，当 A/D 转换结束时，此端输出一个高电平(转换期间一直为低电平)。

OE：数据输出允许信号输入端，高电平有效，当 A/D 转换结束时，此端输入一个高电平，才能打开输出三态门，输出数字量。

CLOCK：时钟脉冲输入端，要求时钟频率不高于 640 kHz。

REF(+)、REF(-)：基准电压。

U_{cc}：电源，单一 +5 V。

GND：地。

习 题 11

1. 将数字量转换成模拟量的电路称为_____，简称_____。

2. 将模拟量转换成数字量的电路称为_____，简称_____。

3. 位 D/A 转换器，当输入数字量只有最高位为高电平时输出电压为 5 V；若只有最低位为高电平，则输出电压为_____；若输入为 10001000，则输出电压为_____。

4. 简述 A/D 转换的一般步骤。

5. 已知被转换信号的上限频率为 10 kHz，则 A/D 转换器的采样频率应高于_____，完成一次转换所用时间应小于_____。

6. 衡量 A/D 转换器性能的两个主要指标是_____和_____。

7. 就逐次逼近型和双积分型 A/D 转换器而言，_____抗干扰能力强，_____转换速度快。

8. 就位 D/A 转换器，当输入数字量只有最低位为 1 时，输出电压为 0.02 V，若输入数字量只有最高位为 1，则输出电压为_____ V。

9. 10 位 $R - 2R$ 网络型 D/A 转换器如下图所示。

(1)求输出电压的取值范围；

(2)若要求输入数字量为 200H，输出电压 u_o = 5 V，试问 U_{ref} 应取何值？

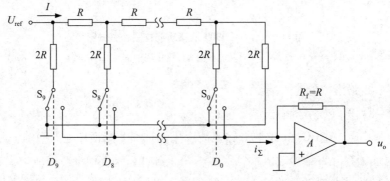

题 9 图

参 考 文 献

[1] 张树江. 电工电子技术[M]. 北京：化学工业出版社，2018.

[2] 王松林. 电路基础[M]. 3 版. 西安：西安电子科技大学出版社，2018.

[3] 陈佳新. 电路基础[M]. 北京：机械工业出版社，2015.

[4] 孙雨耕. 电路基础理论[M]. 北京：高等教育出版社，2017.

[5] 张孝三. 电工技术基础与技能[M]. 北京：科学出版社，2018.

[6] 殷瑞祥. 数字电子技术[M]. 4 版. 南京：东南大学出版社，2018.

[7] 纪静波，马爱君. 电工基础[M]. 北京：北京师范大学出版社，2011.

[8] 徐淑华. 电工电子技术[M]. 4 版. 北京：电子工业出版社，2017.

[9] 张凤凌. 模拟电子技术基础[M]. 北京：中国电力出版社，2015.

[10] 王贺珍. 电路与模拟电子技术基础[M]. 西安：西安电子科技大学出版社，2018.

[11] 李霞. 模拟电子技术[M]. 武汉：华中科技大学出版社，2013.

[12] 王英. 电路与电子技术基础简明教程[M]. 成都：西南交通大学出版社，2018.